Modellierung räumlich strukturierter Insektenpopulationen.

Ein vereinfachter Ansatz im Rahmen der standardisierten Populationsprognose.

Dissertation
zur Erlangung des Grades „Doktor der Naturwissenschaften"
am Fachbereich Biologie der Johannes-Gutenberg-Universität Mainz

von
Andreas Heidenreich
geb. am 21.02.1969 in Laupheim, Krs. Biberach/Riß

Mainz, 2000

1. Berichterstatter: Prof. Dr. H.-J. Poethke
2. Berichterstatter: Prof. Dr. A. Seitz
Datum der Mündlichen Prüfung: 08.05.2000

Herstellung: Libri Books on Demand, 2000
ISBN: 3-8311-0848-X
D77

Inhaltsverzeichnis

1 Einleitung 5
2 Grundlagen des Simulationsmodells 8
   2.1 Modelle zur räumlichen Interaktion von Populationen 8
   2.2 Aussagen und notwendige Komplexität des Modells 11
   2.3 Modellprozesse 13
      2.3.1 Teilmodell Populationsdynamik 14
      2.3.2 Teilmodell Dispersal 16
3 Implementation und Benutzeroberfläche 19
   3.1 Datenstruktur 19
      3.1.1 Interne Datenhaltung 19
      3.1.2 Dateitypen für Ein- und Ausgabe 22
   3.2 Datenbankzugriff - Struktur und Vorgehensweise 23
   3.3 Alternative Realisierungen 28
4 Parametrisierung 32
   4.1 Parameter für die Populationsdynamik 32
      4.1.1 Verfahren zur Parameterschätzung 32
      4.1.2 Berechnung der MVP 50
      4.1.3 Umfang und Qualität der aus der Literatur gewonnenen Parametersätze . 54
      4.1.4 Potentielle Fehlerquellen 56
   4.2 Parameter für das Dispersionsmodell 58
      4.2.1 Verfahren zur Parameterschätzung 58
      4.2.2 Umfang und Qualität der aus der Literatur gewonnenen Parametersätze . 67
5 Fehleranalyse 70
   5.1 Verifizierung 70
      5.1.1 Random Walk 71
      5.1.2 Exponentielle Abnahme durch Wachstumsraten < 1 73
      5.1.3 Logistisches Wachstum ohne Umweltstochastizität 75
      5.1.4 Random Walk mit Umweltstochastizität 78
      5.1.5 Unterschiedliche Arten von Umweltstochastizität 80
      5.1.6 Random Walk mit Emigration in den Tod 81
      5.1.7 Chaos im logistischen Wachstum und Emigration in den Tod 82
      5.1.8 Chaotisches logistisches Wachstum in einer 2-Patch-Metapopulation, Migration

mit garantierter Ankunft 84
  5.1.9 2-Patch-Metapopulation mit garantierter Ankunft und Umweltstochastizität ... 86
  5.1.10 Stabile Populationsdynamik in einer 2-Patch-Metapopulation mit Migration anhand des vollständigen Modells 88
  5.1.11 Quadratisches Gitter von 3 auf 3 Patches mit stabiler Populationsdynamik 92
5.2 Sensitivitätsanalyse 98
  5.2.1 Sensitivität des Populationsdynamik-Modells 98
  5.2.2 Bewertung der Parametersätze für das Populationsdynamik-Modell 102
  5.2.3 Bewertung der Parameter für das Migrationsmodell 104
5.3 Fehlerbereiche der Simulationsergebnisse 104
  5.3.1 Fehlerbereich der Binomialverteilung 105
  5.3.2 Fehlerbereich der Anpassung des logistischen Wachstums 109
  5.3.3 Fehler durch Verkürzen der Datenreihe 111
  5.3.4 Fehler durch weniger Datenreihen in einer gepoolten Analyse 113
  5.3.5 Fehlerbereich der Bestimmung der Varianz σ^2 115
  5.3.6 Auswirkungen der Messungenauigkeit bei der Erhebung der Populationsgröße 118
5.4 Migration 120
  5.4.1 Alternative Migrationsmodelle 120
5.5 Validierung 126
6 Beispiele praktischer Anwendung 128
6.1 Ablauf einer Simulationsstudie 128
  6.1.1 Vorbereitende Kartierung 129
  6.1.2 Auswahl der Art 135
  6.1.3 Schätzung der Habitatkapazität 138
  6.1.4 Auswahl der Modellparameter 141
  6.1.5 die Auswahl der Modellszenarien 142
  6.1.6 Interpretation der Ergebnisse 145
7 Diskussion: Praktische Anwendbarkeit und Hindernisse auf dem Weg dorthin 148
8 Zusammenfassung 153
9 Literatur 155

1 Einleitung

Argumente des Naturschutzes werden in der Abwägung gegen andere Güter bei der Landschafts- und Naturschutzplanung oft nur deshalb als sekundär betrachtet, weil keine quantitative Aussage über das naturschützerische Potential und die Gefährdungssituation der auf den betroffenen Flächen lebenden Tiere und Pflanzen gemacht werden. Diesem Mißstand kann nur begegnet werden, indem man aus der aktuellen Forschung heraus Werkzeuge entwickelt, die quantitative Aussagen zur Gefährdungssituation erlauben (HENLE 1993).

Nachholbedarf ergibt sich besonders im Bereich des Artenschutzes, wo die angewandten Methoden zum Teil weit hinter dem heutigen Wissensstand zurückbleiben. Einerseits wird mit aufwendigen wissenschaftlichen Untersuchungen die Ökologie einzelner Arten bis ins Detail untersucht (z.B. HOCHBERG et al. 1992, 1994, 1996, ELMES et al. 1994, GRIEBELER et al. 1995 THOMAS et al. 1998 für *Maculinea arion*), andererseits wird der Schutz vieler Gebiete rein auf das Vorhandensein einer oder mehrerer Arten gestützt, die regional selten sind, unabhängig davon, ob die Population dort überlebensfähig ist oder nicht. Pflegemaßnahmen werden mit reinen Artenlisten begründet, ohne daß eine Aussage getroffen werden kann, wie groß die gepflegte Fläche sein muß, um ein Überleben der vorhandenen Arten zu sichern. Die Entwicklung eines Werkzeugs, das einen Mittelweg zwischen einer detaillierten ökologischen Untersuchung und einer Beurteilung auf Artenlisten-Niveau ermöglicht, ist also dringend geboten.

Das Zielartenkonzept (HOVESTADT et al. 1991, ZEHLIUS-ECKERT 1998) bietet einen Rahmen, in dem ein Herangehen an dieses Problem möglich wird. Dabei wird eine für die betrachtete Landschaft möglichst charakteristische und empfindliche Art für eine genauere Untersuchung ausgewählt. Die Erhaltung dieser Zielart soll möglichst vielen weiteren Arten mit geringeren Flächen- oder Qualitätsansprüchen ein Überleben in der betrachteten Landschaft ermöglichen. Die ökologischen Ansprüche und Wechselwirkungen der Zielart werden eingehend untersucht, um die Überlebenswahrscheinlichkeit dieser Art in der betrachteten Landschaft möglichst genau zu bestimmen und Möglichkeiten zu finden, diese Überlebenswahrscheinlichkeit zu erhöhen. Solche detaillierten Untersuchungen zu einer konkreten Population einer bestimmten Art nennt man Populationsgefährdungsanalysen (PVA, englisch: Population Viability Analysis: SHAFFER 1981, 1987, BOYCE 1992). Prominentestes Beispiel hierfür sind die Untersuchungen zum Fleckenkauz im Westen der USA, die auch naturschutzpolitisch einiges bewegt haben (YAFFEE 1994, LAHAYE et al. 1994). Die an wissenschaftlichen Ansprüchen (HOVESTADT et al. 1991) orientierten PVAs sind aber methodisch recht aufwendig und daher schon aufgrund ihrer Kosten nicht in die alltägliche Planungspraxis zu integrieren.

Für die Naturschutzplanung müssen auf Basis der bisher in Populationsgefährdungsanalysen gewonnenen Erkenntnisse neue, preiswertere und weniger aufwendige Bewertungsmethoden entwickelt werden (AMLER et al. 1996, HEIDENREICH & AMLER 1998, AMLER 1999). Sie sollen mit gleichem oder nur wenig höherem Aufwand als die bisher verwendeten Methoden zuverlässige und genaue Prognosen über die lokale Überlebenswahrscheinlichkeit einer Zielart ergeben. Zu diesem Zweck wurden verschiedene Möglichkeiten untersucht, den Aufwand für eine Populationsgefährdungsanalyse zu reduzieren. Eine Möglichkeit zur Verringerung des Untersuchungsaufwands ist es, artspezifische biologische Angaben, z.B. zu Habitatansprüchen, Dispersionsverhalten, Populationsbiologie etc. in Datenbanken zu halten, soweit sie in der Literatur bekannt sind (KLEYER 1995, KÖHLER 1996, POSCHLOD et al. 1996, SETTELE & POETHKE 1996, POETHKE et al. 1996). Das erleichtert die Übertragung bekannter Daten und Modelle auf spezifische Planungssituationen. Die Aufnahme der aktuellen Verbreitung der Zielart im Untersuchungsgebiet kann jedoch in diesem Rahmen kaum unterstützt werden, außer mit regelmäßig durchgeführten Raster-Verbreitungskartierungen, die Anhaltspunkte für die konkrete, problembezogene Kartierung liefern können.

Die Modelle, die für die Prognose der Überlebenswahrscheinlichkeit und für die Untersuchung der Auswirkungen verschiedener Maßnahmen verwendet werden, sind meist recht komplex, um die ökologischen Verflechtungen gut wiederzugeben. Komplexität eines Modells heißt aber auch, daß viel Wissen über die Eigenschaften der Zielart und Ihres Habitats eingebracht werden muß und viele Modellparameter geschätzt werden müssen. Solche detaillierten Modelle werden meist spezifisch für die betrachtete Zielart erstellt und mit aufwendigen Freiland- und Laboruntersuchungen parametrisiert (LAHAYE et al. 1994, HOCHBERG et al. 1996, SAMIETZ & BERGER 1997). Auch wenn solche Modelle für eine gesamte Tiergruppe verwendbar sind, lassen sie sich in der Planungspraxis nur im Zusammenhang mit aufwendigen wissenschaftlichen Untersuchungen über die Zielart entwickeln und einsetzen (z.B. STELTER 1997). Etwas flexiblere Modelle sind auch als wissenschaftliche oder kommerzielle Produkte verfügbar und wurden bereits für eine Reihe von Arten angewendet (LINDENMAYER et al. 1995, AKCAKAYA & FERSON 1992, POSSINGHAM et al. 1995, LACY et al. 1995). Auch für die Anwendung dieser Produkte müssen jedoch viele artspezifische Parameter abgeschätzt werden, was im Rahmen normaler Gutachten nicht leistbar ist.

Ziel der vorliegenden Arbeit ist es, ein Simulationswerkzeug zu dokumentieren, das den Datenbedarf für simulationsgestützte Untersuchungen erheblich verringern könnte. Dazu werden vier Themenkomplexe untersucht:

- Das Simulationswerkzeug selbst wird aus vorliegenden Modellen und Methoden hergeleitet und im Detail beschrieben (Kap. 3).

- Auf Basis einer umfangreichen Literaturrecherche werden Ausgangsdaten für die Simulationsmodelle erhoben und gleichzeitig die Breite der Datenbasis, auf die sich die Anwendung stützen kann, untesucht (Kap. 4).

- Die Funktionalität des verwendeten Modells wird detailliert getestet und die Vertrauensbereiche der Simulationsergebnisse dokumentiert (Kap. 5).

- Anhand ausgewählter Beispiele werden die Möglichkeiten und Grenzen der praktischen Anwendung gezeigt (Kap. 6).

2 Grundlagen des Simulationsmodells

2.1 Modelle zur räumlichen Interaktion von Populationen

Die ersten mathematischen Modelle, die sich überhaupt damit auseinandersetzten, daß die geographische Verteilung einer Art eine Rolle für ihre Überlebensfähigkeit spielt, hatten ihren Ursprung in zwei unterschiedlichen Sichtweisen.

MCARTHUR & WILSON (1967) schlossen aus der Beobachtung, daß auf kleineren und isolierteren Inseln weniger Arten vorkommen als auf größeren und besser vernetzten, auf die Bedeutung von Extinktion und Besiedlung für die Zusammensetzung der Artengemeinschaft einer Insel. Dabei bildet sich ein Gleichgewicht von Extinktion und Wiederbesiedlung, das eine gleiche Artdiversität auf Inseln gleicher Größe und Isolation zur Folge hat.

LEVINS (1969, 1970) betrachtete das Problem der begrenzten Überlebenszeit einer Population auf einer Insel von einer anderen Warte. Er betrachtete ein Ensemble von untereinander vernetzten Populationen als 'Population von Populationen' oder Metapopulation. Dabei setzt er Aussterben einer Population und Sterben eines Individuums sowie Wiederbesiedlung einer Population und Geburt analog. Die daraus resultierende Metapopulationstheorie wurde zeitweise eine richtiggehende Modeerscheinung (REICH & GRIMM 1996). Das klassische Levins'sche Metapopulationsmodell betrachtet nur zwei Zustände einer lokalen Population: vorhanden oder nicht vorhanden. Aus diesem Zustandsraum können weitere Maße abgeleitet werden, unter anderem die Wahrscheinlichkeit, daß eine Einzelpopulation in einem bestimmten Jahr besetzt ist (Inzidenz der Einzelpopulation, HANSKI & SIMBERLOFF 1997) und die mittlere Anzahl besetzter Populationen in der Metapopulation. Auch die Abbildung der geographischen Situation ist in seinem Modell stark vereinfacht: Es vernachlässigt die echten räumlichen Beziehungen zwischen den Einzelpopulationen, alle Populationen sind untereinander gleich gut zu erreichen. Die inselhaften Populationen, die in einer ungeeigneten Matrix liegen, bezeichnet er als Patches. Aus diesen Vereinfachungen resultiert jedoch der entscheidende Vorteil, daß das Modell analytisch lösbar ist.

In der Folgezeit wurden eine Vielzahl von Modellen mit Erweiterungen wie der Betrachtung zweier Arten in Konkurrenz-, Prädator- oder Parasitbeziehung oder Verfeinerungen der räumlichen und populationsdynamischen Teilprozesse entworfen (Einen Überblick hierüber gibt KAREIVA 1990). HANSKI (1994a,b) bezieht in ein weiterentwickeltes Ein-Art-Modell die tatsächliche geographische Anordnung der Patches ein und erhöht dadurch die Komplexität, aber auch die Anwendbarkeit. Die Parameter für das Modell lassen sich aus einjährigen Beobachtungen der Besetztheit der potentiellen Habitate ableiten. Dadurch gewann dieses Modell schnell an Popularität und wurde mehrfach angewendet (z.B. HANSKI et al. 1994, 1995, HANSKI & THOMAS 1996 sowie APPELT & POETHKE 1997).

Metapopulationsmodelle kann man nach insgesamt drei Kriterien kategorisieren: nach der Art der Realisierung der Populationsdynamik, nach der Abbildung der Lagebeziehungen der Patches und nach der Anzahl der Arten, die betrachtet werden. Mehrartmodelle sollen hier außer Betracht bleiben, da die eingangs erwähnte Fragestellung im Zielartenkonzept die hierfür interessanten Modelle auf die Betrachtung einer Art eingrenzen. Auch bei wesentlich detaillierteren naturschutzstrategischen Modellen fliessen andere Arten oft nur als externe Faktoren ein, selbst bei so eng verflochtenen Lebenszyklen wie bei myrmecophilen *Maculinea*-Arten (HOCHBERG et al. 1992, POETHKE et al. 1994, GRIEBELER et al. 1995).

Die interne Dynamik der einzelnen Populationen wird von den meisten Metapopulationsmodellen nicht explizit betrachtet, mit der Begründung, daß die Dynamik der Einzelpopulationen gegenüber der Extinktions- und Wiederbesiedlungsdynamik der Metapopulation so schnell sei, daß eine frisch besiedelte Population im nächsten Simulations-Zeitschritt schon im dynamischen Gleichgewicht sei (HANSKI 1991, 1994a). Bei Modellen, die Sukzessionseffekte oder Konkurrenz zwischen Arten abbilden, wird diese Annahme aber verworfen (LEVIN 1974), so daß auch theoretisch orientierte Modelle konstruiert wurden, in denen die lokale Dynamik abgebildet wird, z.B. als exponentielle Zunahme mit Deckelung (HANSKI et al. 1996) oder Einfluß von Räubern oder Konkurrenten (LEVIN 1974). Simulationsmodelle, die für Populationsgefährdungsanalysen eingesetzt werden, enthalten jedoch fast immer ein sehr detailliertes Teilmodell für die Populationsdynamik (LAMBERSON et al. 1992, AKCAKAYA & FERSON 1992, LACY et al. 1993, LAHAYE et al. 1994, POSSINGHAM et al. 1995). Dies wird damit begründet, daß die Planungszeiträume im Naturschutz nur selten mehr als 25 Generationen abdecken, die Aussagen also sehr kurzfristig sind. Zudem sollen meist auch Informationen über die Wichtigkeit bestimmter Habitatfaktoren gesammelt werden, die ohne detaillierte Modellierung nicht zugänglich sind.

Nach der Art, wie Dispersion in Metapopulationsmodellen abgebildet wird, unterscheidet KAREIVA (1990) drei Gruppen. Die Modelle, bei denen alle Einzelpopulationen wie im Modell von LEVINS (1969, 1970) untereinander gleich gut erreichbar sind, nennt er 'island models'. HANSKI & SIMBERLOFF (1997) verwenden dafür den Begriff 'spatially implicit models'. Ich finde die Benennung durch Kareiva etwas unglücklich, da auch die zweite Gruppe von Modellen die Einzelpopulationen als Inseln in einer Matrix behandelt. Ich werde sie daher nach HANSKI & SIMBERLOFF (1997) 'geographisch implizite Modelle' nennen. Wird die Position der Patches in einem Koordinatensystem berücksichtigt, ohne daß die Trennung zwischen geeignetem Habitat und ungeeigneter Matrix aufgegeben wird, spricht KAREIVA (1990) von 'stepping-stone models'. Von anderen Autoren (PULLIAM & DUNNING 1995, TRAVIS & DYTHAM 1998) werden diese Modelle 'spatially explicit' oder 'spatially realistic' genannt. Hier solle dafür der Begriff 'geographisch explizit' verwendet werden. Wird schließlich der Raum als Kontinuum betrachtet, nennt KAREIVA (1990) die Modelle 'continuum models', hier: 'kontinuierliche Modelle' (Abbildung 1).

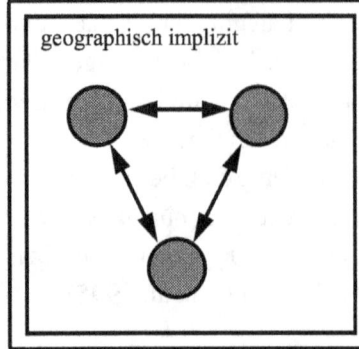 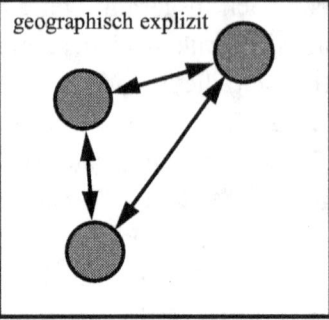 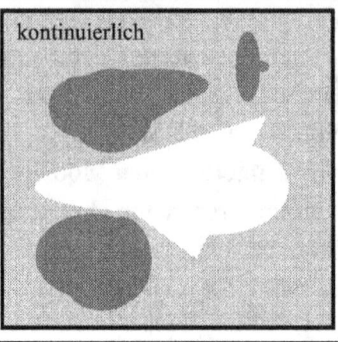

Abbildung 1: Typen der Abbildung der geographischen Lage der Patches in Metapopulationsmodellen. Geographisch implizite Metapopulationsmodelle betrachten nur die Anzahl der Patches, alle Patches sind untereinander gleich gut erreichbar. Geographisch explizite Modelle betrachten zusätzlich die relative Lage der Patches zueinander, kontinuierliche Modelle berücksichtigen auch die Form und Größe der Patches sowie die dazwischenliegende Matrix.

Jeder dieser Modelltypen bedingt eine andere Art der Modellbetrachtung. Klassische, geographisch implizite Modelle können meist analytisch gelöst werden (z.B. LEVINS 1969), geographisch realistische Modelle werden meist durch Simulationen untersucht. Dabei gibt es neben der hier verwendeten individuenbasierten Simulation (s. u.) noch die Möglichkeit des Populations-Zustands-Modells, bei dem für jeden Zeitschritt für jede Population - bei Bedarf in Altersklassen unterteilt - berechnet wird, wieviele Individuen vorhanden sind (z.B. bei ALEX, POSSINGHAM ET AL. 1995). Diese Modelle werden in der Regel als Markov-Ketten umgesetzt, wie auch das Modell von HANSKI (1994 a,b), das nur die Populationszustände besetzt und unbesetzt kennt. Kontinuierliche Modelle werden meist mit Reaktions-Diffusions-Gleichungen betrachtet (z.B. LEVIN 1974), es kommen aber auch zelluläre Modelle in Frage. Diese bilden die Landschaft in einem Gitternetz ab und legen für jedes Gitterelement Werte für Habitatqualität und andere Eingenschaften fest. Für jeden Zeitschritt wird dann in jedem Gitterelement die Populationsdynamik und Mobilität berechnet (in kleinerem Maßstab z.B. SAMIETZ & BERGER 1997), entweder als Individuendichte (d.h. als Zustandsmodell) oder für jedes Individuum explizit, also individuenbasiert.

Je komplexer und detaillierter ein Modell die Topographie und die Populationsdynamik abbildet, desto mehr Eingabeparameter benötigt es. Es ermöglicht aber auch mehr und detailliertere Aussagen über die Gefährdungssituation und die Gefährdungsursachen. Der Modelltyp sollte für eine gegebene Fragestellung also so gewählt werden, daß mit möglichst wenig Eingabeparametern die gewünschten Aussagen mit der gewünschten Präzision getroffen werden können. Daher muß vor der Entscheidung über den Modelltyp klar sein, welche Aussagen von dem Modell erwartet werden.

2.2 Aussagen und notwendige Komplexität des Modells

Von einer Populationsgefährdungsanalyse (PVA) erwartet man zunächst Aussagen über die Gefährdungssituation einer Population, d.h. primär die Überlebenswahrscheinlichkeit. Bei strukturierten Populationen sind sowohl Aussagen über die Spezies in dem Gebiet als Ganzes als auch in jedem Teilhabitat erwünscht. Wird die Gesamtpopulation betrachtet, geht man in der Regel davon aus, daß sie geschlossen ist, Populationen in den einzelnen Habitaten dagegen sind offen, da sie Immigranten aus anderen Populationen erhalten können. Bei der Aussage darüber, ob die Population nach einem beliebigen Prognosezeitraum existiert, muß man daher unterscheiden zwischen der für die Gesamtpopulation beobachteten Überlebenswahrscheinlichkeit und der für die Teilpopulationen beobachteten Inzidenz. Die Teilpopulationen können nach dem Prognosezeitraum existieren, auch wenn sie zwischendurch erloschen waren, die Gesamtpopulation nicht. Eine Aussage darüber, wie häufig eine Population ausstirbt und wiederbesiedelt wird, trifft die Turnover-Rate der Lokalpopulation. Sie mißt die Wahrscheinlichkeit einer Lokalpopulation, in einem Zeitschritt besiedelt zu werden. Die Turnover-Rate der Metapopulation dagegen ist die mittlere Anzahl Patches, die pro Zeitschritt besiedelt werden. HANSKI & SIMBERLOFF (1997) definieren Turnover als 'Extinctions of local populations and establishment of new local populations in empty patches by migrants from existing local populations'. Da in einem Modell, das eine feststehende Anzahl Patches umfasst, Extinktion und Wiederbesiedlung voneinander abhängen, mißt Turnover die Anzahl Populations-Lebenszyklen, bestehend aus je einer Extinktion und einer Wiederbesiedlung. Hier wird daher die Definition von Turnover so interpretiert, daß ein Turnover eine Extinktion mit anschliessender Wiederbesiedlung umfasst. In der Auswertung werden also nur die Wiederbesiedlungen gezählt, da Extinktionen durch die Überlebenswahrscheinlichkeit erfasst werden.

Als weitere Aussage von PVA-Modellen werden in der Regel Informationen darüber gewünscht, welche Faktoren die Population gefährden. Eine detaillierte Faktorenanalyse ist nur mit entsprechend detaillierten Simulationsmodellen zu erreichen (HOCHBERG et al. 1992, LAMBERSON et al. 1992, GRIEBELER et al. 1995, ELMES et al. 1996). Mit einem vereinfachten Modell sollten zumindest Aussagen über z.B. die Wichtigkeit einzelner Patches (POETHKE et al. 1996) oder die Bedeutung bestimmter Management-Maßnahmen (VOGEL 1998, SAMIETZ 1998) möglich sein, indem unterschiedliche Szenarien gebildet und untersucht werden (Kap. 6). Mit Hilfe von Szenarien können auch direkte Fragestellungen der Planungspraxis beant-wortet werden, z.B. wie schwer die Zerstörung oder Verkleinerung eines bestimmten Patches wiegt, wie stark sich eine Barriere an einer bestimmten Stelle auswirkt oder welche von mehreren möglichen Ausgleichsflächen den optimalen Ersatz für wegfallendes Habitat bildet.

Auch wenn die quantitative Bedeutung der Entwicklung genetischer Ressourcen in Wildpopulationen noch nicht vollständig klar ist, gibt es doch Hinweise auf Inzuchtdepression in isolierteren Lokalpopulationen einer Metapopulation (SACCHIERI et al. 1998). Daneben gilt auch die Erhaltung der Evolutionsfähigkeit als Ziel, für das ein gewisser Grad an Polymorphie in einer Population erhalten werden soll. Daher ist es wünschenswert, auch genetische Verarmung in einem Simulationsmodell für Populationsgefährdungsanalysen dokumentieren zu können.

Als Mindestanforderung für die Modellergebnisse sind daher die Ausgabe von Überlebenswahrscheinlichkeiten der Gesamtpopulation, Inzidenzen der Teilpopulationen, Turnover-Raten und Angaben über die genetische Verarmung zu sehen. Um realistische Turnover-Raten zu erhalten, muß das Modell die einzelnen Patches und ihre Interaktionen geographisch explizit abbilden. Da die Zeitperspektive bei Naturschutzplanungen relativ kurzfristig ist (von Gutachtern wird 25 Jahre bereits als langer Planungszeitraum gesehen), entfallen Inzidenzmodelle als Möglichkeit, da ihre Grundannahme (die betrachteten Zeiträume sind lang in Vergleich zur Populationsdynamik der Einzelpopulationen) verletzt ist. Zudem sind die Schätzungen der Modellparameter für die Inzidenzmodelle sehr ungenau (LANGE 1998). Daher muß die Populationsdynamik der Einzelpopulationen ebenfalls explizit modeliert werden. Für die Modellierung der Populationsdynamik legen SINCLAIR & PECH (1996) eine Kombination von dichteabhängigen und dichteunabhängigen Prozessen nahe, auch wenn es strittig ist, wie groß in Wildpopulationen der Einfluß der dichteabhängigen Selbstregulation ist (z.B. BONSALL & HASSELL 1995, in direkter Antwort dazu: ROLAND 1995).

Um die Überlagerung von dichteabhängigen und dichteunabhängigen Prozessen in der Populationsdynamik abzubilden, enthält das hier für die Populationsdynamik verwendete Teilmodell (Abschnitt 2.3.1) einen Term für die Selbstregulation und einen Term für stochastische Schwankungen. Dadurch, daß genetische Effekte wie der Verlust von Allelen durch Drift oder genetische Isolation einzelner Populationen durch Inzucht-Effekte beobachtet werden sollen, ist die Verwendung eines individuenbasierten Modells angebracht. Diese Modelliertechnik (KAISER 1974, DEANGELIS & GROSS 1992) bildet jedes einzelne Individuum mit spezifischen Eingenschaften ab und erlaubt so die realistische Verfolgung von genetischer Drift. Allerdings sind hierfür auch Modelle möglich, die die Individuen nach ihrem Genotyp zusammenfassen (SPOERLE 1998), sie wurden zum Vergleich auch getestet (Abschnitt 3.3). Individuenbasierte Modelle erlauben eine flexible und intuitiv verständliche Umsetzung aller Typen von Populationsdynamik- und Dispersionsmodellen, erfordern allerdings auch viel Rechenzeit und Speicherplatz.

Bei der Abbildung der Dispersion muß das Modell Aussagen über einzelne Teilpopulationen machen, darf aber nicht mehr flächenbezogene Daten erfordern als unbedingt notwendig. Für die auf Einzelflächen bezogenen (d.h. flächenscharfen) Aussagen ist mindestens ein geographisch explizites Modell notwendig. Der Schritt hin zu einem kontinuierlichen Modell, das auch die Ausdehnung der einzelnen Habitate und die Art der Matrix zwischen ihnen berücksichtigt, würde aber wesentlich mehr flächenbezogene Daten erfordern. Auch zusätzliche artspezifische Angaben zum Migrationsverhalten in unterschiedlichen Habitattypen würden benötigt. Den Schritt hin zu solcher Komplexität vermeidet SISP. Allerdings gibt es die Möglichkeit, die Information, die über z.B. Barrieren bekannt ist, in die Migrationsmatrix einfliessen zu lassen, die bei der Simulation verwendet wird.

2.3 Modellprozesse

Der oben kurz skizzierte Simulationsalgorithmus von SISP soll hier genauer charakterisiert werden. Die beiden Hauptprozesse Populationsdynamik und Migration sind entsprechend Abbildung 2 zeitdiskret sequentiell angeordnet. Ein Simulationsjahr umfasst die Prozesse Mortalität, Migration und Fortpflanzung in dieser Reihenfolge, die Reihenfolge ist dem Lebenszyklus eines univoltinen Schmetterlings nachempfunden.

Als Überwinterungsstadium kann jedes Lebensstadium angenommen werden. Zwischen Eiablage und Adultwerden wirkt sowohl dichteunabhängige als auch dichteabhängige Mortalität. Die dichteunabhängige Mortalität wird als Verringerung der Eizahl abgebildet, die dichteabhängige Mortalität als Konkurrenz der Juvenilen um Ressourcen, z.B. Futter. Die adulten Individuen paaren sich nach dem Schlupf im Heimatpatch, treffen aber noch vor der Eiablage die Entscheidung, den Patch zu verlassen oder nicht. Emigrierende Adulte werden entweder einer anderen Lokalpopulation zugeordnet oder sterben während der Migration, wenn sie kein geeignetes Habitat finden. Nach der Migration findet die Eiablage statt, vor der sich die Adulten nochmals paaren können.

Die geographisch explizite Abbildung der Anordnung der Habitate bringt es mit sich, daß jede Lokalpopulation als eine Einheit für sich realisiert wird, mit jeweils eigener Populationsdynamik und eigener Habitatkapazität. Die artspezifischen Parameter für das logistische Wachstum gelten jedoch für alle Populationen. Die Nachkommenzahl wird allerdings auch von der stochastischen Fluktuation der Wachstumsrate bestimmt. Dieser Prozess kann wahlweise so eingestellt werden, daß die Fluktuationen für alle Teilpopulationen korreliert verlaufen oder so, daß sie voneinander unabhängig sind. In der Regel werden für die Simulation von Metapopulationen korrelierte Umweltfluktuationen angenommen, da der wichtigste stochastische Effekt, das Wetter, sicherlich regional korreliert ist. Zudem ist Korreliertheit der Zufallsfluktuationen die pessimistischere Annahme, da nach schlechten Jahren, wenn viele Lokalpopulationen ausgestorben sind, wenige Kolonisierer aus anderen Populationen verfügbar sind. Die Annahme, daß

Fluktuationen von geographisch benachbarten Einzelpopulationen korreliert sind, wurde anhand der in der Abteilung Ökologie an der Universität Mainz durchgeführten mehrjährigen Populationsgrößenschätzungen bei der Ödlandschrecker *Oedipoda caerulescens* (SANDER 1995, NICKLAS-GÖRGEN 1997, BECKER in vorb, BÖTTCHER pers. Mitt.) sowie anhand von mehrjährigen Transektfängen am Apollofalter (*Parnassius apollo*) (DOLEK pers. Mitt.) überprüft (Abschnitt 4.1.1.4 f).

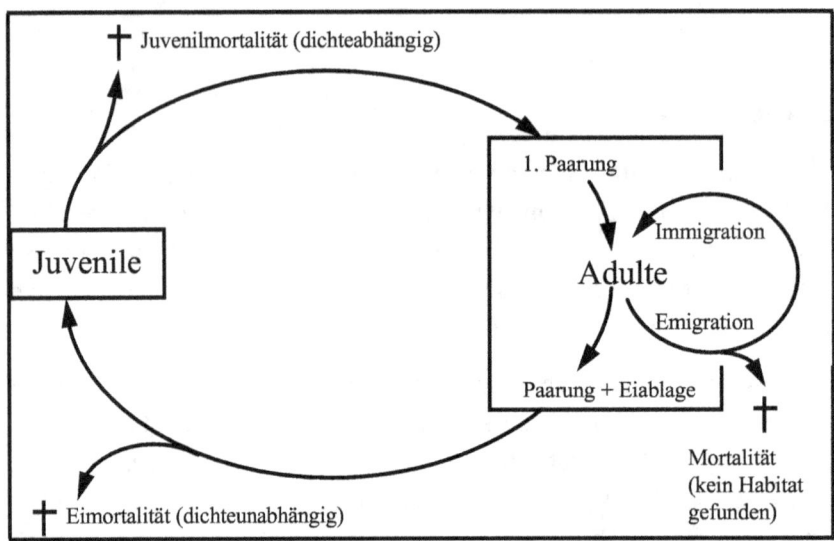

Abbildung 2: Schematisierter Lebenszyklus, der dem Modell SISP zugrundeliegt. Gezeigt sind die beiden betrachteten Lebensstadien und die grundlegenden Prozesse der Mortalität, Paarung, Eiablage und Migration. Detaillierte Erklärung im Text.

2.3.1 Teilmodell Populationsdynamik

Wie schon oben erörtert, enthält das verwendete populationsdynamische Teilmodell einen Term für das logistische Wachstum und einen zufallsbasierten Term. Für das logistische Wachstum wurde auf Basis eines von BELLOWS (1981) durchgeführten Vergleichs verschiedener Formulierungen die von MAYNARD SMITH & SLATKIN (1973) vorgeschlagene Form (Gleichung 1) gewählt:

$$N_{adult(t+1)} = N_{adult(t)} * \frac{\lambda}{1 + (\lambda - 1) * \left(N_{adult(t)}/K\right)^{\beta}} \qquad [1]$$

Entsprechend des Modellablaufs (Abbildung 2) wird diese Gleichung in die zwei

Komponenten in Gleichung 2 (Nachkommenproduktion mit λ als Netto-Fertilität, d.h. Fertilität verrechnet mit der dichteunabhängigen Mortalität) und Gleichung 3 (Konkurrenz mit μ als dichteabhängige Mortalitätsrate) aufgeteilt.

Die artspezifischen Parameter für dieses Modell sind die Fertilitätsrate λ und die Intensität der Dichteregulation β. Die Kapazität K ist patchspezifisch. Alle drei Parameter haben einen Definitionsbereich von 0 bis unendlich. Welche Parameterbereiche in echten Populationen realisiert werden, wird in Abschnitt 5.2 dargestellt.

$$N_{juv(t+1)} = N_{adult(t)} * \lambda \qquad [2]$$

$$N_{adult(t+1)} = N_{juv(t+1)} * (1-\mu) \qquad [3]$$

mit $$\mu = 1 - \frac{1}{1 + (\lambda-1) * \left(N_{adult(t)}/K\right)^{\beta}} \qquad [4]$$

Die umweltbedingte Variabilität könnte nun entweder an einem der beiden Parameter λ oder K ansetzen oder einen unabhängigen, additiven Term bilden (LEVINS 1969). In Anlehnung an POETHKE et al. (1996) wird die umweltbedingte Variabilität durch eine Lognormalverteilung von λ realisiert. LEVINS (1969) konnte zeigen, daß bei der Variation von λ der Peak der Verteilung der realisierten Populationsgrößen bei der Habitatkapazität K bleibt. Wirkt sich die stochastische Variation auf K aus, nimmt dagegen der Median der reslisierten Populationsgrößen ab, je stärker K fluktuiert. Ein additiver Term für die Umweltstochastizität schließlich produziert Mediane der Populationsgrößen zwischen K und $K/2$. Da die Habitatkapazität K in der Anwendung des Simulationsmodells aus dem Mittelwert der Populationsgrößenschätzungen hergeleitet werden muß und dementsprechend eine realistische Simulation auch den Mittelwert der Populationsgröße bei K ergeben sollte, verwende ich im hier vorgestellten Modell die Variation der Wachstumsrate λ als Realisierung der umweltbedingten Stochastizität. Damit kann die ganze Breite von möglichen Umwelteinflüssen von leichten Störungen bis hin zu unregelmäßigen Katastrophen abgebildet werden (Anhang 1). Die Fluktuationen um λ werden modelliert als Lognormalverteilung mit Mittelwert λ und Varianz σ^2. Der Parameter σ^2 wird wie λ und β als artspezifisch angenommen und wird in der Datenbank vorgehalten. Er kann ebenfalls Werte zwischen 0 und unendlich annehmen.

In der individuenbasierten Realisierung wird bei korrelierter Umweltstochastizität für jedes Jahr, bei unkorrelierter Umweltstochastizität für jeden Patch und jedes Jahr ein Wert $\lambda_{(t)}$ aus der Lognormalverteilung gezogen. Bei dem für das Modell angenommenen Geschlechter-verhältnis von 1:1 beträgt die mittlere Eizahl pro Weibchen $2*\lambda_{(t)}$. Für jedes Weibchen wird nun durch eine Binomialverteilung um die mittlere Eizahl bestimmt, wie viele Nachkommen es bekommt. Das Paarungsverhalten von Tagfaltern und Heuschrecken wird durch einige weitere Details abgebildet. Sowohl Heuschrecken als auch Tagfalter sind meist proterandrisch, d.h. die Männchen schlüpfen etwas früher im Jahr als die Weibchen (EBERT & RENNWALD 1991, INGRISCH & KÖHLER 1998, DETZEL 1998). Daher ist für die Weibchen anzunehmen, daß sie sofort nach dem Schlupf oder der Reifung (bei Heuschrecken) begattet werden, noch in ihrem Heimatpatch. Heuschrecken und Tagfalter sind polygam, paaren sich also mehrfach in einer Generation. Da für die meisten Arten eine Wachstumsrate von maximal 5 überlebenden Nachkommen pro Individuum, also 10 Nachkommen pro Weibchen nicht überschritten wird, wurde die Polygamie im Modell so implementiert, daß für jeden Nachkommen ein neuer Paarungspartner gesucht wird. Die Migration wurde im Modell vor die Eiablage gestellt, da vor allem bei Tagfaltern ältere Individuen an Migrationsfähigkeit verlieren. Allerdings findet die erste Begattung (nicht Eiablage) noch im Quellpatch der Migranten statt, so daß migrierende Weibchen bereits begattet sind.

2.3.2 Teilmodell Dispersal

Im folgenden werden die Grundlagen des verwendeten Dispersionsmodells dokumentiert. Es ist geographisch explizit im Sinne von Abbildung 1 (Abschnitt 2.1). Die einzelnen Habitate werden als ausdehnungslose Punkte in einer unbewohnbaren Matrix dargestellt, die Lage der Punkte entspricht dem Mittelpunkt der Flächen oder bei sehr heterogener Verbreitung im Habitat dem Verbreitungsschwerpunkt darin. Die Habitate haben im Modell alle ein identisch großes, kreisförmiges Einzugsgebiet, das von der mittleren Flächengröße sowie dem Migrations- und Suchverhalten der Individuen abhängig ist. Der Individuenaustausch zwischen zwei Lokalpopulationen wird durch eine exponentiell mit der Entfernung abnehmende Erreichbarkeit modelliert (Gl. 5, nach POETHKE et al. 1996).

$$p_{i,j} = p_m * \frac{d^2}{2*m^2} * e^{-2*\left(r_{i,j}/m\right)} \qquad \text{mit } \sum_{x=1}^{j} p_{i,x} < p_m \qquad \text{für alle } i \qquad [5]$$

- $p_{i,j}$ ist die Wahrscheinlichkeit, daß ein beliebiges Tier aus Patch i den Patch j erreicht.
- p_m ist die Emigrationswahrscheinlichkeit eines Individuums, die für jeden Patch identisch und konstant angnommen wird.
- d steht für den effektiven Flächendurchmesser, den mittleren Einzugsbereich einer Zielfläche
- m gibt die mittlere Migrationsdistanz an.
- $r_{i,j}$ ist die Distanz zwischen den beiden Patches *i* und *j*.

Alle Parameter können nur positive Werte annehmen, $p_{i,j}$ und p_m sind in jedem Fall kleiner 1.

Naheliegende Patches wirken nicht absorbierend. Tiere, die in ihre Richtung über sie hinaus wandern, nehmen den Patch nicht als bewohnbares Habitat wahr und werden davon in ihrer Wanderfähigkeit weder gebremst noch gefördert. Die Bewegung der Individuen ist ungerichtet, d.h. die Dispersionswahrscheinlichkeit ist in jede Richtung gleich hoch. Durch diese Modellannahmen werden die Emigranten aus einem Patch um ihn herum gleichmäßig verteilt, mit exponentiell mit der Entfernung abnehmender Dichte. Individuen, die bei dieser Verteilung nicht im Einzugsbereich eines Patches liegen, gehen zugrunde. Überlappen die Einzugsbereiche zweier oder mehrerer Patches, werden die in die Schnittfläche migrierenden Individuen zufällig einem der Patches zugeordnet.

Dieses Modell vereinfacht die natürliche Situation extrem. Die sich dabei ergebenden Probleme sollen hier nur kurz skizziert werden, sie werden später weiter ausgeführt.

- Die Annahme, daß nur zwei Habitatqualitäten existieren, vernachlässigt die Tatsache, daß für viele Tierarten Brut- und Futteranforderungen deutlich unterschieden sind. Ein Beispiel dafür sind Raupen- und Nektarfutterpflanzen für Schmetterlinge. Wenn dazu noch weitere Habitatansprüche kommen, ergibt sich ein sehr komplexes Gefüge unterschiedlicher Habitatqualitäten.

- Die gleiche Annahme bedeutet auch, daß Leit- und Barrierefunktionen von Habitatelementen vernachlässigt werden.

- Es ist auch unrealistisch, für alle Habitate gleiche Flächengrößen anzunehmen. Auf diese Art werden kleine, versteckt gelegene Habitate ebenso leicht entdeckt wie große.

- Auch ist nicht unbedingt anzunehmen, daß auf dem Migrationsweg liegende Flächen nicht absorbierend (beschattend) oder zumindest als Migrationskorridore wirken.

- Für viele Arten, besonders für Heuschrecken, wird eine dichteabhängige Veränderung der Migrationsfreudigkeit beobachtet, die sich auch in der Ausbildung lang- und kurzflügeliger Morphen zeigt.

Trotz dieser Nachteile gibt es gute Gründe, dieses Migrationsmodell zu verwenden. Der wichtigste Grund ist seine Einfachheit. Die wenigen Parameter, die für seine Verwendung benötigt werden, können aus einer Vielzahl unterschiedlicher Untersuchungen (Abschnitt 4.2) hergeleitet werden.

Komplexere Modelle benötigen mehr Parameter, die durch aufwendige Untersuchungen bestimmt werden müssen. Da dieser Aufwand vor allem für die genauere Abbildung der räumlichen Gegebenheiten getrieben werden muß, ist er für eine standardisierte Prognosemethode nicht durch Datenbankrecherchen minimierbar. Damit würde einer praktischen Anwendung ein großes Hindernis entgegengestellt.

Ein Problem bei dem verwendeten Modell ist allerdings, daß sich die Einzugsbereiche einzelner Teilflächen überschneiden können. Dabei die Bedingung, daß die Summe der Ankunftswahrscheinlichkeiten ($\Sigma p_{i,x}$) kleiner als die Emigrationswahrscheinlichkeit p_m sein muß, nicht erfüllt. Um dies zu vermeiden, müssen mindestens zwei Habitatpatches zu einer Population zusammengefaßt werden. Diese Situation tritt aber nur auf, wenn entweder der effektive Flächendurchmesser d sehr groß ist oder mindestens zwei Patches näher als die mittlere Migrationsdistanz benachbart sind. In letzterem Fall sollten diese Patches nach den Faustregeln der „Biologischen Schnellprognose" zusammengefaßt werden (HEIDENREICH & AMLER 1998, AMLER 1999). Eine zu starke Zusammenfassung der Patches ist allerdings nicht zu empfehlen, da die Abbildung der geographischen Gegebenheiten mit jeder Zusammenfassung schlechter wird.

Vor dem Start der Simulationsläufe wird aus den räumlichen Koordinaten der einzelnen Patches mit dem Migrationsmodell eine Matrix der paarweisen Ankunftswahrscheinlichkeiten errechnet. Die Summe der Wahrscheinlichkeiten, von einem bestimmten Patch aus einen beliebigen anderen zu erreichen, legt den Anteil erfolgreicher Migranten fest. Die Differenz zu eins wird in einer separaten Spalte in der Migrationsmatrix angegeben und entspricht der Mortalität während der Migration. Die Migrationsmatrix kann abgespeichert, verändert und wieder eingelesen werden, so daß Barrieren und Korridore durch eine Veränderung der aus diesem Grundmodell berechneten Migrationsmatrix berücksichtigt werden können. Wie stark sich die Berücksichtigung von Korridoren und Barrieren für die Migration auswirkt, wurde am Anwendungsbeispiel Leutratal (SAMIETZ 1998) getestet (Abschnitt 5.4). Dabei stehen vier Modelle im Vergleich: das hier vorgestellte nach HANSKI (1994) und POETHKE et al. (1996), eine mit den Freilandbearbeitern G. Köhler, J. Samietz und W. Schulz besprochene Abschätzung der Durchlässigkeit in vier Stufen, eine Migrationsmatrix auf Basis des detaillierten Modells nach SAMIETZ & BERGER (1997) sowie eine Matrix, die statt der mittleren Flächengröße bzw. dem Wahrnehmungsradius die tatsächliche Größe der jeweiligen Zielfläche, als kreisförmig idealisiert, verwendet.

3 Implementation und Benutzeroberfläche

In diesem Kapitel wird die Implementation des Simulationsalgorithmus und die Anbindung an die Datenbank und die Benutzerschnittstellen beschrieben. Zunächst werden die internen Datenstrukturen sowie die Ein- und Ausgabedateien des individuenbasierten Simulationsalgorithmus erläutert (Abschnitt 3.1). Im Anschluss wird die Einbindung von Datenbank, Simulationsmodell, Eingabemaske im Internet und Ergebnisdokument zum Simulationstool SISP dargestellt (Abschnitt 3.2). In Abschnitt 3.3 werden alternative Möglichkeiten für die Umsetzung des Simulationsalgorithmus vorgestellt und diskutiert.

3.1 Datenstruktur

Die hier erläuterte Datenstruktur umfasst die interne Struktur der Individuendaten für den Simulationsalgorithmus, die Struktur der Ein- und Ausgabedaten sowie die Datenbank, die S. MESSNER für das Simulationstool SISP erstellt hat. Der Simulationsalgorithmus ist in dem Programm SISP.EXE enthalten, das in Borland Delphi© 4.0 (Inprise 1998) erstellt wurde. Die Datenbank wurde in Interbase© 4.0 (Interbase 1996) realisiert und über ODBC mit dem Simulationsprogramm verknüpft.

3.1.1 Interne Datenhaltung

Das individuenbasierte Modell verwendet für die Verwaltung der einzelnen Populationen und der in ihnen lebenden Individuen feste Felder. Gegenüber einer listen- oder objektorientierten Implementation kann durch den dadurch möglichen random access Rechenzeit eingespart werden. Bei Populationsgrößen von mehreren tausend Individuen, auf die über 100 Simulationsjahre hinweg mehrmals pro Simulationsjahr zugegriffen werden muß und Gesamtrechenzeiten von bis zu 10 Stunden für 2000 Replikate macht sich dieser Vorteil deutlich bemerkbar. Durch die in Delphi 4 möglichen offenen Felder gibt es auch keine Beschränkung der Populationsanzahl oder -größe mehr. In älteren Versionen war die Größe eines Speicherfeldes durch den möglichen Adressraum begrenzt, in 16-Bit-Systemen auf 64 kByte.

Die Feldstruktur des individuenbasierten Modells für eine räumlich strukturierte Population umfasst ein Feld von Patches (Abbildung 3, äußerer Rahmen). Jeder Patch enthält wiederum drei Felder, je eines für Weibchen, Männchen und Juvenile und die Variablen nj, nm und nf, in denen die Anzahl momentan vorhandener Individuen für jedes der Felder gehalten werden. Alle Individuen besitzen einen diploiden Genlocus mit den Allelen Allel1 und Allel2. Um mehrfache Migration eines Adulttieres auszuschliessen, besitzen die Adulten zusätzlich den Marker `mighelp`, der anzeigt, ob sie bereits migriert sind. Weibchen können zwei weitere Allele (`Allel3` und `Allel4`) transportieren, die dem Sperma des Paarungspartners vor der Migration entsprechen (Abschnitt 2.3.1). Da die Juvenilen nicht nach Geschlecht verschiedenen Feldern zugeordnet sind, verfügen sie neben ihren zwei Allelen noch über die Information, welches `Geschlecht` sie besitzen.

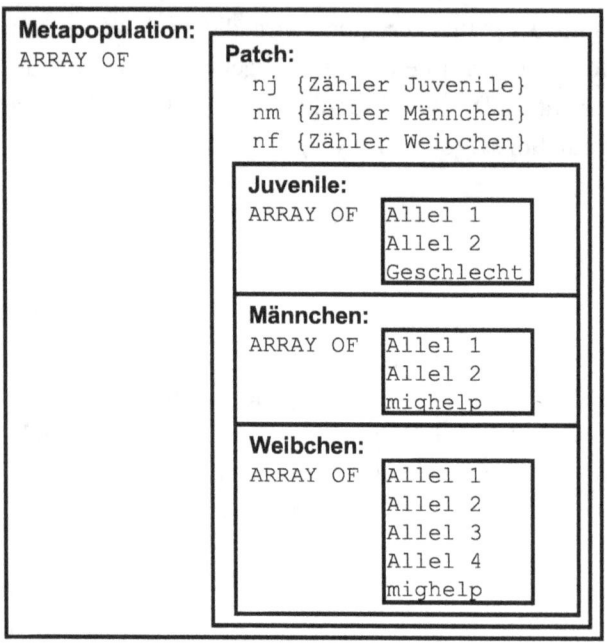

Abbildung 3: Datenstruktur für den Zugriff auf die Individuen im individuenbasierten Modell einer Metapopulation. Erklärung der Bezeichner im Text

Jedem Patch sind über einen gemeinsamen Index ein Name, eine Kapazität und zwei Koordinaten zugeordnet. Diese Eigenschaften werden in separaten Feldern geführt. Die Kapazität ist diejenige Individuenzahl, bei der die mittlere Wachstumsrate im Patch null ist. Die Koordinaten werden als X- und Y-Wert bezeichnet, ihre Einheit ist km. Von der Datenbank werden alle Eingaben in km umgewandelt, auch wenn die Anwender die Habitatkoordinaten als siebenstellige Rechts- und Hochwerte des Gauss-Krüger-Systems (mit Einheit m) oder mit einem beliebigen Maßstab eingeben. Die Einheit der Dispersionsparameter d und m, die den Einzugsbereich eines Patches und die mittlere Migrationsdistanz angeben, ist ebenfalls km.

Die Migrationsmatrix der Ankunftswahrscheinlichkeiten $p_{i,j}$, die mit dem Dispersionsmodell (Abschnitt 2.3.2) aus den Patchkoordinaten berechnet wird, wird in einem zweidimensionalen Array abgelegt, bei dem die Quellpatches i zeilenweise, die Zielpatches j spaltenweise angeordnet sind. Die artspezifischen Parameter für die beiden Simulations-

Teilmodelle und die Ablaufsteuerung sind in einem Record gespeichert. Er enthält für die Populationsdynamik die Wachstumsrate λ, die Intensität der Dichteregulation β und die Varianz der Wachstumsrate σ^2. Für das Dispersionsmodell sind die Emigrationsrate p_m, die mittlere Migrationsdistanz m und der Einzugsbereich eines Patches d enthalten. Ablaufparameter sind die Simulationsdauer (Standard: 100 Jahre), die Zeit, nach der zum ersten Mal die Überlebenswahrscheinlichkeit registriert wird (Standard: 25 Jahre) die Anzahl Replikate, die zu jedem Simulationsauftrag durchgeführt werden (Standard: 2000) und die Anzahl möglicher Allele (Standard: 10).

Die Simulationsdauer und die Zeit bis zur ersten Registrierung der Überlebenswahrscheinlichkeit orientieren sich an üblichen Prognosezeiträumen in der naturschutzplanerischen und wissenschaftlichen Praxis. Die Anzahl Replikate ist daran ausgerichtet, daß die in dieser Arbeit als kritisch betrachtete Überlebenswahrscheinlichkeit mit einer Genauigkeit von ± 1% prognostiziert wird (Abschnitt 5.3.1). Die Anzahl möglicher Allele orientiert sich an der Obergrenze der bei Isoenzymelektrophorese üblicherweise gefundenen Allelzahlen polymorpher Loci. Der Startzustand bei allen Simulationen ist, daß die Lokalpopulationen $\lambda * K$ juvenile Individuen enthalten, im Geschlechterverhältnis 1:1. Die Allelverteilung ist in allen Populationen identisch, alle Allele sind gleich wahrscheinlich vertreten.

Zur Auswertung werden die Daten hierarchisch zusammengefasst. Für den jeweils aktuellen Simulationslauf sind für alle Jahre und alle Populationen Angaben über die Populationsgröße (Juvenile, Männchen und Weibchen getrennt), die Anzahl noch vorhandener Allele, die Anzahl heterozygoter Individuen, die Anzahl erfolgreicher Emigranten und Immigranten sowie die Allelfrequenzen verfügbar. Nach Ablauf einer Simulation können diese Daten für das letzte Replikat extern gespeichert werden (Dateityp `*.zre` in Tabelle 2). Für die Auswertung eines Einzellaufs werden die Populationsgrößen nach dem ersten Registrieren der Überlebenswahrscheinlichkeit (Standard: 25 Jahre) gemittelt und mit Standardabweichung und Extremwerten dargestellt, für jede Population und die Gesamtpopulation jeweils für Juvenile, Männchen und Weibchen getrennt. Berechnet werden auch die mittleren Anzahlen von Emigranten und erfolgreichen Immigranten pro Jahr, woraus für jede Lokalpopulation eine Migrationsbilanz berechnet werden kann. Auch die Angaben darüber, ob die Population nach 25, 50 und 100 Jahren besetzt war, die Anzahl Rekolonisationen als Maß für den Turnover, der beobachtete Heterozygotiegrad sowie die mittlere Allelzahl nach Ablauf der Simulationszeit (Standard: 100 Jahre) werden ausgewertet. Für jeden Lauf wird zudem aus den genetischen Ergebnissen die F-Statistik nach WRIGHT (1951) sowie daraus die Anzahl genetisch effektiver Migranten $N_e m$ berechnet. Auch die Anzahl nach 100 Jahren besetzter Patches wird mitprotokolliert. Diese Ergebnisse können nach Ende eines Simulationsauftrags für alle Replikate in einer Ausgabedatei des Typs `*.sim` abgelegt werden (Tabelle 2).

Nach Abarbeitung aller Replikate werden die Einzellaufergebnisse nochmals gemittelt, so daß aus Besetztheits- und Turnoverereignissen relative Häufigkeiten werden. Die Ergebnisse der F-Statistik und die Allelzahl werden gemittelt und die Verteilung der Anzahl nach 100 Jahren besetzter Populationen berechnet. Dieses komprimierte Ergebnis (Dateityp *.erg, Tabelle 2) ist die eigentliche Ausgabe des Simulationsprogramms. In der Datenbank werden nur die Ergebnisse gespeichert, die direkt für die Bewertung des Simulationsergebnisses relevant sind. Das sind die mittleren Inzidenzen nach 25 und 100 Jahren, die mittlere Allelpersistenz als Prozentzahl von Allelen, die nach 100 Jahren noch erhalten blieben und die Verteilung der Anzahlen nach 100 Jahren besetzter Patches. Weitere Besonderheiten, die sich aus den Migrationsbilanzen und den Turnover-Häufigkeiten ergeben, werden lediglich in den Bewertungssätzen des automatischen Kommentars aufgeführt.

3.1.2 Dateitypen für Ein- und Ausgabe

Alle Modellparameter, die Eigenschaften der Patches sowie die Migrationsmatrix können gespeichert, extern bearbeitet und wieder geladen werden. Dazu existieren drei Dateitypen (Tabelle 1). Bei Anbindung an die Datenbank wird die Eingabe allerdings nicht mehr mit diesen Datentypen durchgeführt, sondern mit der Datenbank-Eingabemaske.

Um Ein- oder Ausgabedateien zu erstellen, muß das Simulationsprogramm ohne Übergabeparameter gestartet werden, ansonsten ruft das Programm die Eingabeparameter aus der Datenbank ab und beendet sich am Schluß des Simulationslaufs selbst, ohne die Möglichkeit zur Speicherung zu geben. Dies dient der vollständigen Automatisierung der Simulationsprognose von der Dateneingabe bis zur Erstellung des Ergebnisprotokolls.

Tabelle 1: Dateitypen für die externe Speicherung von Eingabedaten für SISP

Dateityp	Erweiterung
Parametersatz-Datei: Enthält die Werte für die Ablaufparameter des Simulationsmodells und für die Parameter des Populationsdynamik- und des Dspersions-Teilmodells.	*.par
Geographische Daten: Enthält Patch-spezifische Eigenschaften, d.h. Name, Kapazität und Koordinaten	*.gda
Migrationsmatrix: Enthält die Matrix der Ankunftswahrscheinlichkeiten	*.mmm

Tabelle 2: Ausgabe-Dateitypen in SISP

Inhalt der Datei	Erweiterung
Zeitreihe: Juvenil- und Adultpopulationsgrößen, Allelzahlen und Allelfrequenzen einer Population oder der Metapopulation für jedes Jahr eines Simulationslaufs	*.zre
Gemittelte Ergebnisse über alle Jahre: Mittelwerte, Standardabweichungen und Extrema von Juvenil-, Männchen- und Weibchenanzahlen, mittlere Anzahl erfolgreicher Immigranten und Emigranten sowie Migrationsbilanz, Extinktionswahrscheinlichkeiten nach 25, 50 und 100 Jahren, Inzidenzen nach 25 und 100 Jahren, Turnoverraten über 100 Jahre, beobachtete Heterozygotiegrade, Allelzahlen sowie Allelfrequenzen aller Allele. Für die Metapopulation zusätzlich F-Statistik und Statistik über die Anzahl nach 100 Jahren überlebender Patches.	*.sim
Ergebnisse wie bei den *.erg-Dateien, gemittelt über alle Replikate.	*.erg

3.2 Datenbankzugriff - Struktur und Vorgehensweise

Um die Anwendung von SISP möglichst praktikabel zu machen, wurde schon von Beginn des Projekts an ein Zugriff der Benutzer über das Internet geplant. Die konkrete Realisierung geschieht folgendermaßen (s. Abbildung 4, die Ziffern beziehen sich auf die Nummern dort):

1. Die Datenbank stellt aus der verfügbaren wissenschaftlichen Literatur abgeleitete Informationen über einzelne Arten zur Verfügung und enthält die für die Simulation dieser Arten benötigten Parameterwerte.

2. Ein Anwender greift per WWW über ein in die SISP-Homepage integriertes Java-Applet auf die Datenbank zu und wählt die Art für die er eine Simulationsstudie aus.

3. Nach der Registrierung bzw. dem Login als Nutzer gibt der Anwender die patch- und situationsspezifische Information in die Datenbank ein und startet den Simulationsauftrag. Bei der ersten Registrierung wird die Adresse gespeichert, an die die Ergebnisse der Simulation gesendet werden sollen, sie kann danach jederzeit geändert werden.

4. Nach erfolgreicher Dateneingabe startet das Simulationsprogramm. Es liest die zum Simulationsauftrag gehörende Information aus der Datenbank und startet die Simulation. Ist die Simulation beendet, werden die Ergebnisse in die entsprechenden Tabellen der Datenbank zurückgeschrieben.

5. Sobald die Datenbank die Simulationsergebnisse erhält, löst sie die Generierung eines standardisierten Berichts aus, der das Ergebnis und die Datengrundlage kurz

kommentiert. Dieses Ergebnis wird dem Anwender an seine registrierte Adresse zugesandt.

6. Der Anwender bettet die Simulationsergebnisse in sein Gutachten ein und diskutiert sie unter Berücksichtigung der örtlichen Besonderheiten.

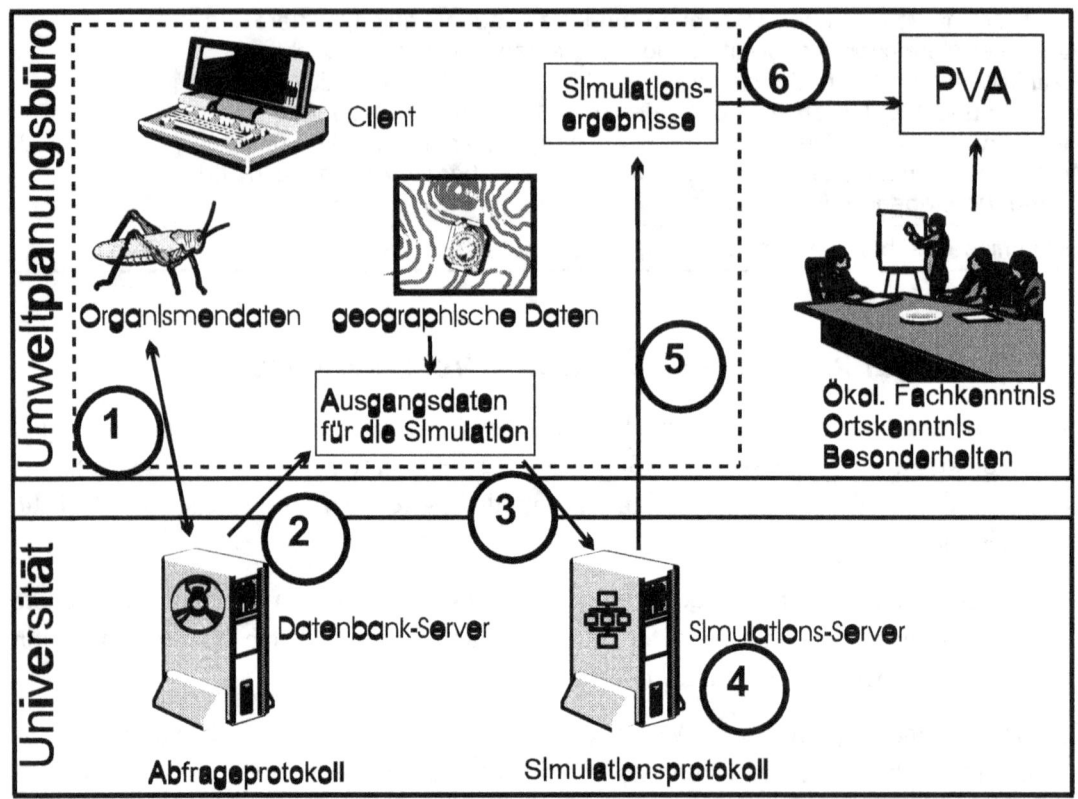

Abbildung 4: Ablauf einer Simulationsstudie mit SISP mit WWW-Kontakt. Erläuterung der einzelnen Schritte siehe Text.

Die Datenbank selbst ist relational in mehreren Schichten strukturiert (Abbildung 5). Die oberste, für die Simulation direkt verwendete Schicht umfasst die Tabellen SISP_Simulation, SISP_Habitat und SISP_Ausgestorben, die die flächenbezogenen Eingabedaten und Simulationsergebnisse enthalten. SISP_Simulation verwaltet neben den allgemeinen Angaben über Auftraggeber, Gebietsname und Szenariobezeichnung die Verknüpfungen zu der bearbeiteten Art und den Parametersätzen sowie die Ergebnisse der Gesamtpopulation. SISP_Habitat enthält neben den eigentlichen Ein- und Ausgabefeldern für Kapazität, Koordinaten, Inzidenz und

Allelverlust noch Hilfsfelder, die die Berechnung von Habitatkapazitäten aus Flächengröße und Populationsdichte sowie aus Koordinaten in einem Nicht-km-Maßstab ermöglichen. Die Tabelle SISP_Users enthält die Adressen und Passwörter der registrierten Nutzer enthält.

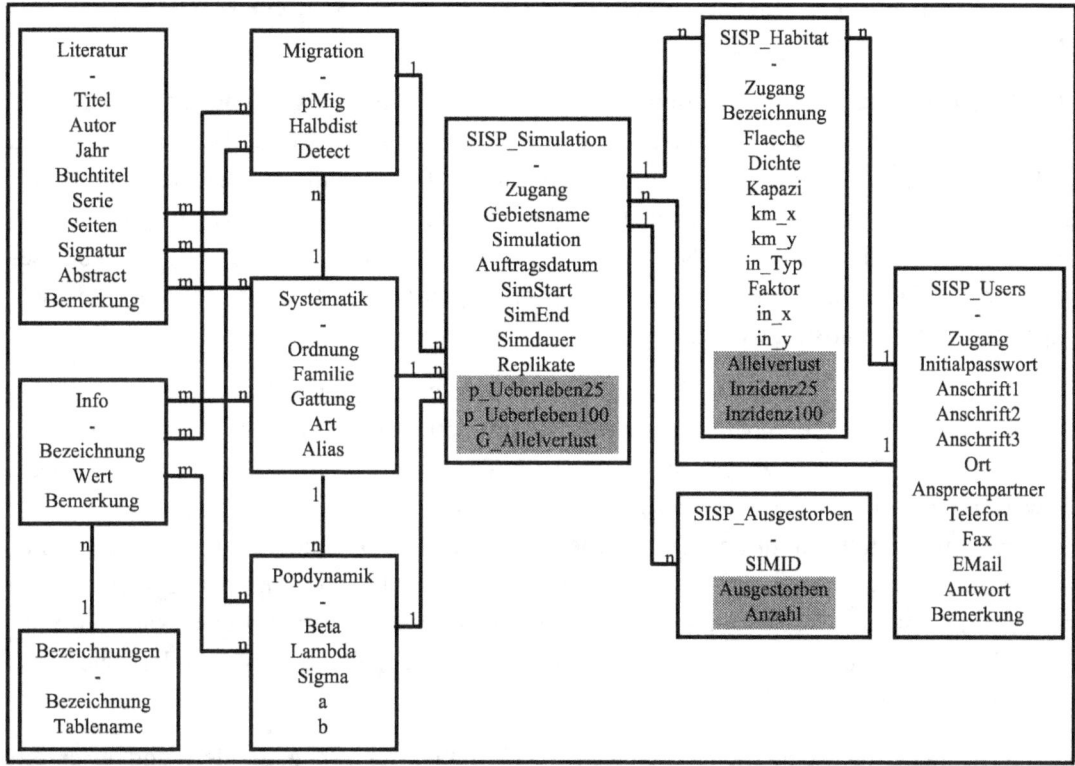

Abbildung 5: ER-Strukturmodell der Datenbank SISP_DB. Die Modell-Eingabeparameter sind hell unterlegt, die Ausgabeparameter dunkler.

Bei der Zusammenstellung eines Simulationsauftrags in der Tabelle SISP_Simulation wählt der Anwender anhand der zu bearbeitenden Art je einen Parametersatz für das Dispersions- und das Populationsdynamik-Modell aus. Die Parametersätze werden in den Tabellen Migration und Popdynamik gehalten und sind mit der zugehörigen Art in der Tabelle Systematik verknüpft. Die Tabelle Popdynamik enthält neben den Modellparametern noch die zwei Parameter a und b der Extinktionskurve für isolierte Populationen (Abschnitt 4.1.2). Diese Parameter werden bei der Bewertung dazu genutzt, für die einzelnen Populationen darzustellen, wie groß der Einfluß der Einbindung in die Gesamtpopulation ist. Die Tabelle Systematik ordnet die Arten zur leichteren Orientierung nach der zoologischen Systematik an. Zu jedem Datensatz in den Tabellen Migration, Popdynamik und Systematik existiert eine Verbindung zu den Tabellen Literatur und Info auf unterster Ebene. Die Quellen für die präsentierten

Literaturdaten können so direkt nachvollzogen werden. In der Tabelle Info können zusätzliche Bermerkungen zu den Datensätzen eingetragen werden, ohne daß eine Umstrukturierung der Datenbank notwendig wird. Die Tabelle Bezeichnungen gewährleistet dabei, daß für jeden Eintrag in entweder Migrations-, Populationsdynamik- oder Systematiktabelle gleiche Bezeichner für gleichartige Bemerkungen, z.B. die Datenherkunft, zur Verfügung stehen.

Die Automatisierung der Simulation mit SISP würde in letzter Konsequenz dazu führen, daß die Simulation selbst von keinem Modellbildner mehr überwacht und kommentiert wird und die Anwender viele numerische Ergebnisse ohne Interpretationshilfen bekommen. Da die Struktur von SISP darauf angelegt ist, dem Anwender das zeitaufwendige Eindenken und Einarbeiten in ein theoretisches Modell zu ersparen, muß die Ausgabe des Ergebnisses von einer standardisierten Interpretationshilfe begleitet werden, die durch geeignete Algorithmen automatisiert wurde.

Das Ergebnisprotokoll (Bsp. s. Anhang 2) umfasst grob gegliedert vier Teile. Zunächst werden die Eingabedaten nochmals aufgeführt, um dem Anwender eine Kontrolle über die Richtigkeit des Auftrags zu geben. Der zweite Teil umfasst eine automatisch generierte Bewertung der Simulationsergebnisse (s.u.), die die wichtigsten Punkte zusammenfasst und komprimiert darstellt. Im dritten Teil werden die verwendeten Modellparameter aufgeführt, die Parametergewinnung erläutert, die dafür verwendeten Quellen zitiert und nicht zuletzt die Parameterwerte selbst nach einer in Abschnitt 4 erläuterten mehrstufigen Skala bewertet. Der vierte Teil schließlich enthält die eigentlichen Ergebnisse in tabellarischer und grafischer Darstellung.

Die Bewertung der Simulationsergebnisse verläuft hierarchisch gegliedert und orientiert sich an wenigen Grenzwerten (Abbildung 6). Zunächst wird die Überlebenswahrscheinlichkeit der Gesamtpopulation über 100 Jahre (pÜ100) bewertet. Ist die Gesamtpopulation nicht gesichert (pÜ100 < 95%), folgt die gleiche Abfrage für den kürzeren Prognosezeitraum von 25 Jahren. Ist die Gesamtpopulation über 100 Jahre gesichert, folgt der Vergleich der Anzahl verlorener Allele mit der theoretischen Neubildungsrate, die auf der Annahme einer Mutationsrate von 10^{-6} (LANDE & BARROWCLOUGH 1987) beruht. Nach der Bewertung der Gesamtpopulation werden die einzelnen Populationen betrachtet. Zunächst wird abgefragt, ob einzelne Populationen eine so hohe Inzidenz zeigen, daß sie die Gesamtpopulation entscheidend stützen können. Ist die Gesamtpopulation über 25 Jahre gesichert, wird diese Abfrage mit der Inzidenz nach 100 Jahren (I100) durchgeführt, ansonsten mit der Inzidenz nach 25 Jahren (I25). Zum Schluß wird die Inzidenz der Einzelpopulationen mit der nach 100 Jahren erwarteten Inzidenz gleich großer, isolierter Populationen verglichen, um den Vorteil zu bewerten, den die Lokalpopulationen durch die Einbindung in die Gesamtpopulation erfahren.

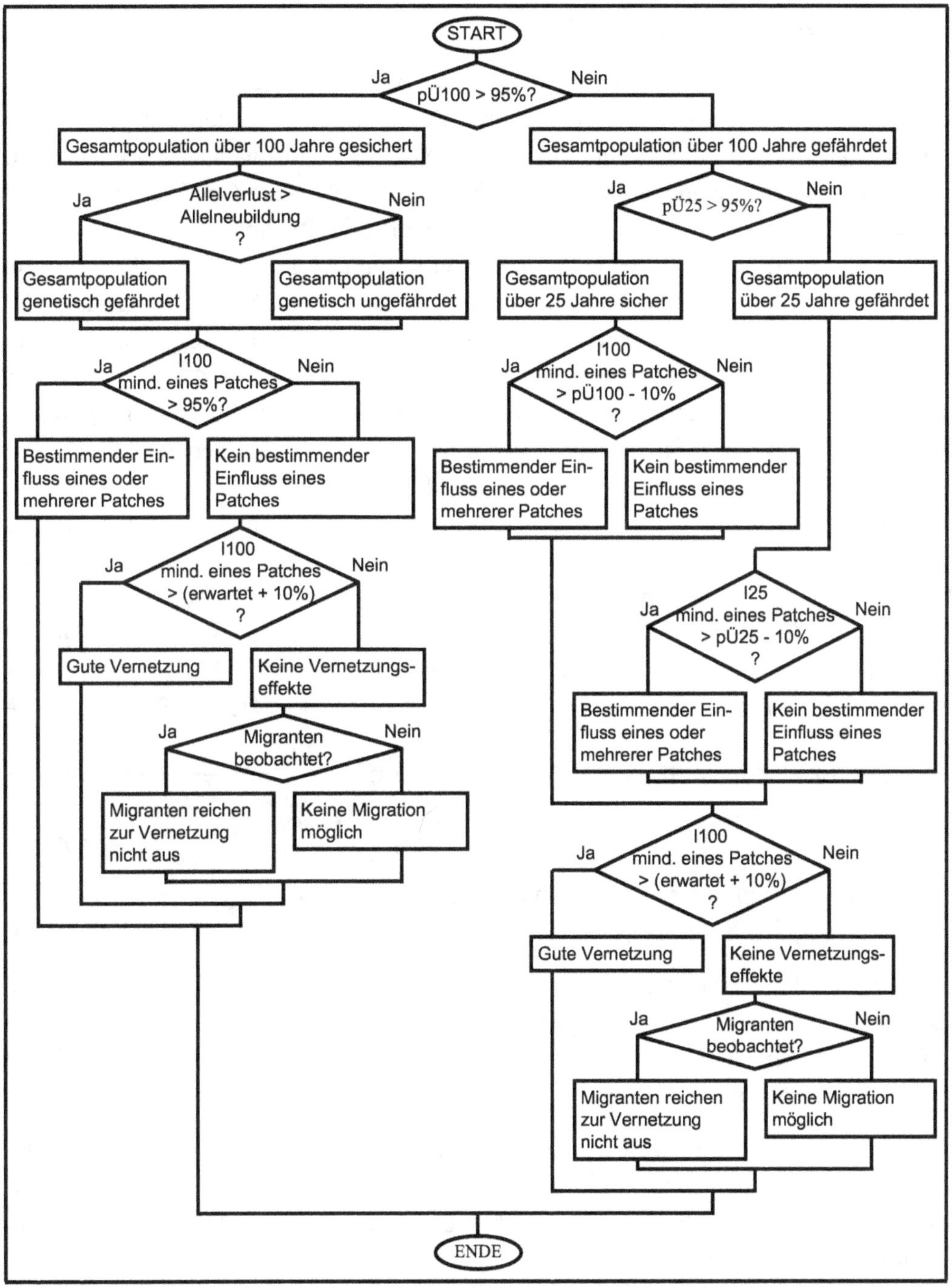

Abbildung 6: Schema des Bewertungsalgorithmus für das automatisierte Ausgabeprotokoll von SISP. Erklärung im Text. pÜ = Überlebenswahrscheinlichkeit der Gesamtpopulation, I = Inzidenz, die Zahl dahinter gibt den Prognosezeitraum (25 oder 100 Jahre) an. Die Bewertungsstichpunkte entsprechen in der Datenbank ganzen Sätzen.

3.3 Alternative Realisierungen

Das in dieser Arbeit realisierte Modell mit Repräsentation einzelner Individuen und drei Rechenschritten pro Generation (Adulte -> Juvenile, Juvenile -> Adulte, Migration der Adulten) kann auf mehrere Arten vereinfacht werden, ohne an Genauigkeit zu verlieren. Durch die Wahl einer geeigneten Klassifizierung kann die I-State-Configuration model (DEANGELIS & GROSS 1992, POETHKE 1994) genannte Modellierung mit separat abgebildeten Einzelindividuen in ein I-State-Distribution model abgebildet werden, das die Individuen gemäß einem Zustand zusammenfasst und nur noch die Verteilung der Individuenzahlen über die Zustände berechnet. Da der Genotyp diejenige Eigenschaft ist, in der sich die modellierten Individuen unterscheiden, wurde er von SPOERLE (1998) als Gruppierungskriterium verwendet (Genotypmodell). Innerhalb des I-State-Configuration Models sind aber noch Vereinfachungen möglich, wenn man die einzelnen Modellprozesse der Populationsdynamik betrachtet. Die separate Speicherung der Juvenilen ist nicht notwendig, da die Prozesse Nachkommen-produktion und Mortalität direkt aufeinander folgen, ohne daß die Juvenilen interagieren. Beide Prozesse können also ohne Zwischenspeicherung der Juvenilen ablaufen, die dazugehörige Datenstruktur wird überflüssig (Ein-Schritt-Zwei-Prozesse-Modell). In einem weiteren Schritt können die beiden Prozesse der Nachkommenerzeugung und der Mortalität zu einem Schritt entsprechend Gleichung 1 zusammengefasst werden (Ein-Schritt-Ein-Prozess). Die realisierte Wachstumsrate wird dabei durch den Term $\dfrac{\lambda_{(t)}}{1+(\lambda-1)*\left(N_{adult(t)}/K\right)^{\beta}}$ berechnet, die Anzahl der Nachkommen pro Weibchen folgt wieder einer Poissonverteilung.

Für jede der genannten Vereinfachungen wurde ein Simulationsmodul erstellt, das über eine gemeinsame Schnittstelle in SISP integriert wurde. Damit war gewährleistet, daß keine Seiteneffekte von unterschiedlichen Ein- und Ausgabemasken oder der Benutzeroberfläche die Vergleiche zwischen den Modellen verfälschen.

Die vier Implementationen wurden hinsichtlich ihrer Ergebnisse (Inzidenzen der Einzelpopulationen und der Gesamtpopulation), der dafür benötigten Simulationsdauer und des Speicherbedarfs verglichen. Der Speicherbedarf wurde aus dem Windows-NT-Systemprotokoll entnommen. Die Simulationen wurden auf einem PC mit Pentium 100-Prozessor unter Windows NT 4.0 (SP 3) durchgeführt. Als Szenarien wurden das einfachste Verifizierungsszenario (Abschnitt 5.1.1: Random Walk, $\lambda = 1$, $\beta = 0$, $\sigma^2 = 0$ und $p_m = 0$), die Abschätzung der MVP (Abschnitt 4.1.2) für *Platycleis albopunctata* (Modellparameter $\lambda = 1{,}69$, $\beta = 2{,}64$, $\sigma^2 = 0{,}8$, $p_m = 0{,}15$) und die Modellanwendung *Melitaea didyma* in den

Hassbergen (s. Anhang) verwendet. Die beiden ersten Szenarien umfassten Populationen mit den Kapazitäten 10, 15, 20, 30, 40, 60, 80, 120, 160, 240, 320, 480, 640 und 960 Individuen. Alle Simulationen wurden über 100 Jahre mit 2000 Replikaten durchgeführt.

Die Inzidenzen, die in den vier Simulationsmodellen berechnet wurden, weisen beim Random Walk nur geringe Unterschiede auf (Abbildung 7 oben). Beim Szenario MVP für *P. albopunctata* hingegen produziert das Genotypmodell deutlich höhere Inzidenzen als die drei I-state-configuration Modelle (Abbildung 7, mitte), beim dritten Szenario sind wegen der durchgehend hohen Inzidenzen keine Abweichungen feststellbar. Bei der Speicherplatznutzung gab es keine wahrnehmbaren Unterschiede. Die Messung wurde allerdings dadurch beeinträchtigt, daß bereits die Benutzeroberfläche mit sämtlichen geöffneten Fenstern 5 MB dynamischen Speicher beansprucht.

Die zusätzliche Speichernutzung durch die Simulationsdaten fällt bei den verwendeten Szenarien kaum ins Gewicht. Der vorhandene Speicher kann allerdings bei den verschiedenen Modellen unterschiedlich verteilt werden. Bei den beiden Ein-Schritt-Versionen fällt im nicht dynamisch genutzten Speicher die Repräsentation der Juvenilen weg, die etwa die Hälfte des Speicherbedarfs der Patchdaten umfasst. Dadurch können entweder doppelt so viele Populationen oder doppelt so große Populationen repräsentiert werden. Die Genotypbasierte Version verwendet etwa gleich viel Speicherplatz wie die für den Vergleich verwendeten I-State-Configuration-Modelle. In der genotypbasierten Version können jedoch beliebig viele Populationen und Individuen simuliert werden, da die Populationen in dynamischen Listen verwaltet werden und nur Individuenzahlen in Genotypklassen gespeichert werden, nicht einzelne Individuen.

Tabelle 3: Simulationsdauer für drei Szenarien bei vier verschiedenen Modellrealisierungen. Das Modell 2-Schritt ist das als Standard verwendete, das Modell 2-Prozess faßt Fertilität und Mortalität in einem Schritt, aber mit zwei getrennten Prozessen zusammen und das Modell 1-Prozess faßt Fertilität und Mortalität zu einem einzigen Prozess zusammen. Das Genotypmodell (SPOERLE 1998) ist ein I-State-Distribution-Modell, das die Population in Klassen entsprechend dem Genotyp aufteilt. Die Szenarien werden im Text erklärt. Alle Zeitangaben in hh:mm.

Szenario	2-Schritt	2-Prozess	1-Prozess	Genotyp
Random Walk	11:36	12:49	12:45	08:01
MVP *Platycleis albopunctata*	07:35	08:39	08:10	09:08
Melitaea didyma, Hassberge	06:27	06:08	06:29	11:19

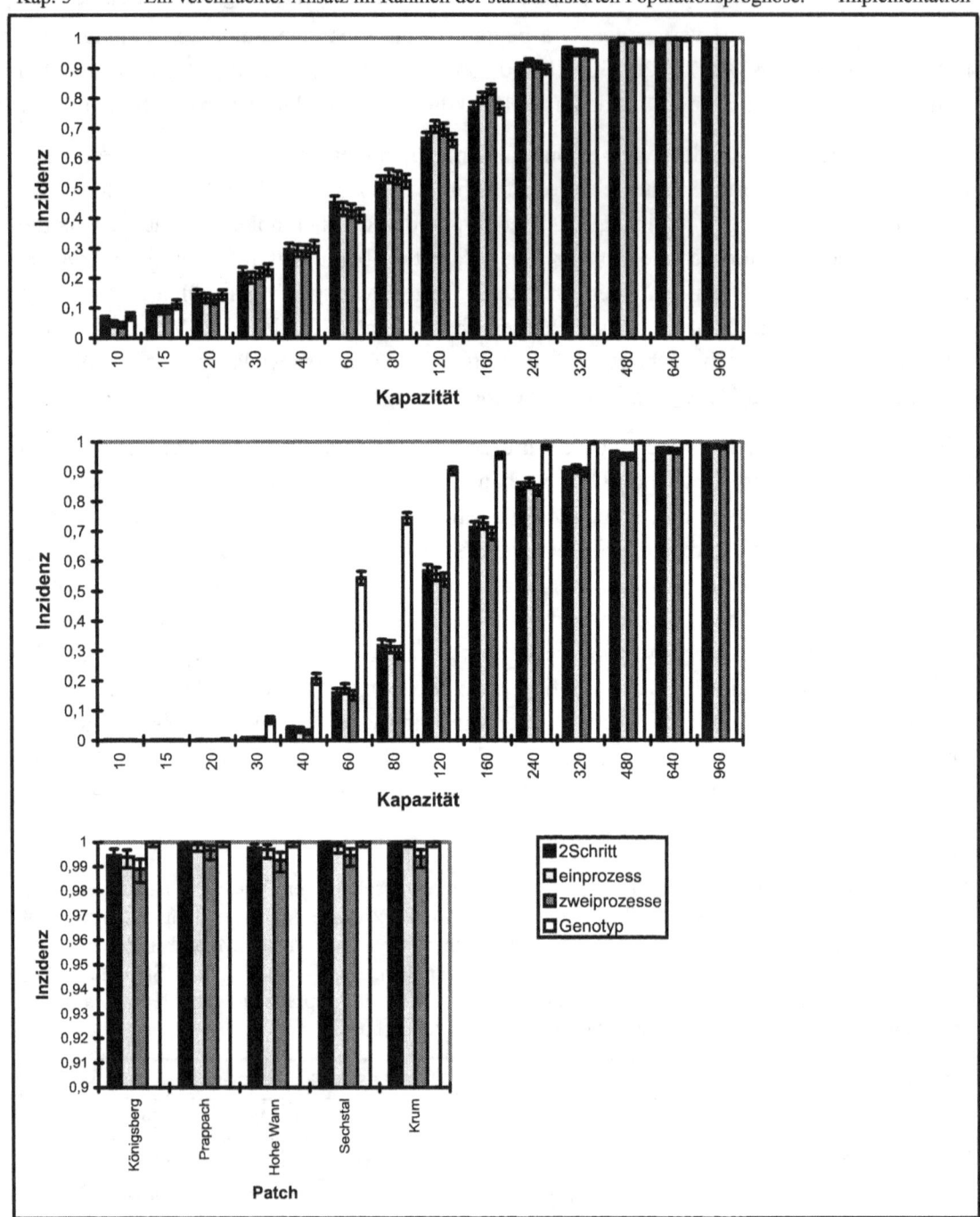

Abbildung 7: Vergleich der Inzidenzen der vier getesteten Modellrealisierungen bei den Szenarien Random Walk (oben), MVP *P. albopunctata* (mitte) und *M. didyma*, Hassberge (unten). Prognosezeitraum 100 Jahre, gemittelt über 2000 Replikate. Die Fehlerbalken geben den 95%-Vertrauensbereich wieder.

An den Simulationszeiten (Tabelle 3) fällt auf, daß die Zeiten der individuenbasierten Modelle recht gut übereinstimmen. Die beiden Ein-Schritt-Realisierungen benötigen meist sogar geringfügig mehr Zeit als das Standardmodell mit zwei Schritten. Die beiden Simulationsschritte und die Zwischenspeicherung der Juvenilen scheinen also kein geschwindigkeitsbestimmender Schritt zu sein. Das Genotypmodell mit seiner grundlegend anderen Programmstruktur (SPOERLE 1998) zeigt stark abweichende Simulationszeiten. Beim Random Walk mit hohen Individuenzahlen und ohne Migration laufen die Simulationen relativ schnell, im Szenario *M. didyma* in den Hassbergen dauert die Simulation sehr lange, vermutlich aufgrund der Migrationsvorgänge.

4 Parametrisierung

Die Gewinnung von Parametern für das Simulationsmodell war eine der Hauptaufgaben der vorliegenden Arbeit. Im folgenden soll die Methodik für die Parametrisierung der Teilmodelle für Populationsdynamik und Migration erläutert und diskutiert werden. Die bisher vorhandenen Parameterwerte werden in Anhang 3 aufgeführt. Die Parametrisierung des Simulationsmodells basiert auf umfangreichen Literaturangaben, eigene Freilandarbeiten wurden nicht durchgeführt. Die Recherche basiert auf allgemein zugänglichen wissenschaftlichen Literaturdatenbanken. Als Stichwörter wurden unter anderem 'Time-Series', 'Population dynamics', 'Migration', 'Dispersal', 'Lepidoptera' und deren Familien, 'Caelifera' und Familien, 'Ensifera' und Familien, 'Butterflies', 'Grasshoppers' und mehr verwendet. Zusätzlich wurde relevanten Zitaten aus anderen Publikationen nachgegangen. Die Datenbanksuche ergab insgesamt etwa 1000 entsprechende Zitate. Zu Zeitreihen allerdings wurden nur vier Literaturstellen für Tagfalter und drei für Heuschrecken gefunden. Über Mobilität und Migration wurden ca. 500 Literaturstellen für Schmetterlinge und ca. 100 für Heuschrecken in den Datenbanken gefunden. Die restlichen 400 Literaturstellen sind Artikel, bei denen am Rande Angaben entweder zur Populationsdynamik oder zur Mobilität von Insekten, auch anderer Ordnungen, gemacht werden. Die Aussagekraft der Literaturdaten wird in den Abschnitten 4.1.3 und 4.2.2 erläutert.

4.1 Parameter für die Populationsdynamik

Für das Teilmodell zur Abbildung der Populationsdynamik müssen die artspezifischen Parameter λ und β des logistischen Wachstums sowie die umweltbedingte Varianz der Wachstumsrate, σ^2, geschätzt werden.

4.1.1 Verfahren zur Parameterschätzung

Die für die Parametrisierung des populationsdynamischen Teilmodells verwendete Methode wird hier an zwei Beispielen gezeigt. Die Bestimmung der artspezifischen Parameter λ und β für das logistische Wachstum wird am Beispiel einer neunjährigen Reihe von Transektzählungen des Apollofalters *Parnassius apollo* in der Frankenalb (M. DOLEK, pers. Mitt.) gezeigt, ebenso die Schätzung der Varianz σ^2 der Wachstumsrate. Danach wird untersucht, wie populationsdynamische Korrelation in nahe beieinanderliegenden Habitaten detektiert werden kann und wie aus mehreren, kurzen Zeitreihen ein gemeinsamer Parametersatz gewonnen werden kann. Als Beispiel dafür dienen neben dem Apollofalter die Populationsgrößenschätzungen, die von einer Arbeitsgruppe an der in der Abteilung

Ökologie des zoologischen Instituts an der Universität Mainz seit 1994 für *Oedipoda caerulescens* im Mittelrheintal durchgeführt werden (SANDER 1995, NICKLAS-GÖRGEN 1998, BECKER in vorb, BÖTTCHER in vorb.).

4.1.1.1 Schätzung der Parameter λ und β des logistischen Wachstums

Die Schätzung der Parameter λ und β des logistischen Wachstums erfolgt durch Anpassung des logistischen Wachstums (Gleichung 1) an die Datenpunkte einer Sequenz von Populationsgrößen. Als Beispiel dienen hier Daten aus dem Apollo-Hilfsprogramms in der Frankenalb (M. DOLEK, pers. Mitt.). Während der Jahre 1990 bis 1998 wurden jährlich 7 bis 12 Transektbegehungen in den bekannten Populationen von *P. apollo* und einigen benachbarten, nach Pflegemaßnahmen geeigneten Habitaten durchgeführt. Dabei konnten u.a. mehrere Besiedelungsvorgänge festgestellt werden (GEYER & DOLEK 1995, STELTER 1997). Als Beispiel für die Parametrisierung verwende ich hier die Transektzählung der zentral gelegenen Fläche Wallersberg, die im gesamten Untersuchungszeitraum eine stabile Population beherbergte. Aus den Transektdaten wurden zunächst Phänologiekurven abgeleitet (Abbildung 8), indem die beobachtete Populationsgröße zwischen je zwei aufeinanderfolgenden Beobachtungstagen linear interpoliert wurde. Die Transektdaten umfassen die gesamte Flugzeit, so daß keine Extrapolation über die vorhandenen Daten hinaus notwendig war.

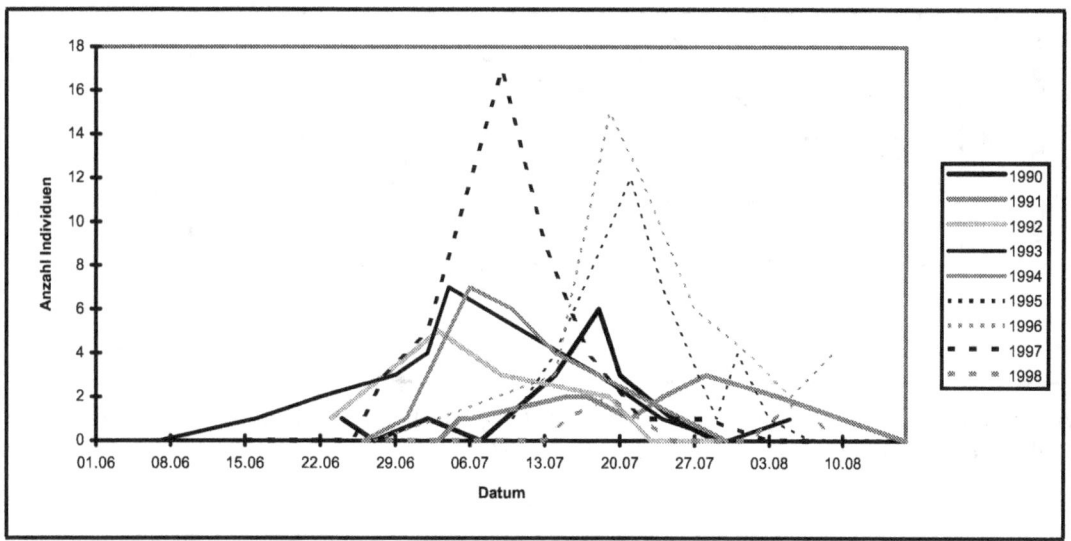

Abbildung 8: Phänologiekurven für *P. apollo* auf der Fläche Wallersberg für die Jahre 1990 bis 1998. 7 bis 12 Transektbegehungen pro Jahr, dazwischenliegende Werte linear interpoliert. Berechnet aus Daten von M. DOLEK (pers. Mitt.).

Die für jeden Tag der Flugzeit interpolierten Schätzungen, wie viele Individuen aktuell in der Population vorhanden waren, wurden zu einer Beobachtungssumme zusammengefasst. Diese Beobachtungssumme ergab etwa doppelt so hohe Werte wie die Populationsgrößenschätzungen aus Fang-Wiederfang-Untersuchungen in den Jahren 1995 und 1996 (STELTER 1997). Dieser Faktor enthält die mittlere Verweildauer eines Apollofalters in der Population (8 Tage nach STELTER 1997) und einen Korrekturfaktor dafür, daß bei der verwendeten Transektmethode nur ein gewisser Anteil der Falter gefangen wird. Die Beobachtungssummen aller Flächen wurden für jedes Jahr durch zwei geteilt, um absolute Populationsgrößenschätzungen für alle neun Jahre zu erhalten (Abbildung 9).

Für die Anpassung an ein Modell zur Dichteabhängigkeit werden die Daten meist als Diagramm $N_{(t+1)}$ gegen $N_{(t)}$ (z.B. BELLOWS 1981) aufgetragen. Die 1. Diagonale ist dann der dichteunabhängige Fall. Eine Auftragung des logistischen Wachstums schneidet die Diagonale bei der Kapazität K, die Ableitung des logistischen Wachstums an diesem Punkt kann Aufschluß geben über das dynamische Verhalten einer Population (MAY 1981, DOEBELI & RUXTON (1997), s.a. Abschnitt 5.1.3).

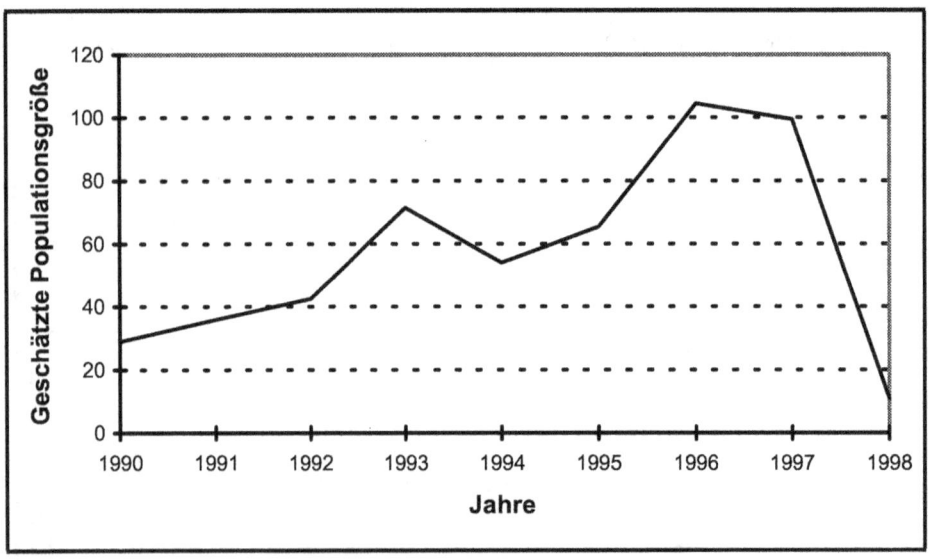

Abbildung 9: Geschätzte Populationsgrößen von *P. apollo* bei Transektzählungen auf der Fläche Wallersberg in der Frankenalb in den Jahren 1990-1998.

Zeigt die Population dichteabhängiges Verhalten, ergibt sich bei niedriger Populationsgröße eine Häufung von Datenpunkten oberhalb der Diagonalen und bei hoher Populationsgröße eine Häufigung unterhalb der Diagonalen (Abbildung 10 für die Beispielzeitreihe).

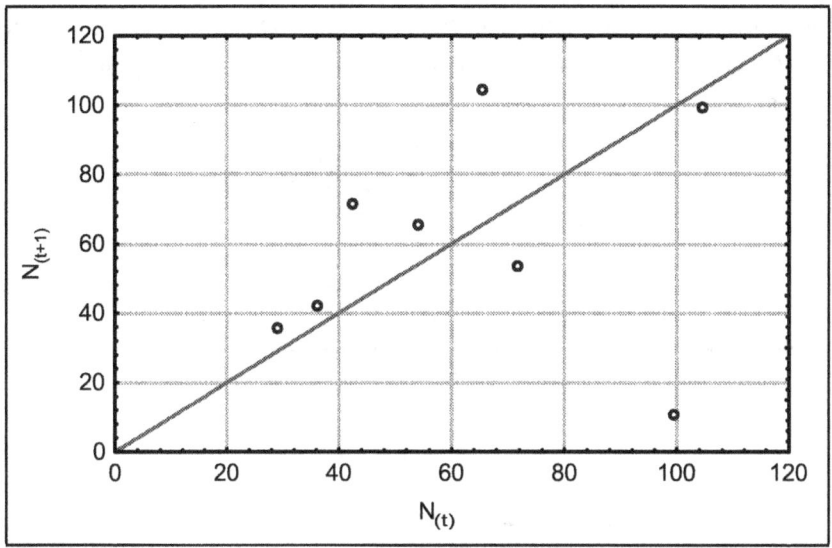

Abbildung 10: Datenpunkte der Zeitreihe von *P. apollo* am Wallersberg, aufgetragen $N_{(t+1)}$ gegen $N_{(t)}$. Diagonale: Gleichgewichtszustand $N_{(t+1)} = N_{(t)}$

Eine weitere Möglichkeit ist, den proportionalen Anteil Überlebende gegen die Populationsgröße aufzutragen (z.B. HASSELL 1975). Wird der Anteil Überlebende logarithmiert, entstehen die *k*-Werte (HALDANE 1949, VARLEY & GRADWELL 1960). Aus der Bestimmung solcher *k*-Werte für unterschiedliche Faktoren (z.B. Überlebenswahrscheinlichkeit der Juvenil- und der Adultphase, Schlüpfwahrscheinlichkeit etc.) im Lebenszyklus (*k*-Faktoren-Analyse, z.B. BEGON 1999) kann ersehen werden, welche dieser Faktoren die Populationsgröße entscheidend regulieren.

Die Auftragung des proportionalen Anteils überlebender Nachkommen gegen die Populationsgröße hat allerdings den Nachteil, daß bei N gegen 0 f(N) nicht gegen 0 geht, sondern gegen die maximale Wachstumsrate. Bei sehr niedrigen Populationsgrößen sind aber die Schätzfehler des proportionalen Anteils, die durch verschätzen um 1 Individuum entstehen, extrem hoch. Diese Methode ist daher für Zeitreihen mit kleinen Populationen weniger geeignet.

Aus diesem Grund verwende ich für die Anpassung des logistischen Wachstums die Auftragung der absoluten Populationsgrößenänderung ΔN gegen die Populationsgröße (Abbildung 11 für die Beispieldaten). Wie beim proportionalen Anteil ist hier die Nulllinie der dichteunabhängige Fall, so daß man als Bestimmtheitsmaß die Differenzen des Abweichungsquadrats zu den quadrierten Datenwerten verwenden kann (BELLOWS 1981). Der Schnittpunkt des logistischen Wachstums mit der Nulllinie ist der Schätzwert für die Habitatkapazität. Dadurch, daß bei N = 0 immer ΔN = 0 gilt, kann dieser Wert als Fixpunkt verwendet werden und minimiert so den Einfluß der Schätzfehler bei geringen Populationsgrößen. Die Anpassungsfunktion, die für diese Art der Auftragung abgeleitet wurde, ist in Gleichung 6 angegeben.

$$\Delta N = N_{(t+1)} - N_{(t)} = N_{(t)} * \left[\lambda \Big/ \left(1 + (\lambda - 1) * \left(N_{(t)} \Big/ K \right)^{\beta} \right) - 1 \right]$$ [6]

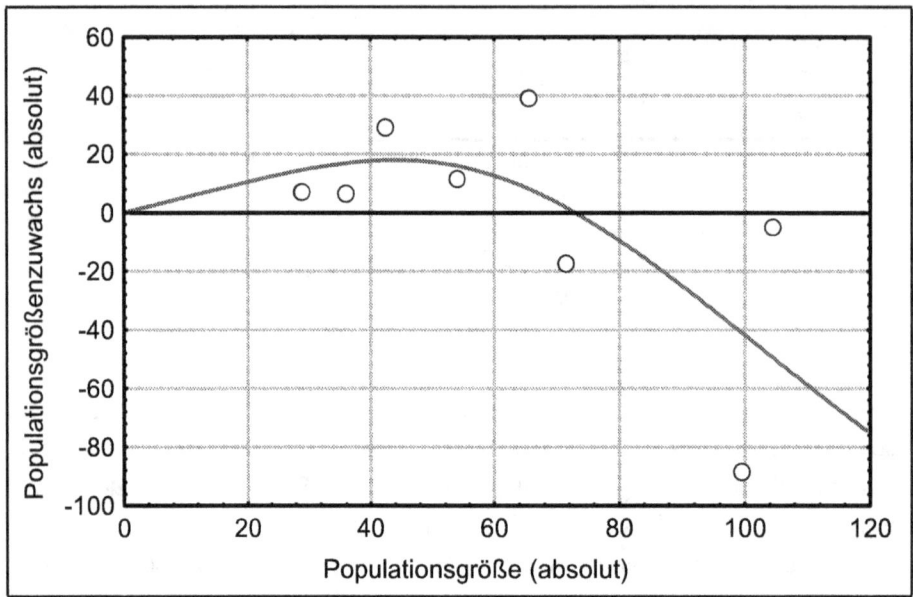

Abbildung 11: Datenpunkte der Zeitreihe von *P. apollo* am Wallersberg. Aufgetragen ist der Populationsgrößen-zuwachs gegen Populationsgröße. Waagrecht ist die Nullinie dargestellt, die Kurve ist die bestangepasste Form des logistischen Wachstums nach Gleichung 6 und erklärt 45% der gefundenen Abweichung vom Nullmodell (Populationsgröße bleibt immer konstant). Die Parameter der Kurve sind: $\lambda = 1{,}53$, $\beta = 3{,}55$ und $K = 73$.

4.1.1.2 Schätzung der Varianz σ^2

Für die Abschätzung der Varianz σ^2 wäre es nun denkbar, aus der Modellanpassung anhand Gleichung 7 die für jedes Jahr realisierten Wachstumsraten $\lambda_{(t)}$ zu berechnen und die Varianz ihrer Verteilung als Schätzwert zu verwenden. Dieser Wert ist im Beispielfall 0,55.

Da aber die Lognormalverteilung von $\lambda_{(t)}$ nicht der einzige Zufallseffekt ist, sondern vor allem bei geringen Wachstumsraten und kleinen Populationen noch demographische Fluktuationen des individuenbasierten Modells hinzukommen, wird ein indirekter Weg über den Vergleich der Fluktuationen zwischen den Jahren vorgezogen. Die Überlebenswahrscheinlichkeit einer Population hängt entscheidend davon ab, wie stark sie in ungünstigen Jahren unter ihre Gleichgewichtsgröße gedrückt wird. Die Parameterschätzung muß also vor allem darauf abzielen, die Fluktuation der Populationsgröße um den Gleichgewichtswert gut abzubilden. Daher werden mit den geschätzten Parametern für das logistische Wachstum und mehreren Werten für σ^2 mit dem Simulationsmodell mehrere Zeitreihen für verschiedene Populationsgrößen erstellt. Die Fluktuation dieser Zeitreihen wird zur Kalibrierung des Modells mit der Populationsgrößenfluktuation der Freiland-Zeitreihe verglichen.

$$\lambda_{(t)} = \frac{N_{(t+1)}}{N_{(t)}} * \left[1 + (\lambda - 1) * \left(\frac{N}{K}\right)^\beta\right] \qquad [7]$$

Für die Messung der jährlichen Fluktuation der Populationsgröße haben sich in der wissenschaftlichen Literatur drei Messgrößen eingebürgert: der Variationskoeffizient (CV), die Standardabweichung der logarithmierten Populationsgröße (Sln) und der Schwankungsfaktor (SF), d.h. der Quotient aus maximaler und minimaler Populationsgröße. Alle drei Messgrößen sind von der Länge der Zeitreihe abhängig, auf die sie angewendet werden, am wenigsten die Standardabweichung der logarithmierten Populationsgröße (CYR 1997). Der Schwankungsfaktor enthält am wenigsten Information, da er nur etwas über die Extrema der Populationsgrößenverteilung, nichts über die Verteilung selbst aussagt.

Da Variationskoeffizient und Standardabweichung der logarithmierten Populationsgröße auf verschiedenen Skalen arbeiten, werden hier beide Maße verwendet. Wenn beide Maße deutlich unterschiedliche Schätzer für σ^2 produzieren, ist das ein Hinweis darauf, daß die vorliegende Populationsdynamik nicht gut abgebildet wird.

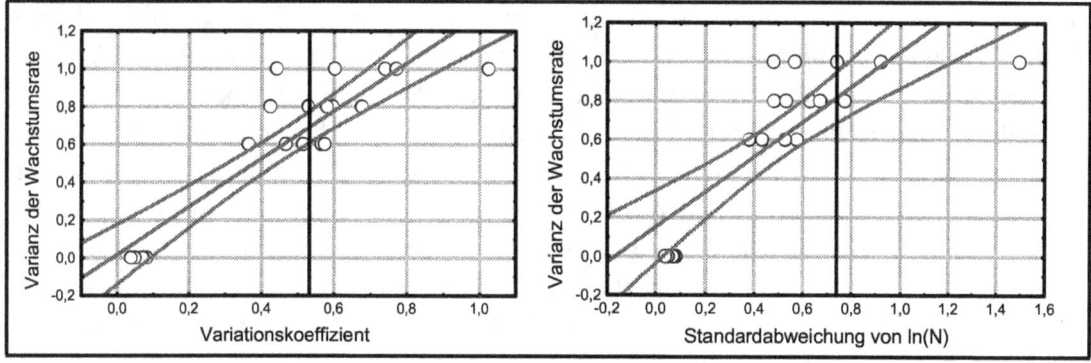

Abbildung 12: Variationskoeffizient CV (rechts) und Standardabweichung Sln der logarithmierten Populationsgröße (links) von Zeitreihen aus Simulationsergebnissen mit verschiedenen Varianzen σ^2. Parameter: λ = 1,53, β = 3,55, K = 240, 320, 480, 640 und 960. Diagonal eingezeichnet: lineare Regression mit 95% Vertrauensbereich. Senkrechte Linien: Fluktuationsmaße der Freiland-Zeitreihe (CV = 0,53 , Sln = 0,72).

Bei den Daten für *P. apollo* vom Wallersberg (Abbildung 12) fällt auf, daß die Standardabweichung der logarithmierten Populationsgröße einen etwas höheren Wert für σ^2 schätzt und stärker streut als der Variationskoeffizient. Die 95%-Vertrauensbereiche beider Schätzungen zeigen knapp unter 0,8 einen Überlappungsbereich, die Fluktuation der Zeitreihe wird also gerade noch in ausreichendem Maß abgebildet. Da die Anwendung des Modells im Naturschutz nahelegt, eher pessimistische Prognosen abzugeben, wird der höchste Wert für s^2 verwendet, der im 95%-Vertrauensbereich der Kalibrierung liegt. In diesem Fall ist das 0,93.

4.1.1.3 Poolen von mehreren Datenreihen

Durch die Trennung der σ^2-Kalibrierung von der Schätzung der Parameter λ und β des logistischen Wachstums ist auch das Poolen von Daten aus verschiedenen Gebieten plausibel, allerdings nur unter der Annahme, daß zumindest die intrinsische Regulation der Populationsgröße als artspezifisch angenommen werden kann. Dafür sprechen die überregional ähnlichen ökologischen Einnischungen bei den meisten Arten. Allerdings ist durchaus zu erwarten, daß in auch nahe benachbarten Habitaten unterschiedlicher Qualität unterschiedliche Ressourcen limitierend wirken (z.B. Eiablageplätze und Nahrungsquellen) und so auch die Typologie der Dichteabhängigkeit ändert. Eine Limitierung der Eiablageplätze in dem einen Habitat sollte eher zu contest competition, d.h. Ausschlußwettkampf, führen. Die Limitierung der Nahrungsquellen kann bei den phytophagen Larven bzw. Raupen schnell scrambling competition, also Übernutzungswettkampf, zur Folge haben.

Wenn also die Analyse mehrerer Zeitreihen in etwa gleiche Parameterkombinationen von λ und β ergeben, ist das ökologische Verhalten der Art in allen Gebieten ähnlich und man kann die Daten aus allen Zeitreihen poolen, um zuverlässigere Informationen über die Dichteregulation zu erhalten. Verschiedenheit der Parameterkombinationen mehrerer Zeitreihen voneinander erlaubt aber noch keine Aussage über die Möglichkeit der Zusammenfassung, da in Abschnitt 5.3.2 gezeigt wird, daß eine Zeitreihe mit nur wenig Verlust an Bestimmtheitsmaß mit deutlich unterschiedlichen Parametersätzen abgebildet werden kann. Das in Abschnitt 5.3.3 untersuchte Auslassen eines Datenpunkts bei der Analyse einer Zeitreihe zeigt sogar noch stärkere Variation. Eine Aussage darüber, ob das Poolen mehrerer Datenreihen vertretbar ist, bietet erst die Untersuchung, wie gut die einzelnen Zeitreihen von der an alle Daten angepassten Kurve wiedergegeben werden. Dafür werden die Bestimmtheitsmaße der einzeln optimal angepassten Kurve und der an alle Daten optimal angepassten Kurve für die Datenpunkte jeder einzelnen zeitreihe errechnet und verglichen. Für die Bewertung wertete ich eine Abweichung der Bestimmtheitsmaße um fünf Prozentpunkte noch als tolerierbar.

Bei einigen Arten, z.B. bei *Aphantopus hyperantus*, sind die Parameterschätzungen aus den einzelnen Zeitreihen allerdings sehr unterschiedlich und die gepoolte Abschätzung zeigt ein vergleichsweise niedriges Bestimmtheitsmaß zu den einzelnen Zeitreihen (Tabelle 4). In diesen Fällen kann es sein, daß die dichteabhängige Regulation der Populationsgröße in den verschiedenen Populationen so unterschiedlich ist, daß ein Poolen der Daten nicht sinnvoll ist.

Tabelle 4: Parameterschätzungen für das logistische Wachstum und dazugehörende Bestimmtheitsmaße (r^2 einzeln) von verschiedenen Zeitreihen einzeln und gepoolt für *Aphantopus hyperantus*, mit Bestimmtheitsmaß der gepoolten Schätzung gegenüber den Einzelzeitreihen (r^2 gepoolt).

Zeitreihe	l	b	r^2 einzeln	r^2 gepoolt
REICHHOLF (1996)	2,24	1,05	0,25	0,24
POLLARD & YATES 1993: All Sites	1,46	4,16	0,44	0,20
POLLARD, MOSS & YATES (1995), Datenreihe 1	1,53	2,62	0,41	0,26
POLLARD, MOSS & YATES (1995), Datenreihe 2	2,22	2,18	0,44	0,39
CENTRAAL BUREAU VOOR DE STATISTIEK, NIEDERLANDE	1,88	5,26	0,84	0,23
Alle Datenreihen gepoolt	1,94	1,45	0,29	

Es ist aber auch möglich, daß einige der Datenreihen ungenau oder mit Fehlern behaftet sind, so daß die eigentliche dichteabhängige Regulation verschleiert wird. Bei *A. hyperantus* ergeben alle Zeitreihen ähnliche Werte für λ, nur die Intensität der Dichteregulation β wird grundlegend verschieden beurteilt (Tabelle 4), mit Werten zwischen 1,05 und 5,26. Nur bei zwei der fünf Zeitreihen erklärt die gemeinsame Parameteranpassung die Variation der Populationsgröße weniger als fünf Prozentpunkte schlechter als die für die einzelne Zeitreihe optimale (Tabelle 4, Differenz der Spalten r^2 einzeln und r^2 gepoolt). Vier der fünf Zeitreihen enthalten allerdings methodische Probleme: Die Zeitreihe 'All Sites' aus POLLARD & YATES 1993 und die Zeitreihe des CENTRAAL BUREAU VOOR DE STATISTIEK, NIEDERLANDE sind über alle Probestellen gemittelt, verschleiern also die echte Dichteregulation; die beiden Zeitreihen aus POLLARD, MOSS & YATES (1995) zeigen signifikant ansteigende Trends. Daher bleibt als plausibelste Schätzung diejenige aus der Zeitreihe von REICHHOLF (1986).

Bei einzelnen Zeitreihen, die zu kurz für eine eigenständige Analyse sind, ist diese Methode nicht anwendbar. In diesen Fällen poolte ich nur Daten, die aus ähnlichen Habitaten und der gleichen geographischen Region stammen.

Die Auswirkungen der Umweltstochastizität werden von Gebiet zu Gebiet als variabel angenommen. Sie nehmen vermutlich auch zur Grenze des Verbreitungsgebietes hin zu, was die höheren Populationsgrößenfluktuationen bei nördlicher gelegenen Tagfalterpopulationen in England (THOMAS et al. 1994) erklären könnte. Die Anpassung an das logistische Wachstum kann dennoch für alle Datenreihen gemeinsam durchgeführt werden, um zusätzliche Datenpunkte für die Schätzung zu gewinnen. Für jede einzelne Zeitreihe wird die Varianz σ^2 dann separat geschätzt. Die reine Addition der Populationsgrößen zu Größen- oder Indexwerten für die Gesamtpopulation, wie es in England (POLLARD & YATES 1993) oder in Holland (CENTRAAL BUREAU VOOR DE STATISTIEK 1998) praktiziert wird, ergibt keine zusätzlichen Datenpunkte, sondern kann die Regulationseffekte einzelner Populationen sogar verdecken. Dennoch sind solche Daten eine gute und wertvolle Datenquelle (s. Anhang 3). Sind zwei oder mehr Datenreihen nicht über z.B. Wettereffekte oder Migration korreliert, kann man die Datenpunkte aller Datenreihen für die Abschätzung der Parameter für das logistische Wachstum verwenden, vorausgesetzt, man normiert die Datenpunkte in geeigneter Weise. Die Untersuchung der Korreliertheit mehrerer Populationen wird anhand der Daten aus dem Apollo-Hilfsprogramm und anhand der Populationsgrößenschätzungen für *O. caerulescens* im Mittelrheintal gezeigt, die Parameteranpassung bei gepoolten Daten nur für *O. caerulescens*.

4.1.1.4 Sind lokale Populationen korreliert? Das Beispiel *Parnassius apollo* in der Frankenalb

Im Apollo-Hilfsprogramm auf der Frankenalb wurde nicht nur die schon oben dargestellte Population Wallersberg mit Transektzählungen über die Jahre verfolgt, sondern auch alle bekannten benachbarten Populationen. So sind für die in der Karte (Abbildung 13) schwarz dargestellten sechs Populationen inzwischen Populationsgrößenschätzungen nach dem oben dargestellten Muster ab 1992 vorhanden (Abbildung 14).

Prinzipiell gibt es mehrere Möglichkeiten, die Korrelation zwischen zwei Zeitreihen zu überprüfen. Standard ist die Berechnung des Korrelationskoeffizienten einer Auftragung der jährlichen Populationsgrößenänderung beider Flächen gegeneinander. Um die zum Teil sehr unterschiedlichen Populationsgrößen auszugleichen, wird jede Population auf ihre mittlere Populationsgröße normiert. Im angeführten Beispiel sind vier der 15 möglichen Korrelationen signifikant auf dem 95%-Niveau (Tabelle 5), der Mittelwert der Korrelationskoeffizienten liegt bei 0,5.

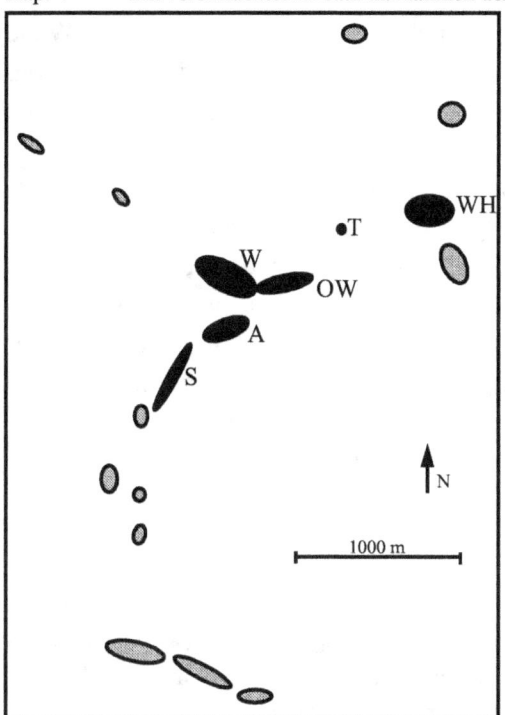

Abbildung 13: Verteilung der für *P. apollo* geeigneten Habitate im Untersuchungsgebiet 'Kleinziegenfelder Tal' in der Frankenalb. Verändert nach STELTER (1997). Schwarz sind die Habitate markiert, in denen im Zeitraum 1992 - 1998 durchgehend Transektschätzungen durchgeführt wurden, hell die weiteren im Untersuchungsgebiet vorhandenen Habitate.

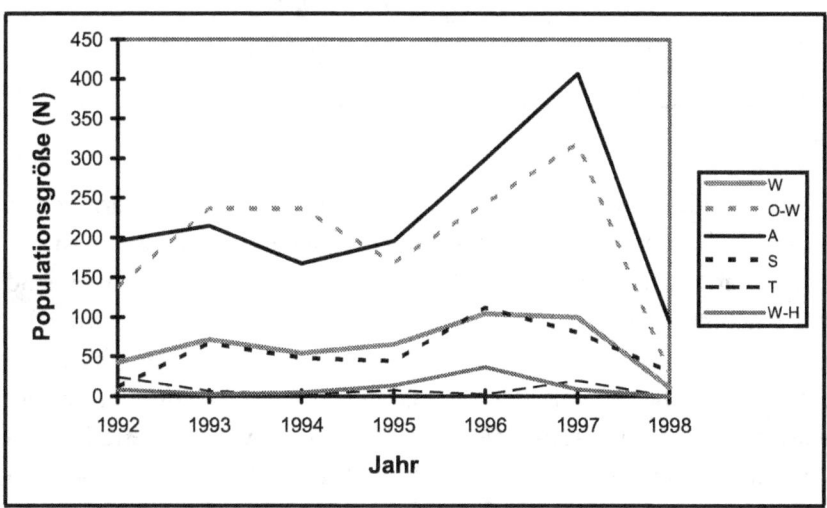

Abbildung 14: Populationsgrößenschätzungen für diejenigen sechs Populationen im Apollo-Hilfsprogramm Frankenalb, die im Zeitraum 1992 - 1998 sicher besetzt waren (Daten von M. DOLEK, pers. Mitt.).

Kap. 4 Modellierung räumlich stark strukturierter Insektenpopulationen.
Ein vereinfachter Ansatz im Rahmen der standardisierten Populationsprognose. Parametrisierung

Die signifikanten Korrelationen ergeben sich im Umfeld der zentralen Population W, je weiter die anderen Populationen von W entfernt sind, desto schlechter wird die Korrelation. Bei paarweisen Korrelationskoeffizienten ist es jedoch sehr schwierig, eine statistisch belegbare Grenze zu finden, bei der man global korrelierte und global unkorrelierte Gesamtpopulationen unterscheiden kann. Daher wurde für diese Arbeit ein neues Verfahren entwickelt, das auf der Betrachtung der Gegenläufigkeit der Populationsentwicklung beruht. Für das untersuchte Paar von Populationen wird für jedes Jahr, in dem eine der beiden Populationen ab- und die andere zunimmt, ein Punkt vergeben, wenn die beiden Populationen synchron zu- oder abnehmen, bekommen sie keinen Punkt. Die Summe dieser Punkte bildet einen Index, der hier als Gegenläufigkeitsindex bezeichnet wird. In Tabelle 6 wird die Berechnung des Gegenläufigkeitsindex am Beispiel der Populationspaare W / A (signifikant korreliert) und WH / T (leicht negative Korrelation) gezeigt.

Tabelle 5: Paarweise Korrelationskoeffizienten (oberhalb der Diagonalen) und Gegenläufigkeitsindices (unterhalb der Diagonalen) zwischen den jährlichen Populationsgrößenveränderungen im Zeitraum 1992 - 1998 für die in Abbildung 13 schwarz markierten Populationen von P. apollo in der Frankenalb. Auf dem 95%-Niveau signifikante Korrelationen sind mit * markiert. Die Berechnung des Gegenläufigkeitsindex wird im Text erklärt.

	W	OW	A	S	T	WH
W		0,890*	0,889*	0,860*	0,163	0,666
OW	2		0,839*	0,687	0,249	0,324
A	1	1		0,694	0,467	0,453
S	1	1	2		-0,271	0,695
T	3	3	2	4		-0,116
WH	2	3	3	4	3	

Für den Gegenläufigkeitsindex ist der erwartete Wert bei unkorrelierten Populationsgrößenänderungen bekannt. Es existieren vier mögliche Verhaltensweisen der Populationen, die bei fehlender Korrelation alle gleich häufig vorkommen. Zwei davon sind gegenläufig (Population 1 nimmt zu, Population 2 ab oder umgekehrt), zwei sind synchron (beide nehmen zu oder beide nehmen ab). Daher entspricht der erwartete Gegenläufigkeitsindex bei unkorrelierter Populationsdynamik genau der Hälfte der Anzahl der betrachteten Jahresübergänge, in unserem Beispiel also 3, die erwartete Verteilung ist symmetrisch. Die Abweichung des Mittelwerts wurde mit dem Einstichproben-t-Test geprüft. Für das Beispiel ist der Mittelwert der Gegenläufigkeitsindices (Tabelle 5, unterhalb der Diagonalen) 2,33, die Standardabweichung 1,05 bei einer Stichprobengröße von 15. Das ergibt einen t-Wert von 2,47, Signifikanzschranke für das 95%-

Vertrauensintervall ist 2,14, damit ist die Abweichung des Mittelwertes signifikant. Für den Test auf Symmetrie gibt SACHS (1998, S. 168) an, daß Verteilungen nicht mehr als annähernd symmetrisch aufgefasst werden können, wenn die Differenz zwischen Dichtemittel (= Modus, wahrscheinlichster Wert) und Mittelwert größer oder gleich dem zugehörigen doppelten Standardfehler ist. Im Beispiel ist der Modus 3, der Mittelwert 2,33 und der Standardfehler 0,32. Damit ist dieses Kriterium knapp erfüllt (Differenz = 0,67, doppelter Standardfehler = 0,64), die Verteilung ist nicht symmetrisch. Daher ist anzunehmen, daß die Populationsdynamik von *P. apollo* auf den Einzelflächen im Untersuchungsgebiet 'Kleinziegenfelder Tal' korreliert ist.

Tabelle 6: Berechnung des Gegenläufigkeitsindex für die Populationspaare W / A (oben) und WH / T (unten) im Untersuchungsgebiet Kleinziegenfelder Tal (Abbildung 13). N = geschätzte Populationsgröße, DN = Populationsgrößenänderung zum Folgejahr ($N_{(t+1)} - N_{(t)}$), Gegen = Gegenläufigkeit in einem Jahr. Der Gegenläufigkeitsindex ist in dieser Spalte fettgedruckt in der untersten Zeile jedes Populationspaars angegeben.

Jahr	Population 1: W		Population 2: A		Gegen
	N	DN	N	DN	
1992	43	+ 29	196	+ 19	0
1993	72	- 18	215	- 47	0
1994	54	+ 12	168	+ 28	0
1995	66	+ 39	196	+ 104	0
1996	105	- 5	300	+ 107	1
1997	100	- 89	407	- 312	0
1998	11		95		**Index: 1**

Jahr	Population 1: WH		Population 2: T		Gegen
	N	DN	N	DN	
1992	8	- 5	24	- 17	0
1993	3	+ 2	7	- 4	1
1994	5	+ 9	3	+ 5	0
1995	14	+ 23	8	- 5	1
1996	37	- 28	3	+ 17	1
1997	9	- 9	20	- 20	0
1998	0		0		**Index: 3**

Mögliche Ursachen für eine Korrelation sind intensiver Austausch von Migranten oder synchroner Einfluss der umweltbedingten Fluktuation. Die Korrelation durch Migranten sollte mit der Entfernung abnehmen, da weiter entfernte Gebiete von weniger Migranten erreicht werden können. In einem so kleinräumigen Untersuchungsgebiet wie dem 'Kleinziegenfelder Tal' sollte eine Korrelation, die von klimatischen Ursachen abhängig ist, jedoch das gesamte Gebiet gleichermaßen betreffen. Daher sollte bei korrelierten Populationsentwicklungen noch die Abhängigkeit der Korrelation von der geographischen Entfernung untersucht werden (Abbildung 15). Im Beispiel ergibt die lineare Korrelation des Gegenläufigkeitsindex mit der geographischen Entfernung nach Spearman ein r^2 von 17% bei p = 0,13, die Korrelation des paarweisen Korrelationskoeffizienten ein r^2 von 9% bei p = 0,27. Bei keinem der beiden Maße ist also die Korrelation der Populationsentwicklung auf einem hohen Signifikanzniveau von der geographischen Entfernung abhängig. Vermutlich spielen also Umweltfaktoren eine größere Rolle bei der Korrelation der Populationsdynamik als die Migration zwischen den Habitaten.

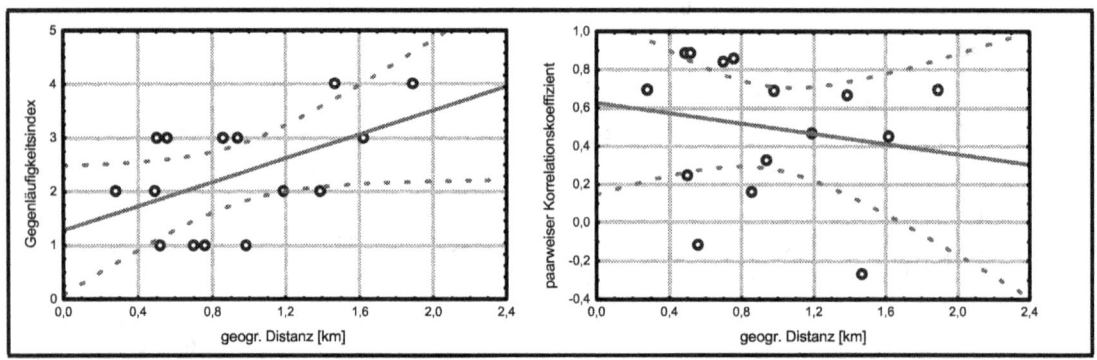

Abbildung 15: Abhängigkeit des Gegenläufigkeitsindex (links) und des paarweisen Korrelationskoeffizienten der Populationsgrößenänderungen (rechts) von der geographischen Distanz zwischen Populationen von *P. apollo* im Untersuchungsgebiet 'Kleinziegenfelder Tal'. Dargestellt sind die Datenpunkte und die Regressionsgerade mit 95%-Vertrauensbändern.

4.1.1.5 Parameterschätzung aus mehreren Zeitreihen bei *Oedipoda caerulescens* im Mittelrheintal

Die Untersuchungen an der Ödlandschrecke *O. caerulescens* im Mittelrheintal (SANDER 1995, NICKLAS-GÖRGEN 1998, BECKER in vorb., BÖTTCHER in vorb.) sollen hier als Beispiel für das Poolen von Daten zur Gewinnung der Parameter λ und β des logistischen Wachstums dienen.

Auf 12 Probeflächen wurden in den Jahren 1994 bis 1998 mit Fang-Wiederfang-Untersuchungen Populationsgrößenschätzungen an *O. caerulescens* mit dem sequentiellen

Bayes-Algorithmus durchgeführt. Einige der Zeitreihen sind unterbrochen, da in einem oder zwei der Jahre dort keine Individuen gefunden wurden. Aus den in Abbildung 16 als Fundorte markierten Flächen konnten für *O. caerulescens* die Flächen 2, 5, 6, 7, 10, 12, 13, 15 und 16 einbezogen werden (Abbildung 17), zum Teil allerdings nur Teilflächen davon.

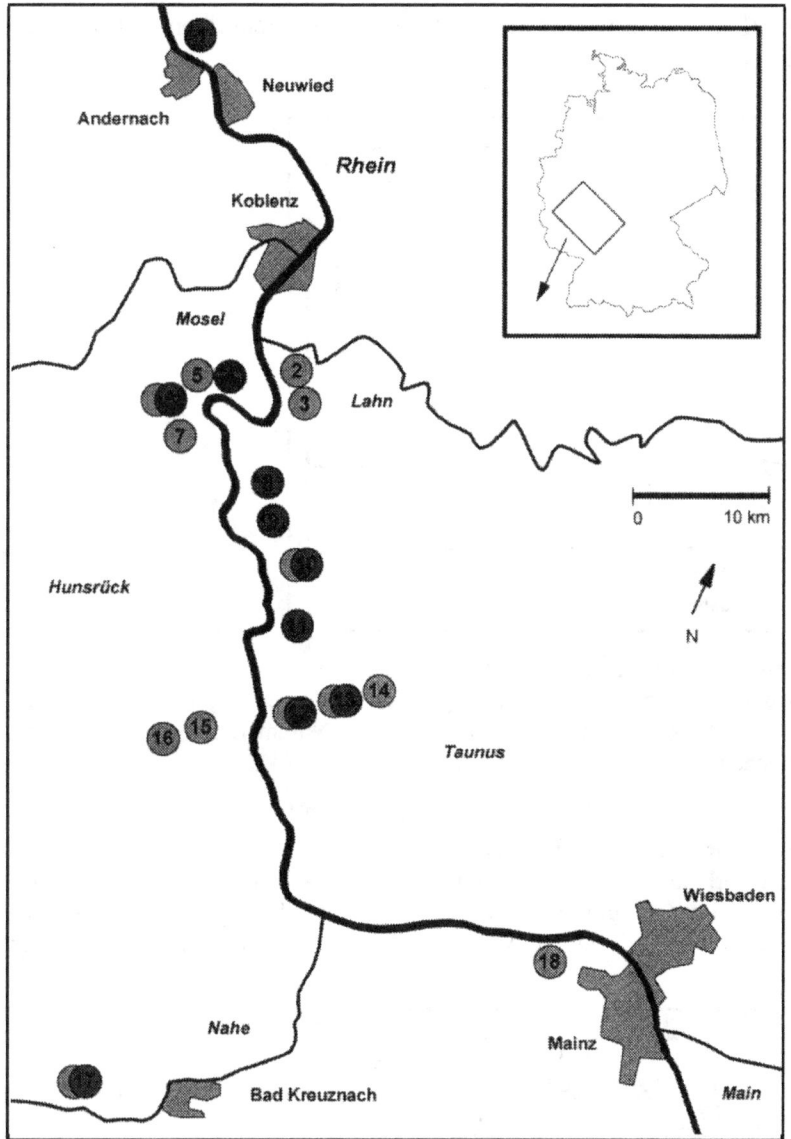

Abbildung 16: Fundorte im Mittelrheintal für *O. caerulescens* (hell) und *O. germanica* (dunkel). Übereinandergedruckt sind syntope Populationen. Aus NICKLAS-GÖRGEN (1998).

Die Bildung paarweiser Korrelationen der Populationsgrößenänderungen (Tabelle 7) ergab eine signifikante von insgesamt 36 Korrelationen. Die Verteilung des Gegenläufigkeitsindex zeigt bei *O. caerulescens* den erwarteten Mittelwert von 2 und keine signifikante Asymmetrie. Es ist daher in der Gesamtpopulation keine Korrelation der Populationsdynamik festzustellen. Daher sind von einer gepoolten Analyse keine Verstärkungen einzelner Effekte zu erwarten, das Poolen von Datenreihen ergibt einen deutlichen Informationsgewinn.

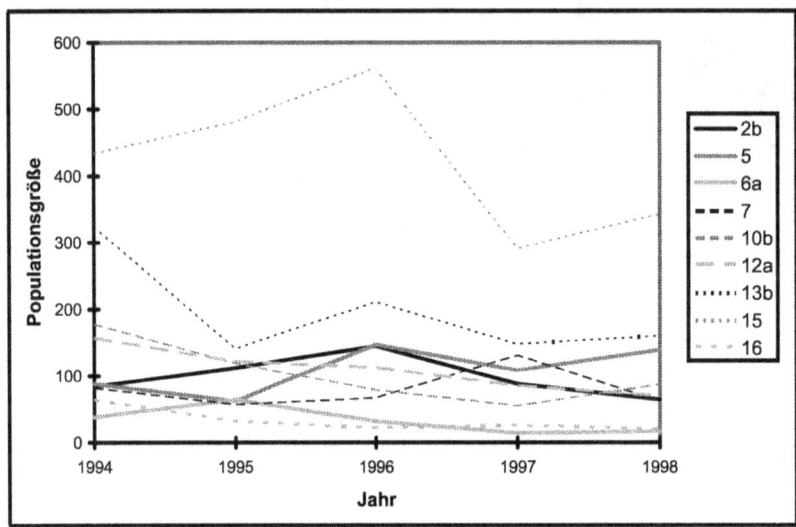

Abbildung 17: Populationsgrößen-Zeitreihen für *O. caerulescens* aus dem Mittelrheintal. Schätzungen aus Fang-Wiederfang, ausgewertet mit sequentiellem Bayes-Algorithmus (SANDER 1995, NICKLAS-GÖRGEN 1998, BECKER in Vorb., BÖTTCHER in Vorb.). Nummerierung wie Abbildung 16, Indices a und b für Teilflächen.

Tabelle 7: Paarweise Korrelationskoeffizienten (oberhalb der Diagonalen) und Gegenläufigkeitsindices (unterhalb der Diagonalen) zwischen den jährlichen Populationsgrößenveränderungen im Zeitraum 1994 - 1998 für die über alle fünf Jahre persistenten Populationen von *O. caerulescens* im Mittelrheintal. Auf dem 95%-Niveau signifikante Korrelationen sind mit * markiert.

	2	5	6	7	10	12	13	15	16
2		,52	,16	-,34	-,56	,16	-,02	,82	-,78
5	1		-,54	-,30	,18	,93	,84	,67	,08
6	2	3		-,57	-,07	-,69	-,81	,25	-,72
7	2	1	2		-,47	-,20	-,02	-,78	,45
10	2	3	2	2		,46	,48	,00	,56
12	3	4	1	3	1		,98*	,41	,43
13	0	1	2	2	2	3		,20	,61
15	2	1	4	2	2	3	2		-,62
16	1	2	3	3	1	2	1	1	

Beim Poolen von Datenreihen werden die Datenpunkte aus mehreren Datenreihen gemeinsam zur Anpassung einer Funktion des logistischen Wachstums verwendet. Daher müssen die Datenpunkte zunächst geeignet normiert werden, damit eine an alle Datenpunkte angepasste Funktion die Populationsdynamik jeder einzelnen Population widerspiegeln kann. Zur Normierung wird die Division der Populationsgrößen durch deren Mittelwert verwendet. Die Änderungen der normierten Populationsgröße zum Folgejahr wird wie bei der Betrachtung einer einzelnen Zeitreihe gegen die normierte Populationsgröße aufgetragen und die logistische Wachstumsfunktion angepasst (Abbildung 18).

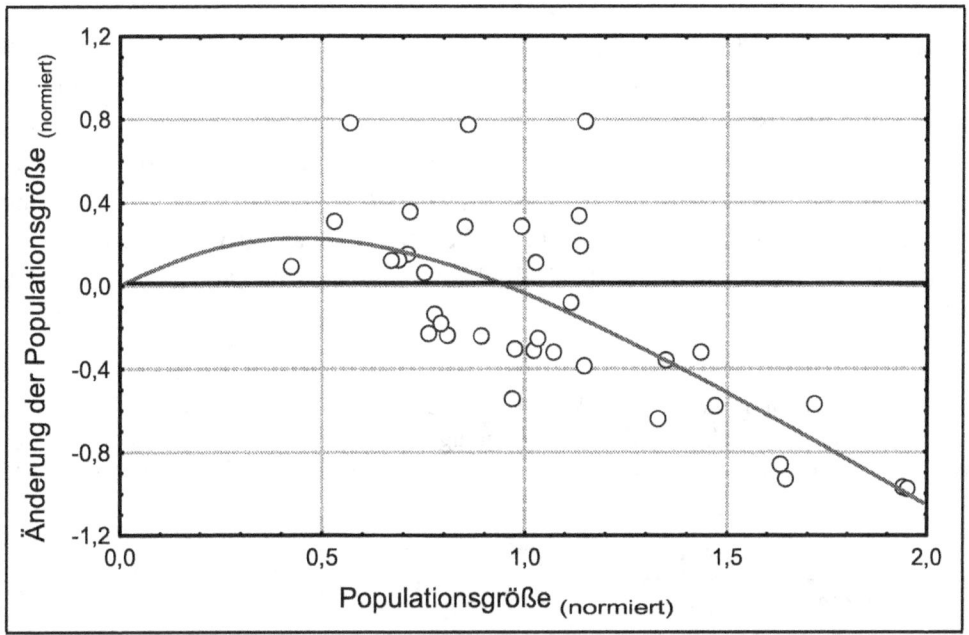

Abbildung 18: Datenpunkte der Beobachtungsreihen für *O. caerulescens* (Abbildung 17) mit Anpassung des logistischen Wachstums. $\lambda = 1{,}92$, $\beta = 1{,}62$, $r^2 = 0{,}522$.

Tabelle 8: Bestimmtheitsmaß r^2 der Zeitreihen aus Abbildung 17 an die gemeinsam optimal angepasste Funktion für das logistische Wachstum mit den Parametern $\lambda = 1{,}92$ und $\beta = 1{,}62$

Patch	2b	5	6a	7	10b	12a	13b	15	16
r^2	0,36	0,39	0,35	0,59	0,65	0,37	0,85	0,49	0,84

Das Bestimmtheitsmaß r^2 zeigt hier, wie gut die angepasste Funktion die Veränderungen der Populationsgröße in allen Populationen wiedergibt, für jede einzelne Datenreihe kann aber auch ein eigenes Bestimmtheitsmaß berechnet werden (Tabelle 8). Ist für die einzelne Datenreihe eine Parameteranpassung möglich, wird das Bestimmtheitsmaß dieser Anpassung mit dem der gemeinsamen Anpassung verglichen. Die Datenreihen von *O.*

caerulescens aus dem Mittelrheintal sind allerdings mit fünf Jahren zu kurz, um eine sichere eigenständige Parameterabschätzung zu erlauben.

Die an alle Datenpunkte optimal angepasste Funktion des logistischen Wachstums erklärt für *O. caerulescens* im Mittelrhein 35 bis 85 % der Populationsdynamik der betrachteten Populationen (Tabelle 8). Wie bei einer einzelnen Zeitreihe werden nun Simulationen mit verschiedenen Werten für die Varianz σ^2 durchgeführt, um das Modell anhand der gefundenen Populationsgrößenfluktuationen zu kalibrieren. Hier werden für jede Einzelpopulation sowie für die Mittel- und Maximalwerte die Schwankungsmaße bestimmt (Tabelle 9) und ein Wert für σ^2 mit 95%-Vertrauensbereich aus der linearen Regression geschätzt (Tabelle 10).

Durch die extreme Kürze der Zeitreihen erklärt sich, daß die Interpolationen aus dem Schwankungsfaktor sind deutlich niedriger sind als die aus den beiden anderen Schwankungsmaßen. Die Standardabweichung der logarithmierten Populationsgröße ergibt etwas höhere Schätzwerte als der Variationskoeffizient, beide Schätzungen stimmen aber rechht gut überein. Die Schätzwerte für σ^2 reichen von 0,47 bis 1,27, die Extremwerte der Vertrauensbereiche von 0,31 bis 1,41. Die σ^2-Schätzwerte aus dem Mittelwert der Schwankungsmaße variieren von 0,5 bis 0,77, die Vertrauensbereiche dafür erstrecken sich von 0,33 bis 0,93.

Tabelle 9: Zusammenstellung der Schwankungsparameter der einzelnen Datenreihen für *O. caerulescens* im Mittelrheintal. Flächennummerierung wie in Abbildung 16. CV = Variationskoeffizient, Sln = Standardabweichung des natürlichen Logarithmus der Populationsgröße, SF = Schwankungsfaktor.

Zeitreihe	CV	Sln	SF
2b	0,3149	0,3094	2,27
5	0,3248	0,3538	2,37
6a	0,6068	0,6170	4,57
7	0,3730	0,3300	2,30
10b	0,4582	0,4431	3,24
12a	0,3095	0,3157	2,24
13b	0,3872	0,3448	2,30
15	0,2557	0,2634	1,93
16	0,5498	0,4634	3,20
Mittelwert	**0,3978**	**0,3823**	**2,71**
Maximum	**0,6068**	**0,617**	**4,57**

Tabelle 10: Schätzungen für σ^2 aus der Kalibrierung mit Simulationen isolierter Populationen mit den Parametern $\lambda = 1{,}92$ und $\beta = 1{,}62$. Basis waren Variationskoeffizient (CV), Standardabweichung des natürlichen Logarithmus der Populationsgröße (Sln) und Schwankungsfaktor (SF) für alle betrachteten Zeitreihen für *O. caerulescens* im Mittelrheintal sowie die Mittel- und Maximalwerte dieser Schwankungsmaße. In Klammern angegeben ist der 95%-Vertrauensbereich der σ^2-Schätzung.

Patch	CV	Sln	SF
2b	0,62 (0,44-0,79)	0,58 (0,42-0,73)	0,40 (0,22-0,58)
5	0,63 (0,46-0,81)	0,68 (0,53-0,82)	0,42 (0,25-0,60)
6a	1,18 (1,02-1,33)	1,27 (1,13-1,41)	0,80 (0,67-0,94)
7	0,73 (0,56-0,89)	0,62 (0,47-0,77)	0,41 (0,23-0,59)
10b	0,89 (0,74-1,04)	0,88 (0,75-1,01)	0,61 (0,45-0,76)
12a	0,60 (0,42-0,78)	0,59 (0,44-0,74)	0,39 (0,21-0,57)
13b	0,75 (0,59-0,92)	0,66 (0,51-0,80)	0,41 (0,23-0,59)
15	0,50 (0,31-0,69)	0,47 (0,31-0,64)	0,31 (0,11-0,50)
16	1,07 (0,92-1,22)	0,92 (0,79-1,05)	0,60 (0,44-0,75)
Mittelwert	0,77 (0,61-0,93)	0,74 (0,60-0,88)	0,50 (0,33-0,67)
Maximum	1,18 (1,02-1,33)	1,27 (1,13-1,41)	0,80 (0,67-0,94)

Die Worst-Case-Strategie gibt vor, die Obergrenze des 95%-Vertrauensbereichs des höchsten Schätzers als Parameterwert zu verwenden. Da die einzelnen Zeitreihen sehr kurz sind, sind vermutlich extreme Abweichungen unterrepräsentiert, so daß zur Sicherheit für alle Zeitreihen eine Varianz s^2 von 1,41 als Parameterschätzung verwendet wird. Dies entspricht der Obergrenze des 95%-Vertrauensbereichs des höchsten Schwankungsmaßes (Sln) bei der Population mit der höchsten Fluktuation.

4.1.2 Berechnung der MVP

Aus den bis hier gewonnenen Angaben über die Populationsdynamik einer Art können bereits generelle Rückschlüsse gezogen werden. Durch Simulation der Populationsdynamik ohne Migration lassen sich die Überlebenswahrscheinlichkeiten isolierter Populationen bestimmen. Dadurch kann diejenige Größe einer Population gefunden werden, die über einen bestimmten Zeitraum mindestens eine vorgegebene Überlebenswahrscheinlichkeit erreicht. Diese als MVP bezeichnete Größe (Minimum Viable Population, SHAFFER 1981, 1987) wird in der Naturschutz-planung für die Bewertung von Habitat- oder Populationsgrößen verwendet, auch wenn bisher nur wenige Angaben darüber verfügbar sind (für Heuschrecken bieten INGRISCH & KÖHLER 1998 auf S. 397 ff. eine Übersicht). Die im folgenden hergeleitete funktionelle Abhängigkeit zwischen Überlebenswahrscheinlichkeit und Habitatkapazität wird für die Schätzung der MVP aus Simulationsergebnissen für isolierte Populationen genutzt. Für die Abhängigkeit zwischen jährlicher Extinktionsrate E und Habitatkapazität K gibt HANSKI (1994) eine Funktion (Gleichung 8) mit den beiden positiven Parametern e_0 und x an.

$$E = \frac{e_0}{K^x} \quad \text{für } K > e_0^{1/x} \tag{8}$$

Diese Funktion gilt für Kapazitäten oberhalb der kritischen Kapazität $e_0^{1/x}$, bei der die Extink-tionsrate E den Wert 1 erreicht. Kleinere Populationen haben eine Extinktionsrate E von 1.

Eine weitere Möglichkeit für die Abhängigkeit der Extinktionsrate E von der Habitatkapazität K ist ein negativ-exponentieller Zusammenhang (Gleichung 9, POETHKE pers. Mitt.).

$$E = e^{-a*K^b} \tag{9}$$

Die Parameter a und b dieser Funktion sind positiv. Diese Abhängigkeit kann die Extinktions-rate kleiner Populationen besser darstellen als die von HANSKI (1994) vorgeschlagene, daher wird sie für die weiteren Berechnungen verwendet. Aus der Extinktionsrate pro Jahr, die mit Gleichung 9 berechnet wird, ergibt sich die Überlebenswahrscheinlichkeit $p_{s(T)}$ nach T Jahren durch Potenzierung der Überlebensrate 1-E (Gleichung 10).

$$p_{s(T)} = \left(1 - e^{-a*K^b}\right)^T \tag{10}$$

Diese Funktion läßt sich mit den beiden freien Parametern a und b an mit Simulationen erhaltene Überlebenswahrscheinlichkeiten unterschiedlich großer Populationen anpassen und erreicht Bestimmtheitsmaße über 99,9% (s. Beispiele unten). Sind die für einen Parametersatz des Populationsdynamik-Modells spezifischen Parameter *a* und *b* bekannt, lassen sich für jeden beliebigen Prognosezeitraum und jede beliebige Populationsgröße die Überlebens-wahrscheinlichkeiten angeben. Durch Auflösen der Funktion nach *K* (Gleichung 11) lassen sich die Habitatkapazitäten berechnen, die nach einer vorgegebenen Zeit eine gewünschte Überlebenswahrscheinlichkeit erreichen.

$$K = \left(\frac{\ln\left(1 - p_{s(T)}^{1/T}\right)}{-a} \right)^{1/b} \qquad [11]$$

Für die Bestimmung der MVP aus Simulationsergebnissen mit Hilfe der Gleichung 11 werden ein Prognosezeitraum und eine Überlebenswahrscheinlichkeit benötigt. In Anlehnung an SHAFFER (1987) verwende ich 100 Jahre und 95% Überlebenswahrscheinlichkeit, für die praktische Anwendung im Naturschutz auch 25 Jahre und 95% Überlebenswahrscheinlichkeit. Die Berechnung von *K* basiert allerdings auf der Annahme, daß die Verteilung der Populationsgrößen der bis zu einem beliebigen Zeitpunkt t_1 überlebenden Populationen sich nicht von der Verteilung zu einem anderen Zeitpunkt t_2 unterscheidet. Da die Simulation in einem Ungleichgewicht startet (alle Populationsgrößen liegen bei K), wird dieser Gleichgewichtszustand erst nach einiger Zeit erreicht. In der Anwendung für die Naturschutzplanung mit dem relativ kurzen Prognosezeitraum von 25 Jahren kann nicht in jedem Fall damit gerechnet werden, daß sich ein solches Gleichgewicht einstellt. Daher werden die für die Prognosezeiträume 25 und 100 Jahre gewonnenen Parameterwerte für *a* und *b* nur für Aussagen über die Überlebenswahrscheinlichkeiten nach 25 bzw. 100 Jahren verwendet, nicht für andere Zeiträume.

Als Beispiele für die MVP-Berechnung dienen die oben dargestellten Parameterschätzungen für *Parnassius apollo* (Abschnitt 4.1.1.2) und *Oedipoda caerulescens* (Abschnitt 4.1.1.5). Für den Apollofalter *P. apollo* ergeben sich aus Simulationen mit Kapazitäten zwischen 10 und 960 Individuen MVP-Kapazitäten von 130 Individuen auf 25 Jahre und 300 Individuen auf 100 Jahre. Mit den gleichen Habitatkapazitäten resultieren für *O. caerulescens* 90 bzw. 170 Individuen als MVP.

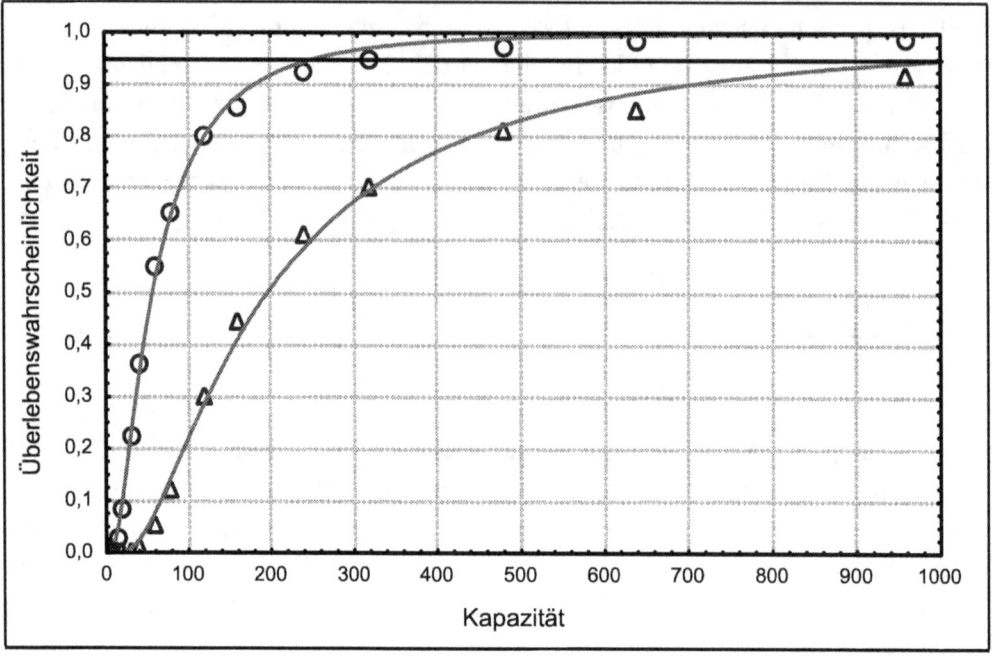

Abbildung 19: Überlebenswahrscheinlichkeit isolierter Populationen von *P. apollo* bei unterschiedlicher Kapazität für die Prognosehorizonte 25 Jahre (Kreise) und 100 Jahre (Dreiecke). Simulationsergebnisse mit den Parametern der Zeitreihe Wallersberg ($\lambda = 1,53$, $\beta = 3,55$, $\sigma^2 = 0,93$, $p_m = 0,15$), je 2000 Replikate. Die Kurven sind die nach Gleichung 11 angepaßten Funktionen für 25 (gestrichelt, a = 0,830, b = 0,363) und 100 Jahre (durchgezogen, a = 1,317, b = 0,252). Bestimmtheitsmaß: 99,9% in beiden Fällen. Waagrechte Linie: Überlebenswahrscheinlichkeit = 95%. Die Schnittpunkte (MVP-Schätzwerte) liegen bei einer Kapazität von 250 Individuen für 25 Jahre und 1040 Individuen für 100 Jahre.

Bis hier wurde bei der MVP-Berechnung die Migration nicht berücksichtigt. Das kann mit der Annahme begründet werden, daß die Migration ja auch in der Gewinnung der Parameter für das Populationsdynamik-Modell nicht berücksichtigt wird. Im verwendeten Migrationsmodell allerdings sterben nichtankommende Individuen, so daß jede Population einen gewissen Prozentsatz ihrer Individuen verliert. Bei Populationen, die in einen Verbund eingebunden sind, wird ein mehr oder weniger hoher Anteil der Emigranten durch immigrierende Individuen ersetzt, bei isolierten Populationen allerdings nicht. Emigration verursacht bei isolierten Populationen also unter Umständen eine hohe Mortalität.

Da die MVP für isolierte Populationen angegeben wird, muß daher die Emigration als Mortalität mit einberechnet werden. Berücksichtigt man für *P. apollo* eine Emigrationsrate von 15% (STELTER 1997), erhöht sich die MVP auf 250 Individuen über 25 und 1040 Individuen über 100 Jahre (Abbildung 19), bei *O. caerulescens* ergeben sich 340 bzw. 1350 Individuen (Abbildung 20) bei einer Emigrationsrate von 25 % (BECKER 1998).

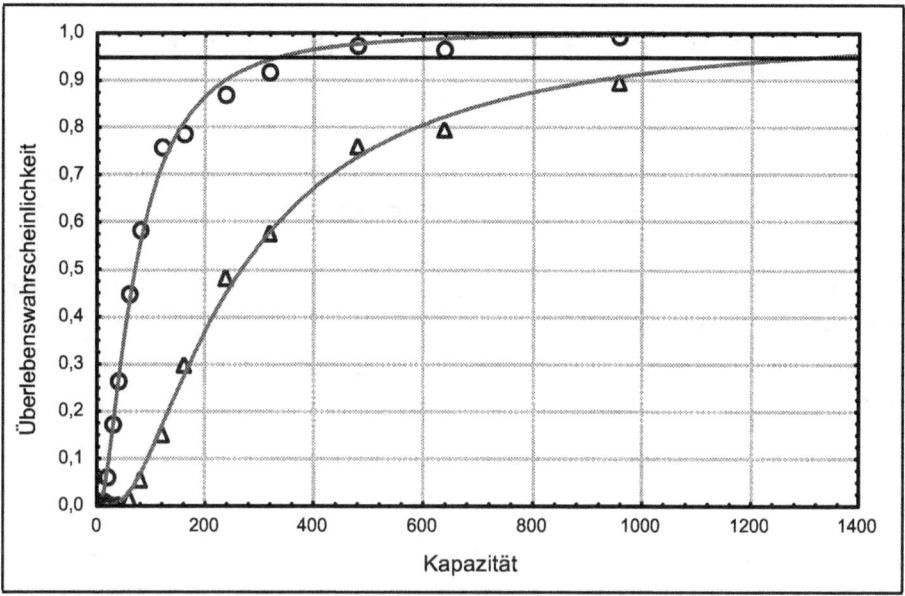

Abbildung 20: Überlebenswahrscheinlichkeit isolierter Populationen von *O. caerulescens* bei unterschiedlicher Kapazität für die Prognosehorizonte 25 Jahre (Kreise) und 100 Jahre (Dreiecke). Simulationsergebnisse mit den Parametern der gepoolten Anpassung an die Populationsgrößenschätzungen im Mittelrheintal ($\lambda = 1{,}92$, $\beta = 1{,}62$, $\sigma^2 = 1{,}0$, $p_m = 0{,}25$), je 2000 Replikate. Die Kurven sind die nach Gleichung 11 angepassten Funktionen für 25 (gestrichelt, a = 0,566, b = 0,585) und 100 Jahre (durchgezogen, a = 0,769, b = 0,488). Bestimmtheitsmaß: 99,9% in beiden Fällen. Waagrechte Linie: Überlebenswahrscheinlichkeit = 95%. Die Schnittpunkte (MVP-Schätzwerte) liegen bei einer Kapazität von 340 Individuen für 25 Jahre und 1350 Individuen für 100 Jahre.

4.1.3 Umfang und Qualität der aus der Literatur gewonnenen Parametersätze

Insgesamt wurden bei der Literaturrecherche nur sehr wenige Publikationen gefunden, die langfristige Beobachtungsreihen enthalten. Der Kontakt mit einigen Entomologen allerdings ergab, daß vielerorts Rohdaten über mehrere Jahre existieren, die jedoch oft ohne Standardisierung aufgenommen und nicht weiter ausgewertet wurden. Ein Beispiel hierfür sind die in Abschnitt 4.1.1.1 ff. verwendeten Fangdaten für den Apollofalter. Bisher lagen sie nur als Transektfangzahlen zu mehreren Terminen im Jahr vor, die Aufbereitung bis zu einer verwertbaren Zeitreihe wurde von mir vorgenommen. Anhang 3 listet alle bisher gefundenen verwendbaren Zeitreihen mit ihren Parametern auf.

4.1.3.1 Tagfalter

Über Tagfalter liegen in der Literatur vergleichsweise viele längere Zeitreihen vor, zum größten Teil auf ehrenamtlicher Basis aufgenommen. In einigen Ländern werden solche Aufnahmen standardisiert und von einer zentralen Stelle koordiniert, so in Großbrittanien vom Institute for Terrestrial Ecology in Monks Wood (http://www.nmw.ac.uk/ite/monk/) als 'British Butterfly Monitoring Scheme' (POLLARD & YATES 1993) und in den Niederlanden vom CENTRAAL BUREAU VOOR DE STATISTIEK (http://neon.vb.cbs.nl/sec_lmi_e/flofau/ butterfl/). Die Datenreihen des Niederländischen Butterfly Monitoring Scheme wurden aus dem Internet (s.o.) heruntergeladen, diejenigen des British Butterly Monitoring Scheme stammen aus POLLARD & YATES (1993), POLLARD, MOSS & YATES (1995) sowie POLLARD, ROTHERY & YATES (1996). Weitere Datenreihen stammen aus REICHHOLF (1986), sonst sind mir für Tagfalter keine weiteren Publikationen von längeren Zeitreihen bekannt.

Von den zum gegenwärtigen Zeitpunkt vorliegenden 134 Zeitreihen sind 45 auswertbar (Anhang 3, Tabelle A3.1). Von den restlichen 89 Datenreihen sind 12 kürzer als 5 Jahre oder lückenhaft, so daß nur vier Datenpunkte für die Anpassung verwendbar sind. Die Anpassung an das verwendete dreiparametrige Modell erlaubt jedoch mit vier Datenpunkten nur sehr unsichere Parameterschätzungen, daher wurden nur Datenreihen mit fünf oder mehr Datenpunkten betrachtet. 42 der Datenreihen aus POLLARD & YATES (1993) sind nur in graphischer Auftragung publiziert und daher nicht ausgewertet. Die restlichen 35 Datenreihen ergeben bei der Parameterabschätzung keine biologisch plausiblen Werte, in den meisten Fällen Wachstumsraten λ über 100 oder Schätzwerte für β von über 50. 24 dieser Datenreihen sind nur 6 Jahre lang, lediglich 11 Datenreihen erlauben trotz ausreichender Länge keine Anpassung des logistischen Wachstums in der oben genannten Form. Eine mögliche Ursache dafür ist das Vorliegen eines Trends, z.B. aufgrund von Sukzession im Habitat.

Von einigen Arten liegen mehrere Zeitreihen vor. Die gepoolten Parameterkombinationen, deren Bestimmtheitsmaße und die Bestimmtheitsmaße der Anpassung an die Einzelzeitreihen sind in Anhang 3, Tabelle A3.2 aufgeführt. Dort werden nur solche Parameterschätzungen aufgeführt, bei denen die gemeinsame Anpassung auch jede einzelne Zeitreihe nur unwesentlich schlechter erklärt als die für diese Zeitreihe optimal angepasste Dichteregulation.

4.1.3.2 Heuschrecken

Bei Heuschrecken ist die Datenlage vergleichsweise schlecht, es ist mir nur eine Publikation bekannt, die tatsächlich längere Zeitreihen für Heuschreckenarten veröffentlicht haben, GOTTSCHALK (1993) mit Bodenfallen auf einer Sukzessionsfläche im Kaiserstuhl. Kürzere Zeitreihen enthalten DORDA 1998 mit Isolationsquadratfängen auf mehreren Flächen im Saarland und die Dissertationen von SAMIETZ (1998) und MARZELLI (1997). Der Kontakt zu G. KÖHLER in Jena und die Untersuchungen zu den beiden *Oedipoda*-Arten im Mittelrheintal (Abschnitt 4.1.1.5) ergaben allerdings zusätzlich fünf Parametersätze, so daß insgesamt 13 Parametersätze zu 8 Arten zur Verfügung stehen (Anhang 3, Tabellen A3.3 und A3.4).

4.1.3.3 Qualität des Datenmaterials

Die verwendete Methode für die Gewinnung der Parameter λ und β des logistischen Wachstums setzt voraus, daß die Populationsgrößen für jedes Jahr der Zeitreihe bekannt sind oder möglichst exakt geschätzt wurden. Eine exakte Schätzung kann auch einen unbekannten, aber konstanten Faktor enthalten, da die Daten einer Zeitreihe für die Schätzung auf den Mittelwert normiert werden und der Faktor sich so herauskürzt (Gleichung 12).

$$N_{norm(t)} = \frac{N_{(t)}}{\frac{\sum_{i=1}^{n} N_i}{n}} = \frac{x * F_{(t)}}{\frac{\sum_{i=1}^{n}(x * F_{(i)})}{n}} = \frac{x * F_{(t)}}{x * \frac{\sum_{i=1}^{n} F_i}{n}} = \frac{F_{(t)}}{\frac{\sum_{i=1}^{n} F_i}{n}} \quad [12]$$

$N_{(t)}$ ist die Populationsgröße zum Zeitpunkt t, $Nnorm_{(t)}$ die normierte Populationsgröße. $F_{(t)}$ ist die Fangzahl zum Zeitpunkt t, x der unbekannte Faktor, mit dem die Fangzahl multipliziert werden muß, um die Populationsgröße $N_{(t)}$ aus $F_{(t)}$ zu schätzen. Die Anzahl der Datenpunkte ist n.

Durch die Normierung werden auch Ergebnisse von Transektschätzungen verwendbar, die nicht durch eine absolute Populationsgrößenschätzung geeicht wurden. Auch Indexwerte sind dadurch verwendbar. Die Bedeutung von mehreren Schätzungen pro Jahr wird aus den Phänologiekurven von *P. apollo* in Abbildung 8 auf S. 35 deutlich. Die Flugmaxima liegen in etwa der Hälfte der Jahre Anfang Juli, in der anderen Hälfte eher Ende Juli. Wenn keine Abschätzung der Phänologiekurve zur Verfügung steht, kann eine Einzelbegehung die Populationsgröße grob unter- oder überschätzen. Auch die für die einzelnen Begehungen verwendeten Schätzverfahren ergeben Daten sehr unterschiedlicher Qualität (Zu Methoden der Populationsgrößenschätzung bei Heuschrecken s. INGRISCH & KÖHLER 1998, S. 343 ff.).

Die Qualität der für die Parameterschätzung verwendeten Daten ist sehr unterschiedlich. Fast nie liegen längere Zeitreihen von Populationsgrößenschätzungen aus Fang-Wiederfang-Daten vor. Die Untersuchungen an den beiden Ödlandschreckenarten *Oedipoda caerulescens* und *Oedipoda germanica* aus unserer Arbeitsgruppe sind hier eine rühmliche Ausnahme. Allerdings wird ihre Qualität dadurch gemindert, daß die Bearbeiter jährlich wechselten und fast alle Flächen nur einmal im Jahr begangen wurden, so daß keine Aussage über die tatsächliche Individuenzahl über die gesamte Flugzeit möglich ist. Weitere Fang-Wiederfang-Daten sind in SAMIETZ (1998) aufgeführt, umfassen aber nur 4 Jahre. Alle Tagfalterdaten stammen aus Transektzählungen, zum Teil zu Indices verrechnet, in der Regel an mehreren Terminen im Jahr. Die Heuschreckendaten stammen, soweit sie nicht Fang-Wiederfang-Daten sind, aus Transektbegehungen (KÖHLER pers. Mitt.) oder Isolationsquadratfängen (DORDA 1998).

4.1.4 Potentielle Fehlerquellen

Fehler, die durch die Methodik der Parameterschätzung entstehen oder durch eine eventuelle Ungenauigkeit der zugrundeliegenden Datenreihe verursacht werden, sollen hier kurz angesprochen werden. Eine genauere Untersuchung der Fehlerbereiche und der Fehlerfortpflanzung wird an einigen Beispielen im Abschnitt 5.2 durchgeführt.

Die erste und wichtigste Fehlerquelle sind die Daten selbst, d.h. nur bei wirklich genauen Schätzungen der Populationsgröße über längere Zeit ist mit dieser Methode eine genaue Analyse der Daten möglich. Die Anpassung einer Wachstumsfunktion an Populationsgrößendaten, die einem bekannten Schätzfehler unterliegen, diskutieren SHENK et al. (1998). Eine zweite Quelle für Fehler, die in den Zeitreihen-Daten liegt, ist die Möglichkeit einer gerichteten Habitatveränderung, die kurz- oder langfristig sein kann. Langfristige Habitatveränderungen wie z.B. aus Sukzession spiegeln sich oft in einem erkennbaren Trend in der Zeitreihe wieder, so daß man die Zeitreihe unbeachtet lassen kann. Kurzfristigere und weniger intensive Habitatveränderungen, z.B. Aufgrund von Anbauzyklen in der Landwirtschaft, sind aus der Zeitreihe selbst nicht ersichtlich und werden daher nicht erfasst. Sie tragen aber wesentlich zu den scheinbar stochastischen

Schwankungen der Populationsgröße bei, obwohl sie von anderen Mechanismen verursacht werden. Sie können dazu führen, daß die Parameter für das populationsdynamische Modell falsch geschätzt werden. Zu erwarten ist dabei eine systematische Überschätzung von σ^2 und fehlende Korrelation der Populationsdynamik zwischen nahe beieinanderliegenden Flächen. Auch die implizite Annahme, daß die Populationsdynamik der analysierten Zeitreihe unabhängig von Einflüssen aus anderen Populationen oder von Emigration ist, verursacht einen Fehler in der Abschätzung der Populationsdynamik. Da die Wechselwirkungen einer Population mit den benachbarten Populationen im konkreten Fall meist unbekannt sind, kann dieses Problem nur umgangen werden, indem man an Zeitreihen aus mehreren interagierenden Populationen eine gemeinsame Übergangsfunktion anpasst (DENNIS et al. 1998). Diese Übergangsfunktion enthält neben den Parametern für das logistische Wachstum noch Kovarianzen aller Populationspaare. Diese Art der Anpassung erfordert allerdings viele Datenpunkte, schon für 4 Populationen müssen 18 Parameter geschätzt werden.

Akzeptiert man die methodischen Grenzen des verwendeten Modells, ergeben sich noch drei Fehlerquellen bei der Parameterabschätzung, die in Abschnitt 5.3 untersucht werden sollen:

- Die Parameterschätzung selbst ist ungenau, die Schätzwerte für die Parameter λ und β besitzen eine gewisse Varianz. Es existieren also eine Reihe von Parametersätzen, die die betrachtete Zeitreihe nur unwesentlich schlechter wiedergeben als der Parametersatz der optimal angepassten Funktion (s. Abschnitt 5.3.2).

- Die Schätzung der Modellparameter λ und β ist abhängig vom Vorhandensein einzelner Datenpunkte einer Zeitreihe. Daher untersuchte ich auch die Abweichungen, die entstehen, wenn einzelne Datenpunkte aus einer Zeitreihe entfernt werden (s. Abschnitt 5.3.3).

- Die Kalibrierung der Varianz σ^2 hat ebenfalls eine gewisse Streuung, deren Auswirkung auf die MVP untersucht wurde (s. Abschnitt 5.3.5).

4.2 Parameter für das Dispersionsmodell

Das für den Austausch von Individuen zwischen den Patches verwendete Modell kann durch die Anpassung an Inzidenzdaten eines Jahres parametrisiert werden (s.a. HANSKI 1992, HANSKI et al. 1996, APPELT & POETHKE 1997). Für diese Art der Parametrisierung wird aber eine große Zahl von Inzidenzangaben benötigt, so daß nur große Metapopulationen dafür verwendet werden können. Zudem schätzen die verwendeten Schätzmethoden die Paramerter oft nur ungenügend (LANGE 1998). Da nur für wenige Arten aussagekräftige Inzidenzdaten aus großen Metapopulationen vorliegen, werden zur Abschätzung der Modellparameter meist noch weitere Daten hinzugezogen, aus direkten Beobachtungen oder populationsgenetischen Untersuchungen (z.B. POETHKE et al 1996, APPELT & POETHKE 1997, Review in IMS & YOCCOZ 1998). Die drei Modellparameter *pmig* (Emigrationsrate), *m* (mittlere Migrationsdistanz) und *d* (mittlerer effektiver Patchdurchmesser) lassen sich auch durch unabhängige Schätzung aus verschiedenen Quellen erheben. Schätzmethoden, die dafür verwendet werden können, werden in den folgenden Abschnitten kurz dargestellt.

4.2.1 Verfahren zur Parameterschätzung

4.2.1.1 Schätzung der Emigrationsrate *pmig*

Untersuchungen zur Mobilität von Tagfaltern und Heuschrecken werden meist mit Fang-Wiederfang-Methoden durchgeführt. Dabei wird entweder ein großflächigeres Habitat in Raster aufgeteilt und die Bewegung der Individuen zwischen den einzelnen Rasterquadraten registriert (z.B. ZÖLLER 1995) oder es werden mehrere Habitate beobachtet und nur registriert, in welchem der Habitate sich ein Individuum aufhält (z.B. BERTRAM 1998, VOGEL 1996, 1998). Eine dritte Methode sind Aussetzungsexperimente, bei denen sich gezielt die Fortbewegungsmuster der Tiere in unterschiedlichen Habitaten untersuchen lassen (z.B. RIETZE 1994, KINDVALL 1999). Lediglich die Studien, bei denen der Wechsel zwischen Habitatpatches oder die Emigration in das ungünstige Umfeld eines Habitate mit untersucht wurden, lassen sich zur Abschätzung der Emigrationsrate verwenden. Die Emigrationsrate ist dabei der Anteil emigrierter Individuen an den wiedergefangenen Individuen, unter der Annahme, daß die Wiederfangrate der Emigranten genauso hoch ist wie die Wiederfangrate derjenigen Individuen, die im Patch bleiben. Methodisch bedingt wird die Wiederfangrate der Emigranten eher niedriger sein als die der im Patch bleibenden Individuen, da das Untersuchungsgebiet nur selten so groß gewählt werden kann, daß auch Fernwanderer oder Migranten, die in ungünstige Habitate geraten, erfasst werden. Zudem ist damit zu rechnen, daß die Mortalitätsrate unter den Emigranten höher ist als unter den standorttreuen Tieren.

Die Emigrationsrate wird also generell eher unterschätzt. Dies führt dazu, daß auch die emigrationsbedingte Mortalität in isolierten Populationen unterschätzt wird, demzufolge auch die MVP (Abschnitt 4.1.2). Die Folgen, die eine zu niedrig geschätzte Emigrationsrate auf die Simulationsergebnisse hat, werden in der Sensitivitätsanalyse (Abschnitt 5.1.9 ff.) näher betrachtet.

4.2.1.2 Schätzung der mittleren Wanderdistanz *m*

Die mittlere Wanderdistanz kann ebenfalls aus Fang-Wiederfang-Untersuchungen hergeleitet werden. Allerdings muß beachtet werden, daß viele Arten von Tagfaltern und Heuschrecken ein je nach Habitatqualität unterschiedliches Fortbewegungsmuster haben (RIETZE 1994, ZÖLLER 1995, SUTCLIFFE & THOMAS 1996, SAMIETZ & BERGER 1997, KINDVALL 1999). Es dürfen also wiederum nur die Migrationsereignisse zwischen den Patches betrachtet werden, da die für das Modell verwendete Migrationsdistanz die mittlere Distanz der Inter-Patch-Migration ist. Leider stehen nur selten Datensätze zur Verfügung, die in der Verteilung der Migrationsdistanzen zwischen Wanderungen im Habitat und zwischen Habitaten unterscheiden. Bei Daten über Habitatwechselereignisse ist die Verteilung der Wanderdistanzen zudem stark abhängig von der Lage der Patches zueinander. Sind keine anderen Angaben verfügbar, können auch mittlere Migrationsdistanzen, die nicht zwischen Bewegungen innerhalb und ausserhalb des Habitats unterscheiden, verwendet werden. Damit wird aber mit ziemlicher Sicherheit die tatsächliche Migrationsfähigkeit unterschätzt.

Eine weitere Möglichkeit, mittlere Migrationsdistanzen abzuschätzen, ist die Extrapolation aus einzelnen Beobachtungen von Weitwanderungen. Diese Datenquelle ist jedoch extrem ungenau, da sie einen Mittelwert auf der Basis einer Einzelbeobachtung schätzt. Bei der Wanstschrecke *Polysarcus denticauda* wurde diese Methode aber mit einem recht plausiblen Ergebnis angewandt. Aus der Studie von ROTHHAUPT (1994) war nur bekannt, daß die weiteste zurückgelegte Entfernung der 133 wiedergefangenen Individuen 700 m war. Für die Abschätzung gehe ich nun davon aus, daß die Wahrscheinlichkeit, ein Individuum 700m oder weiter von seinem Ursprungspatch zu finden, in etwa 1/133 (= 0,75%) ist. Nach dem verwendeten Migrationsmodell hängt die Wahrscheinlichkeit, daß eine Heuschrecke in einer gewissen Entfernung ihre Migration beendet, nur von der mittleren Migrationsdistanz *m* und der Entfernung *r* ab (Gleichung 13, aus POETHKE et al. 1996)

$$\rho_{(r)} = \frac{4*r*\delta r}{m^2} * e^{-2*r/m} \qquad [13]$$

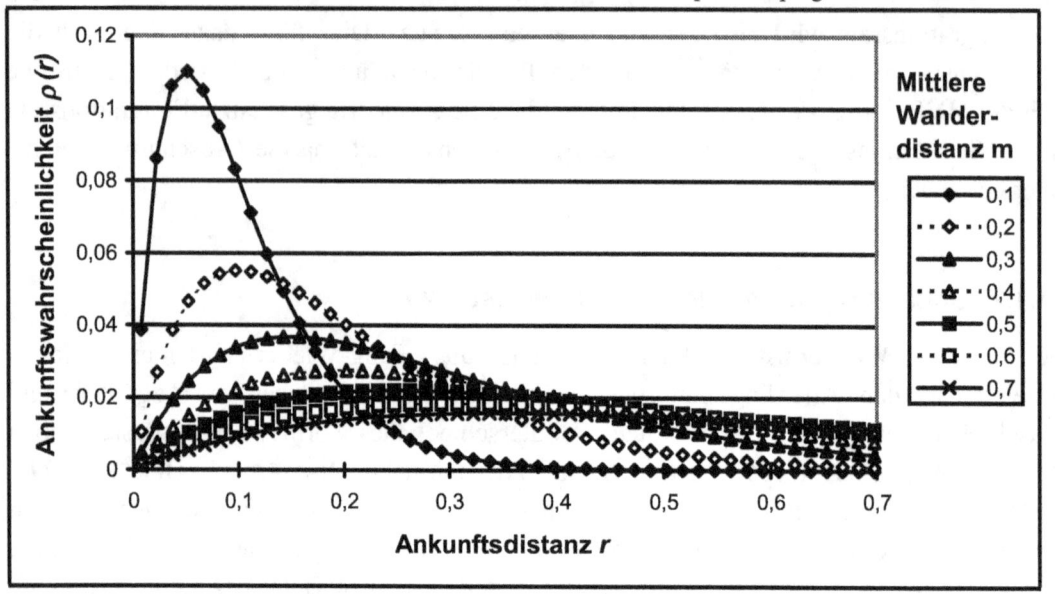

Abbildung 21: Abhängigkeit der Ankunftswahrscheinlichkeit $p_{(r)}$ von der zurückzulegenden Distanz r für verschiedene mittlere Migrationsdistanzen m. Berechnet nach Gleichung 13.

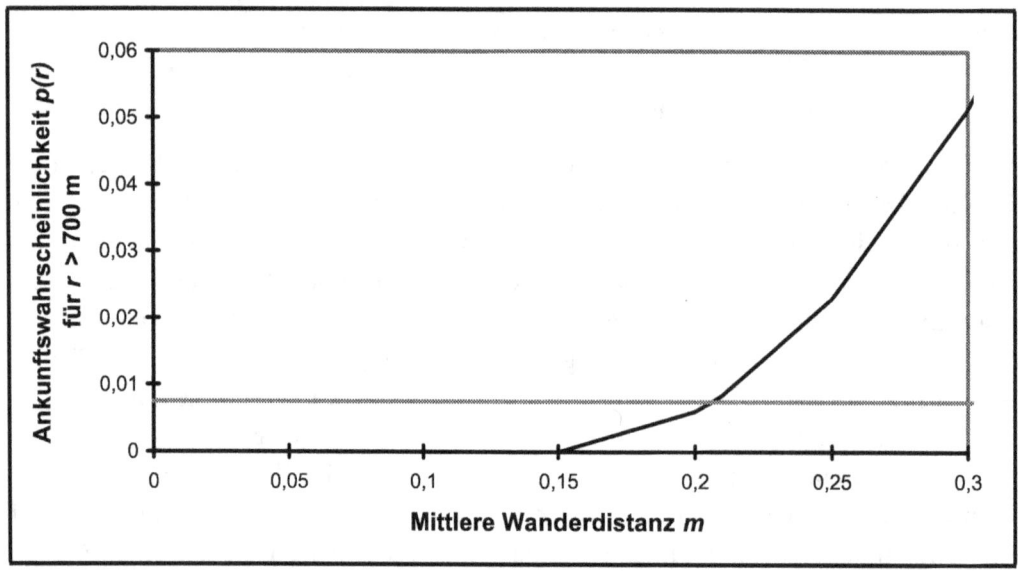

Abbildung 22: Abhängigkeit der Wahrscheinlichkeit, 700m oder mehr zu wandern, von der mittleren Migrationsdistanz m (ansteigende Kurve). Die waagrechte Gerade zeigt die von ROTHHAUPT (1994) gefundene Wahrscheinlichkeit.

δr ist die geringste wiedergegebene Entfernungskategorie, hier wird der Transektabstand von 15 m (ROTHHAUPT 1994) verwendet. Aus dieser Funktion ist für jede Entfernung r bei gegebenem m die Wahrscheinlichkeit berechenbar, daß ein Individuum in dieser Entfernung seine Migration beendet. Mit unterschiedlichen Werten für m wurden nun verschiedene Kurven berechnet (Abbildung 21) und jeweils die Summe von $p_{(r)}$ bis $r = 700$ m gebildet (Abbildung 22).

Bei $m = 0,2$ km erreichen 0,6% der Individuen 700m oder mehr, bei $m = 0,21$ km schon 0,85%. Eine mittlere Migrationsdistanz m von 0,2 km erscheint also für *P. denticauda* gerechtfertigt. Das stimmt damit überein, daß R. SCHREIBER (pers. Mitt.) in Nordbayern selten eine Durchwanderung einzelner, bis zu 500m ausgedehnter Habitate durch einzelne Wanstschrecken beobachten konnte. Diese Art der Herleitung beruht allerdings auf der Annahme, daß über die gesamte Fläche mit gleicher Intensität gesucht wurde. Egal, wie groß die Untersuchungsfläche gewählt wird, steigt aber bei nicht feststehendem Ausgangspunkt der Migration die Wahrscheinlichkeit, daß ein Individuum außerhalb der Untersuchungsfläche zur Ruhe kommt, mit der Migrationsdistanz. Die Wahrscheinlichkeit von 0,75% ist also eher zu niedrig angesetzt. Daher ist wohl auch die mittlere Migrationsdistanz eher unterschätzt. Die Folgen dieser Unterschätzung werden bei der Sensitivitätsanalyse dargestellt (Abschnitte 5.1.9 ff.).

Die Untersuchungen zur Kolonisierungsgeschwindigkeit von Tagfaltern in Südengland (THOMAS & JONES 1993) sind prinzipiell ebenfalls geeignet, um die mittlere Dispersionsdistanz zu schätzen. Die mittlere Kolonisierungsgeschwindigkeit entspricht der Entfernung, die im Mittel bei einer erfolgreichen Kolonisierung zurückgelegt wird. Um daraus die mittlere Migrationsdistanz zu bestimmen, benötigt man noch Angaben, wie viele Individuen im Mittel für eine erfolgreiche Kolonisierung notwendig sind und wie groß die Ausgangspopulation in jedem Kolonisierungsschritt war.

4.2.1.3 Gemeinsame Schätzung von mittlerer Wanderdistanz *m* und effektivem Flächendurchmesser *d* aus Fang-Wiederfang-Daten

Sind so viele Beobachtungen über den Wechsel von Individuen zwischen Patches einer strukturierten Population vorhanden, daß man für mehrere unterschiedlich lange Strecken relative Häufigkeiten des Flächenwechsels berechnen kann, ist auch eine Parameterabschätzung direkt mit dem Migrationsmodell (Gleichung 5) möglich. Dabei wird in einer Auftragung von Flächenwechselhäufigkeit gegen geographische Distanz (Abbildung 23) die Funktion für die Ankunftswahrscheinlichkeit an die Datenpunkte angepasst und die mittlere Wanderdistanz *m* sowie der effektive Flächendurchmesser *d* geschätzt. Die Emigrationsrate p_m wird dabei separat aus dem Anteil Flächenwechsler an den Wiederfängen geschätzt.

Besonders gut verwendbar sind die Ergebnisse der Fang-Wiederfang-Studie im Rahmen des Apollo-Hilfsprogramms Frankenalb, die in STELTER (1997) aufgeführt sind. Dort wurden in den Jahren 1995 und 1996 insgesamt 82 Immigranten auf 6 Flächen gefangen. Aus den paarweisen Wanderungsbeobachtungen und den Populationsgrößenschätzungen (Abschnitt 4.1.1.4) konnten relative Häufigkeiten des Flächenwechsels für jedes Paar von Flächen berechnet werden (Tabelle 11). Die Schätzung (Abbildung 23) kann für beide Jahre unabhängig vollzogen werden. Die mittleren Migrationsdistanzen m sind 1,5 km für 1995 und 0,9 km für 1996. Durch die geringe Anzahl Migranten ist jedoch der Fehler sehr hoch, so daß die Standardfehler 1,1 und 0,7 km betragen. Auch das Bestimmtheitsmaß r^2 ist mit 0,38 bzw. 0,16 eher niedrig. Gute Übereinstimmung besteht beim effektiven Flächendurchmesser d, der für 1995 auf 2,7 km, für 1996 auf 3,1 km geschätzt wurde.

Tabelle 11: Migrationsereignisse 1995 (unterhalb der Diagonalen) und 1996 (oberhalb der Diagonalen) zwischen sechs Flächen des Apollo-Hilfsprogramms Frankenalb, aus STELTER 1997. Benennung der Flächen wie in Abbildung 13.

	S	A	W	OW	T	WH
S		15	1	2	0	0
A	12		9	4	0	0
W	1	5		5	0	1
OW	0	13	8		1	0
T	0	0	1	1		0
WH	0	0	0	1	2	

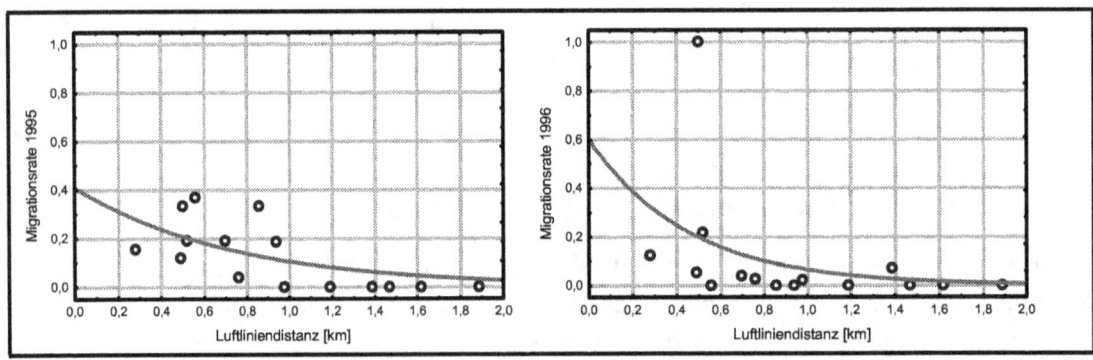

Abbildung 23: Relative Häufigkeiten von beobachten Flächenwechseln bei *P. apollo* im Untersuchungsgebiet 'Kleinziegenfelder Tal' 1995 (links) und 1996 (rechts), aufgetragen gegen die überwundene Luftliniendistanz. Daran angepasst ist das Migrationsmodell (Gleichung 5) unter Verwendung der Emigrationsraten 23,4% für 1995 und 10,3% für 1996. Die Parameteranpassung ergab für 1995 $m = 1,5 \pm 1,1$ km und $d = 2,7 \pm 1,2$ km mit $r^2 = 0,38$, für 1996 $m = 0,9 \pm 0,7$ km und $d = 3,1 \pm 1,3$ km mit $r^2 = 0,16$. Die Angaben sind jeweils Schätzwert ± Standardfehler.

Die Schätzwerte für mittlere Wanderdistanz und für den effektiven Flächendurchmesser passen beide gut zum beobachteten Verhalten von *P. apollo*. Der Falter ist ein sehr guter Flieger und kann problemlos Strecken von einigen km zurücklegen (M. DOLEK, pers. Mitt.). Die weißen Kalkfelsen, die er als Larvalhabitat nutzt, sind in den umgebenden bewaldeten Bergen sehr gut visuell zu detektieren, so daß der Apollofalter gute Orientierungsmöglichkeiten hat.

4.2.1.4 Schätzung der Migrationsparameter aus genetischen Daten

Die Angaben über effektive Migrantenzahlen aus populationsgenetischen Daten müssen generell mit Vorsicht betrachtet werden (WHITLOCK & MCCAULEY 1999), zumal sie aus verschiedenen enzym- und molekulargenetischen Verfahren nicht immer übereinstimmen (NICKLAS-GÖRGEN 1998). Denkbar sind dennoch zwei verschiedene Methoden der Parameterschätzung. Bei der ersten Möglichkeit werden effektive Migrantenzahlen ($N_e m$) für jedes Paar von Populationen berechnet und diese Migrantenzahlen mit Hilfe von Populationsgrößenangaben so verwendet wie die Fänge von Migranten bei Fang-Wiederfang-Untersuchungen. Sind weniger Angaben verfügbar, wird nur eine globale Anzahl effektiver Migranten $N_e m$ aus den genetischen Daten berechnet. Durch Simulation der untersuchten Population mit verschiedenen Werten für die Migrationsparameter kann nun die Kombination verwendet werden, die den globalen $N_e m$-Wert am besten wiedergibt.

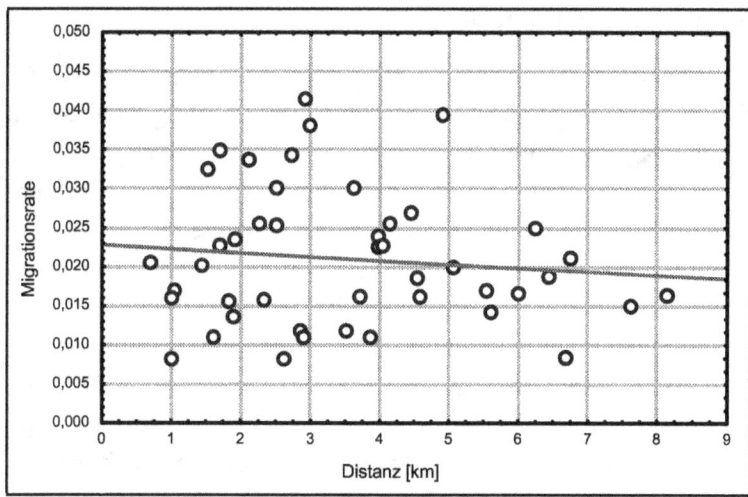

Abbildung 24: Anpassung (Linie) des Migrationsmodells (Gleichung 5) an die Migrationsraten aus genetischen Daten für *M. didyma* (Punkte: Paarweise geschätzte Migrationsraten zwischen 10 Populationen). Effektive Migrantenzahlen aus JOHANNESEN et al (1996), Populationsgrößenschätzungen und Distanzen aus VOGEL (1998). Parameter der Anpassungskurve: $p_m = 0{,}174$ (aus VOGEL 1998), $m = 84{,}9$ km, $d = 30{,}7$ km.

Bei der Untersuchung des Feuerroten Scheckenfalters *Melitaea didyma* im Rahmen des FIFB-Projekts (VOGEL 1996, 1998, JOHANNESEN et al. 1996, VOGEL & JOHANNESEN 1996) wurden sowohl recht detaillierte populationsgenetische Daten als auch Populationsgrößenschätzungen erhoben. Aus diesen Angaben konnten für 10 der über 40 von *M. didyma* besiedelten Habitatpatches effektive Migrantenzahlen und Populationsgrößenschätzungen ermitttelt werden. Eine Anpassung an die daraus berechneten Flächenwechselwahrscheinlichkeiten ergab aber die absurd hohe mittlere Migrationsdistanz von fast 85 km und einen effektiven Flächendurchmesser von etwa 30 km (Abbildung 24). Die Simulation verschiedener Parameterkombinationen von d und m ergab dagegen eine dem globalen $N_e m$ entsprechende Anzahl effektiver Migranten in der Gesamtpopulation von 14,15 (JOHANNESEN et al. 1996) bei $m = 2,08$ und $d = 1,76$. Diese Angaben entsprechen auch eher den Einschätzungen der Freilandbearbeiter (VOGEL pers. Mitt.)

4.2.1.5 Übereinstimmung der Parameterschätzung aus Fang-Wiederfang-Untersuchungen und genetischen Daten

Die schon in Abschnitt 4.1.1.5 verwendeten Untersuchungen an den beiden Ödlandschreckenarten *O. caerulescens* und *O. germanica* im Mittelrheintal bieten sowohl Ergebnisse aus Fang-Wiederfang-Studien als auch populationsgenetische Daten zur Schätzung der Parameter für das Migrationsmodell. Der Vergleich beider Datenquellen soll hier an *O. caerulescens* exemplarisch gezeigt werden.

BERTRAM (1997) fand in seiner Fang-Wiederfang-Studie 92 gewanderte Männchen und 64 gewanderte Weibchen. Wenn man nur diejenigen Wiederfänge berücksichtigt, bei denen das Tier nicht noch am selben Tag gefunden wurde, ergibt sich für Männchen eine Wanderrate von 29,7%, für Weibchen 25,7%, die Wanderraten sind statistisch nicht signifikant verschieden. Da für die Wiederbesiedlung die Migrationsrate der Weibchen entscheidend ist, wird sie für die weitere Schätzung verwendet. Nur bei je acht Männchen und Weibchen wurden mehrfache Wanderungen festgestellt, bei den anderen Individuen wurde nur je ein Ortswechsel beobachtet. Jeweils weit über die Hälfte der zurückgelegten Distanzen betrug weniger als 50 m, die höchste Wanderdistanz betrug bei den Männchen 440m, bei den Weibchen 2150m. Diese Distanz ist jedoch ein Einzelfund, die nächstweiteste Migrationsdistanz eines Weibchens beträgt 500m. In einer Untersuchung von APPELT & POETHKE (1997) in der Porphyrkuppenlandschaft bei Halle erreichte ein Männchen die größte Entfernung bei 800 m, die Weibchen wanderten höchstens 350 m weit.

Die Mediane der Wanderstrecken werden bei beiden Geschlechtern übereinstimmend mit unter 50 m angegeben. Die mittlere Migrationsdistanz m liegt jedoch höher, da die

Verteilung deutlich asymmetrisch ist. *m* wurde wie in Abschnitt 4.2.1.3 mit dem effektiven Flächendurchmesser *d* gemeinsam durch Anpassung der Datenpunkte aus BERTRAM (1998) an Gleichung 5 geschätzt. Bei der Anpassung resultierte ein effektiver Flächendurchmesser von 120 m und eine mittlere Migrationsdistanz von 70 m.

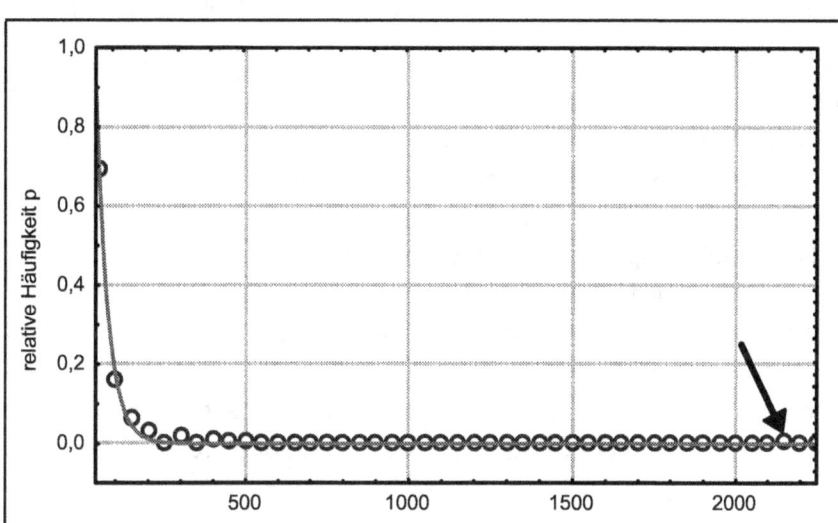

Abbildung 25: Anpassung des Migrationsmodells (Gleichung 5, Linie) an die von BERTRAM (1997) gefundenen Migrationsdistanzen bei *O. caerulescens*. Die Migrationsdistanzen sind in Klassen zu 50 m eingeteilt und dazu jeweils die beobachtete relative Migrationshäufigkeit (Kreise) aufgetragen. Die maximale beobachtete Migrationsdistanz war 2150m (Pfeil). Die Parameter für die Kurve sind *m* = 73m und *d* = 120m.

In der populationsgenetischen Untersuchung der Mittelrhein-Populationen von *O. caerulescens* fand NICKLAS-GÖRGEN (1998) aufgrund enzymelektrophoretischer Daten für 1994 eine globale effektive Migrantenzahl $N_e m$ von 4,06, für 1995 ein $N_e m$ von 5,10. Die Proben von 1995 ergaben bei einer Untersuchung der DNA mit RAPD (Random Amplified Polymorphic DNA) ein $N_e m$ von 0,952. Interpretiert wurde dieser Unterschied mit historischen Effekten, da die Mutationsrate auf Enzymebene wesentlich geringer ist als auf DNA-Ebene. Information aus der Vergangenheit bleibt daher auf Enzymebene länger erhalten als in der DNA.

Setzt man die aus der Fang-Wiederfang-Untersuchung gewonnene mittlere Migrationsdistanz und den effektiven Flächendurchmesser in Simulationen der untersuchten Populationen im Mittelrheintal ein, ergibt sich jedoch völlige Isolation, kein einziger

Migrant zwischen zwei Flächen konnte in 2000 Replikaten mit je 100 Jahren Dauer beobachtet werden. Bei der Erhöhung der Parameter *m* und *d* des Dispersionsmodells erreicht man erst weit oberhalb von Werten von 5 km für beide Parameter ein $N_e m$ von 4 bzw. 5. Den mit RAPD gewonnenen Wert von 0,952 überschreitet man jedoch schon bei einem effektiven Flächendurchmesser *d* von 3 km, kombiniert mit einer mittleren Migrationsdistanz *m* von 5 km oder bei *d* = 4 km und *m* = 3,5 km (Abbildung 26 links).

Ein Grundlevel von $N_e m$ = 0,3 wird sogar bei völligem Fehlen der Migration nach 100 Jahren registriert. Das zeigt, wie viel Einfluss der Startzustand der Population (alle 10 Allele gleich häufig, alle Populationen gleich) auch nach 100 Jahren noch auf ihre genetische Zusammensetzung hat. Abbildung 26 rechts zeigt im Kontrast dazu die Anzahl der tatsächlich auf einer anderen Fläche angekommenen Individuen. Sie ist bei den Szenarien, bei denen tatsächlich Migration stattfindet, bis 40fach höher als die genetisch effektive Anzahl Migranten. Dennoch würde auch hier eine mittlere Anzahl von 4 oder 5 Migranten pro Generation einen effektiven Flächendurchmesser deutlich größer als 1 km erfordern. Auffällig ist auch, daß die effektive Migrantenzahl $N_e m$ bei hohen mittleren Migrationsdistanzen noch steigt, wenn die Anzahl beobachteter Migranten schon wieder sinkt. Das läßt sich durch eine bessere Durchmischung der Population durch Fernwanderer erklären.

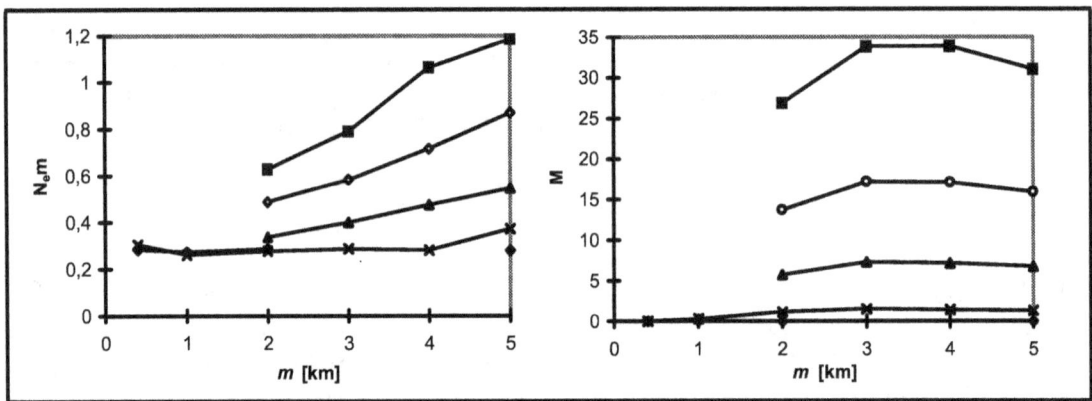

Abbildung 26: Ergebnisse von Simulationsläufen zur Gesamtpopulation von *O. caerulescens* im Mittelrheintal. 2000 Replikate mit je 100 Jahren. Ein Locus mit 10 Allelen, keine Mutation, Startzustand der Allelverteilung gleichverteilt. Habitatkapazitäten = Mittelwerte der Populationsgrößen 1994-1998. Verändert wurden die mittlere Migrationsdistanz *m* und der effektive Flächendurchmesser *d* (Gefüllte Rauten: 0,1 km, Kreuze: 1 km, gefüllte Dreiecke: 2 km, offene Rauten: 3 km, gefüllte Quadrate: 4 km). Links die nach WRIGHT (1951) berechneten genetisch effektiven Migrantenzahlen $N_e m$, rechts die mittlere beobachtete Migrationsrate M. Parameter für das Populationsdynamik-Modell: λ = 1,92, β = 1,63, σ^2 = 1.

Zwischen der Abschätzung der Migrationsparameter aus den Fang-Wiederfang-Daten und aus den Ergebnissen der populationsgenetischen Untersuchung ergibt sich also eine große Diskrepanz. Die mittlere Migrationsrate liegt mindestens um den Faktor 50 auseinander, der effektive Flächendurchmesser mindestens um den Faktor 30. Daher müssen die Grundlagen der einzelnen Verfahren zur Parameterschätzung in der Praxis und mit detaillierten Simulationsmodellen weiter hinterfragt werden.

4.2.2 Umfang und Qualität der aus der Literatur gewonnenen Parametersätze

Generell ist die Ausbeute an verwertbaren Daten über die Dispersionsfähigkeit von Heuschrecken und Tagfaltern sehr unbefriedigend. Auch die Vergleichbarkeit der Daten, die mit verschiedenen Methoden gewonnen wurden, ist nicht unbedingt gegeben (s. Abschnitt 4.2.1.5). Die für Tagfalter vorliegenden Daten (Anhang 4, Tabelle 4.1) stammen zum größten Teil aus englischen Studien, die mit Fang-Wiederfang arbeiten. Zwei weitere Studien belegen größere Migrationsentfernungen durch Kolonisierungsereignisse (HILL et al. 1996, NÈVE et al. 1996), zwei arbeiten mit populationsgenetischen Methoden (JOHANNESEN et al. 1996, MARCHI et al. 1996). Die Daten für Heuschrecken (Anhang 4, Tabelle 4.2) sind ebenfalls meist Daten aus Fang-Wiederfang-Experimenten. LAUßMANN (1993) allerdings beobachtete die Kolonisierung einer neu entstandenen Fläche, KINDVALL (1999) führte auch Aussetzungsexperimente durch. In den meisten Fällen lassen sich aus den Studien jedoch nur maximale Wanderdistanzen belegen, die nur sehr begrenzt Rückschlüsse auf das Migrationsverhalten der Art zulassen. Fang-Wiederfang-Untersuchungen spielen sich in manchen Fällen nur auf einem großen Habitat ab (z.B. ZÖLLER 1994), so daß nur das Migrationsverhalten im Optimalhabitat dokumentiert wird. Bei lokal begrenzten Fang-Wiederfang-Untersuchungen werden manchmal auch Individuen auf einer anderen, weit entfernt liegenden Untersuchungsfläche gefunden (z.B. BERTAM 1997, VOGEL 1998). Bei hohen Wiederfangraten (z.B. Reflexfolienmarkierung bei Heuschrecken, WAGNER 1996, INGRISCH & KÖHLER 1998, SAMIETZ 1998) ist das relativ unproblematisch. Wurden jedoch nur wenige der insgesamt markierten Individuen so oft gefangen, daß sie für eine Migrationsabschätzung verwendet werden können (BERTRAM 1997), ist die Gefahr groß, daß der geringe Anteil Weitwanderer nicht an der Mobilität der untersuchten Art sondern an der mangelnden Untersuchung weit entfernter Flächen liegt. Gefunden wurden dann genau die weniger mobilen Tiere; die mobileren Individuen haben die Untersuchungsfläche verlassen und konnten nicht mehr nachgewiesen werden. Die Individuen können auch in einem relativ immobilen Zeitraum ihres Lebens markiert und mehrfach wiedergefangen werden, in einem anderen - nicht beobachteten - Zeitraum aber lange Strecken wandern (Migrationstyp Umzieher, MALKUS 1995).

Die oft in der Literatur angegebenen mittleren Tagesdistanzen addieren sich je nach Habitattyp und Migrationsverhalten sehr unterschiedlich. So ist eine Heuschrecke in ihrem optimalen Habitat meist sehr standorttreu und wenig zielgerichtet, sie kann ihr ganzes Leben in einem wenige m² großen Bereich zubringen (FARTMANN 1997). Wird sie jedoch aus ihrem Optimalhabitat versetzt oder wandert aus, legt sie sehr zielgerichtet bis zu 120 m pro Tag zurück (KINDVALL 1999 für *Metrioptera bicolor*). Diese Unterschiede im Migrationsverhalten bedeuten auch, daß Fang-Wiederfang-Untersuchungen, die nur das Migrationsverhalten im Optimalhabitat betrachten, die mittlere Migrationsdistanz von Emigranten grob unterschätzen können. So findet MALKUS (1995) bei *Stethophyma grossum* mittlere Aktionsdistanzen von 25 m bei Weibchen und 41 m bei Männchen, die emigrierenden Individuen sind dagegen im Mittel 150 m weit gewandert.

Die vermutlich aussagekräftigsten Daten über mittlere Migrationsdistanzen pro Generation stammen aus Untersuchungen, bei denen ein größeres Gebiet mit vielen kleinen Habitatpatches einer sich neu ausbreitenden Art zugänglich wird. Vor allem in England konnten solche Studien durchgeführt werden, da mit Ausbreitung der Myxomatose in den 50er Jahren die Kaninchen als Habitatbildner in den South und North Downs ausfielen (THOMAS & JONES 1993). Nachdem sich die Kaninchenpopulation 1982 wieder erholt hatte, gab es in diesen Gebieten eine große Anzahl stark beweideter Wiesen, die zwar für wiesenbewohnende Tagfalter geeignet, aber nicht von diesen besiedelt waren. Eine Wiederholung dieser Kartierung nach 10 Jahren ergab eine Zunahme der besiedelten Patches um 30 %, das von *H. comma* in Anspruch genommene Gebiet hatte sich im Mittel mit 1 km pro Jahr ausgedehnt (THOMAS & JONES 1993), der größte beobachtete Einzelschritt war 8,65 km.

Bei populationsgenetischen Untersuchungen ist in vielen Fällen eher mit einer Überschätzung der Migrationsfähigkeit zu rechnen, besonders bei Tierarten, die durch die Fragmentierung der Kulturlandschaft bedroht sind. Zum einen kann eine Überschätzung daraus resultieren, daß die Art in jüngerer Vergangenheit in größeren Populationen vorkam und der Effekt dieser größeren Vorkommen im Inzuchtkoeffizienten F_{ST} noch spürbar ist. Ein anderer, wahrscheinlicherer Grund ist aber, daß längst nicht alle Populationen der betrachteten Art bekannt oder gar untersucht sind, so daß sich zwischen den untersuchten Populationen ein Netzwerk kleiner, oftmals suboptimaler oder gar nur in wenigen Jahren besiedelbarer Habitate befindet, die den Austausch zwischen den größeren Populationen deutlich verstärken und in den für die Parameterschätzung verwendeten Simulationen nicht modelliert wird. Für das Beispiel *O. caerulescens* im Mittelrheintal können sogar beide Ursachen angenommen werden. Die Art wurde erst in den letzten Jahrzehnten durch zunehmende Verbuschung zurückgedrängt wurde und es gibt vermutlich noch viele kleine, nicht registrierte Habitate für die Ödlandschrecken. In vielen Studien, die Migrationsdaten aus Fang-Wiederfang mit den entsprechenden genetischen Daten verglichen, sind starke

Abweichungen beider Maße aufgetreten, in der Regel wurde die Migrationsfähigkeit durch die Populationsgenetik wesentlich höher eingeschätzt als durch direkte Beobachtungen (IMS & YOCCOZ 1998).

Insgesamt ergeben sich eine Reihe von Möglichkeiten, das Migrationsmodell zu parametrisieren. Optimal ist hier sicherlich eine Kombination von Daten aus verschiedenen Untersuchungsarten, um methodenbedingte Unter- oder Überschätzungen zu vermeiden. Leider ergibt sich hier keine Möglichkeit, eine Worst-Case-Prognose durch die konsequente Über- oder Unterschätzung eines oder mehrerer Parameter zu erhalten. Sowohl Migrationsrate als auch Migrationsdistanz können bei Zunahme eine Art stützen oder stärker gefährden (Abschnitte 5.1.7 und 5.1.11). Lediglich der effektive Flächendurchmesser sollte eher unterschätzt werden, da die Ankunftswahrscheinlichkeit durchgängig mit dem effektiven Flächendurchmesser steigt. Eine Unterschätzung der Ankunftswahrscheinlichkeit bedeutet sowohl eine konservative Einschätzung der Überlebensfähigkeit (da die Dispersal-Mortalität eher zu hoch geschätzt wird) als auch eine konservative Einschätzung der Verbindung zwischen den Lokalpopulationen.

5 Fehleranalyse

Ein Prognosemodell, das in der Praxis verwendet werden soll, muß ihnaltlich richtige und ausreichend genaue Prognosen treffen. Zu einer Untersuchung über die Praxistauglichkeit eines Modells gehört daher zunächst eine Betrachtung, ob die Ergebnisse inhaltlich korrekt sind (Verifizierung, Abschnitt 5.1).

Danach muß geprüft werden, wie groß die Fehlerbereiche der Modellergebnisse sind. Diese Fehler können aus den unterschiedlichsten Gründen entstehen, genannt seien hier die technischen Gegebenheiten des Simulationsprogramms (Abschnitt 5.3.1), die Methodik der Parameterabschätzung (Abschnitte 5.3.2 bis 5.3.5), die Empfindlichkeit der Ergebnisse gegenüber Ungenauigkeiten der Eingabeparameter (Abschnitt 5.2).

Die hier vorgestellte Analyse berücksichtigt noch nicht die zusätzlichen Fehler, die dadurch entstehen, daß die Eingangsdaten, die für die Parameterabschätzung verwendet werden, mit Fehlern behaftet sind. Eine solche Betrachtung hieße, die unterschiedlichen Fehlerbereiche der unterschiedlichen Untersuchungsmethoden, die von Bearbeiter zu Bearbeiter unterschiedlich sind, zu berücksichtigen, und müsste für jeden Datensatz abhängig von seiner Datenquelle durchgeführt werden.

Erst wenn man die Fehlerbereiche der Simulationsergebnisse kennt, kann man wirklich beurteilen, wie zuverlässig ein Programm arbeitet, welche Implementationsdetails oder Parameterabschätzungen dringend verbessert werden müssen und ob es in der Praxis verwendbar ist (BOYCE 1992, LUDWIG 1998).

Letzter und wichtigster Abschnitt der Fehleranalyse für ein Prognosemodell ist der Vergleich der Prognosen mit der Wirklichkeit (Validierung). Nur hier können Aussagen über die Prognosegenauigkeit und letztendlich den Wert des Prognosemodells getroffen werden. Die Validierung des Modells kann im Rahmen dieser Arbeit nicht erfolgen, da dazu Freilandarbeiten in größerem Umfang notwendig sind. In Abschnitt 5.5 werden jedoch prinzipielle Probleme und einige Möglichkeiten zur Validierung entworfen und diskutiert.

5.1 Verifizierung

Unter Verifizierung eines Simulationsprogramms versteht man die Überprüfung, ob das Programm die gewünschte Funktionalität abbildet. Zur Verifizierung des Modells wurden Geburts-, Sterbe- und Migrationsraten in einigen Spezialfällen beobachtet, bei denen die entsprechenden Raten ohne Störeinflüsse beobachtbar sind. Darauf aufbauend wurden stufenweise realistischere Szenarien betrachtet, bei denen jeweils die Veränderung zum vorhergehenden Szenario theoretisch vorhersagbar war. Die Dokumentation der Ergebnisse umfasst für jedes Szenario zunächst eine kurze Beschreibung der eingesetzten Parameterwerte sowie eine Darstellung der untersuchten Eigenschaften und deren erwarteten Verhalten. Anschließend werden die Ergebnisse präsentiert und mit der Vorhersage verglichen. Die Tests dienen lediglich der Überprüfung, ob das verwendete Simulationsmodell die erwarteten Phänomene korrekt wiedergibt. Die Phänomene selbst sollen an dieser Stelle nicht diskutiert werden.

5.1.1 Random Walk

Dieses Szenario mit Wachstumsrate 1 ohne weitere Prozesse sollte einen reinen Random Walk mit demographischer Stochastizität zeigen, mit identischen Anzahlen Juvenilen und Adulten (Juvenilmortalität = 0) sowie einer starken Korrelation von Adultzahl und Anzahl Juveniler im nächsten Jahr (Fertilität). Dies ist das einfachste denkbare Szenario und prüft, ob die Juvenilmortalität wie erwartet bei Wachstumsraten <= 0 ausbleibt und wie stark die Nachkommenzahlen durch reine demographischen Stochastizität schwanken.

Die aus diesem Szenario resultierenden Zeitreihen oszillieren unregelmäßig um die Dichte 1. Die kleineren der in Abbildung 27 gezeigten Populationsgrößen allerdings schwanken - aufgrund der demographischen Stochastizität - stärker als die größeren, die kleinste stirbt sogar recht schnell aus.

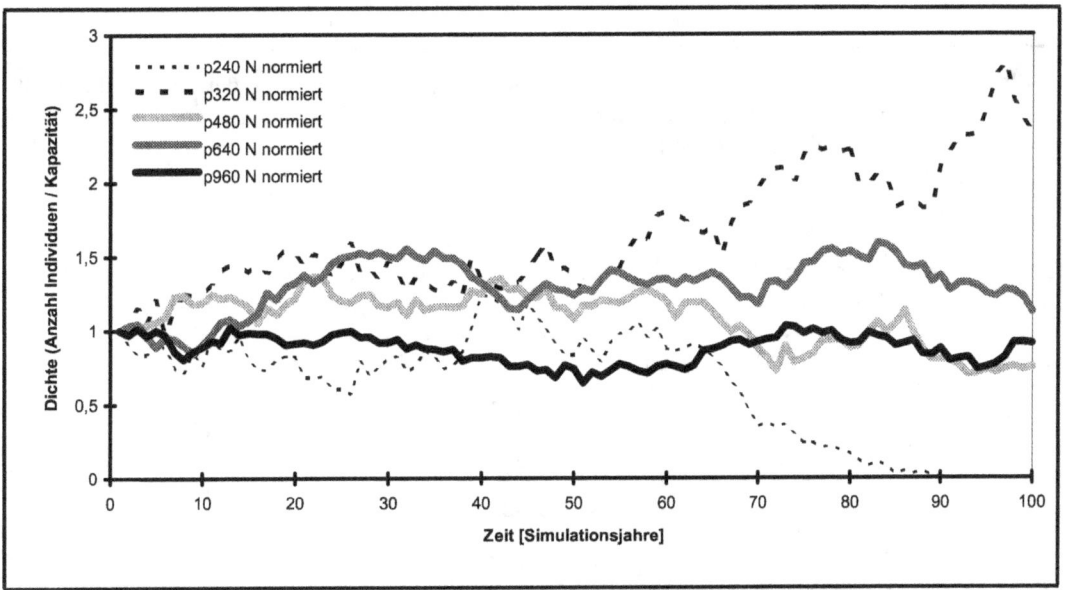

Abbildung 27: Verlauf von fünf verschiedenen Zeitreihen unterschiedlicher Kapazität bei $\lambda = 1$, $\beta = 0$ und $\sigma^2 = 0$. Die Populationskürzel geben die Kapazität in Anzahl Individuen an.

Die Regression überlebende Adulte gegen Juvenile (Abbildung 28) ergibt exakt die Diagonale, d.h. das Programm erzeugt keinerlei Juvenilmortalität. Die Regression Nachkommen gegen Adulte (Abbildung 29) ergibt insgesamt eine Gerade, auch in den Einzelpopulationen. Sowohl der Regressions- als auch der Korrelationskoeffizient nimmt mit der Kapazität zu (Tabelle 12). Insgesamt liegen alle Datenpunkte mit geringen Abweichungen auf der Diagonalen.

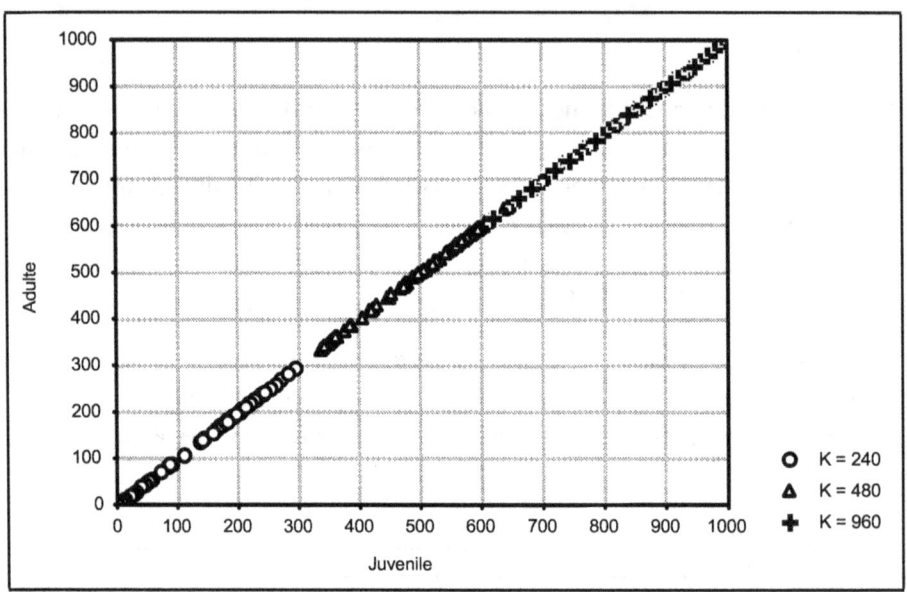

Abbildung 28: Auftragung überlebender Adulte gegen Juvenile von drei der in Abbildung 27 gezeigten Zeitreihen mit den dort genannten Parameterwerten. Alle Datenpunkte liegen auf der Diagonalen, es ergibt sich keine Juvenilmortalität.

Tabelle 12: Korrelations- und Regressionskoeffizienten der Regression Nachkommen gegen Adulte abhängig von der Kapazität.

Kapazität	Regressionskoeffizient	Korrelationskoeffizient
240	0,986	0,977
320	0,964	0,963
480	0,953	0,938
640	0,942	0,952
960	0,891	0,898

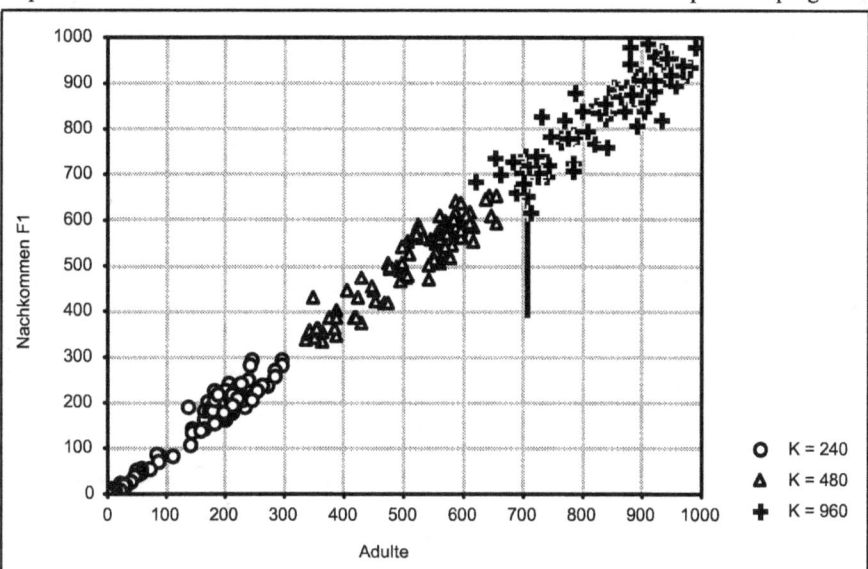

Abbildung 29: Nachkommen F1 aufgetragen gegen Adulte von drei der in Abbildung 27 gezeigten Populationen mit den dort genannten Parameterwerten. Die Datenpunkte sind mit geringer Abweichung um die Diagonale gestreut.

Die Ergebnisse stimmen vollständig mit der Erwartung überein. Es wird keine Juvenilmortalität gefunden, die Populationsgrößen schwanken insgesamt um den Startwert. Sogar die Tatsache, daß Regressions- und Korrelationskoeffizient der Auftragung Nachkommen gegen Adulte mit sinkender Populationsgröße abnehmen, läßt sich als Auswirkung der demographischen Stochastizität erklären. Die Binomialverteilung, die aus Produktion einzelner (ganzer!) Nachkommen resultiert, wird mit steigender Populationsgröße (=Probengröße) schlanker.

5.1.2 Exponentielle Abnahme durch Wachstumsraten < 1

Eine Wachstumsrate kleiner 1 sollte bei Trennung der Prozesse für Fertilität und Mortalität exponentielle Abnahme der Populationsgröße zur Folge haben. Dabei mache ich mir die Tatsache zunutze, daß negative Mortalitäten nicht realisiert werden können. Im Fall $\beta = 0$ ergibt sich im Gesamtmodell des logistischen Wachstums (Gl. 1) eine Degeneration zu $N_{t+1} = N_t$, unabhängig von λ. Da in der Praxis jedoch Fertilität und Mortalität getrennt behandelt werden (Gl. 2 und 3), kann zwar eine Wachstumsrate < 1, nicht aber eine Mortalität < 0 realisiert werden.

Das getestete Szenario $\lambda = 0{,}95$ soll also nicht nur die korrekte Realisierung der exponentiellen Abnahme zeigen, sondern auch, daß der Mechanismus, der die Mortalität im Programm umsetzt, diesen Grenzfall korrekt abfängt.

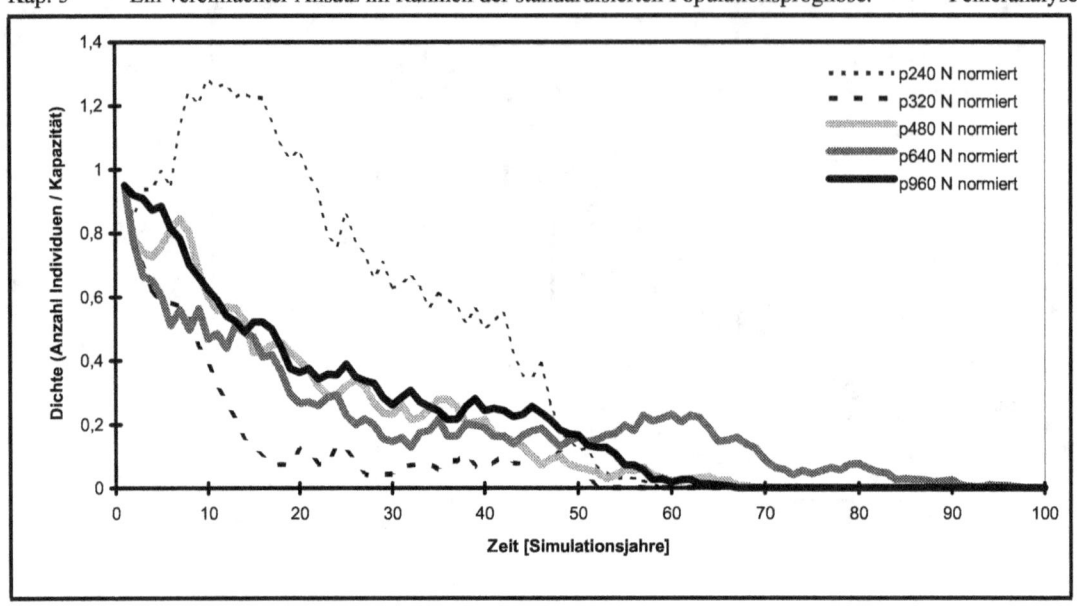

Abbildung 30: Verlauf der Zeitreihen bei exponentieller Abnahme ($\lambda = 0{,}95$) und verschiedenen Kapazitäten. Keine Dichteabhängigkeit und keine Umweltstochastizität.

Tabelle 13: Korrelations- und Regressionskoeffizienten Nachkommen F1 gegen Adulte für die Zeitreihen aus Abbildung 30.

Kapazität	Regressionskoeffizient m	Korrelationskoeffizient beta
240	0,991	0,994
320	0,884	0,992
480	0,949	0,993
640	0,907	0,984
960	0,960	0,997

Die resultierenden Zeitreihen (Abbildung 30) zeigen einen deutlichen negativ-exponentiellen Verlauf, auch wenn es starke Abweichungen gibt. Wie beim Random Walk (Abbildung 27) entstehen die Abweichungen durch demographische Stochastizität bei der Nachkommenproduktion (Abbildung 31), sie sind bei kleinen Populationen stärker als bei größeren. Die Korrelationskoeffizienten der Auftragung Nachkommen F1 gegen Adulte sind bei allen Zeitreihen > 0,98, die Regressionskoeffizienten schwanken zwischen 0,884 und 0,991 (Tabelle 13).

Auch dieser Test zeigt, daß das verwendete Simulationsprogramm die vorgegebenen Mechanismen korrekt umsetzt.

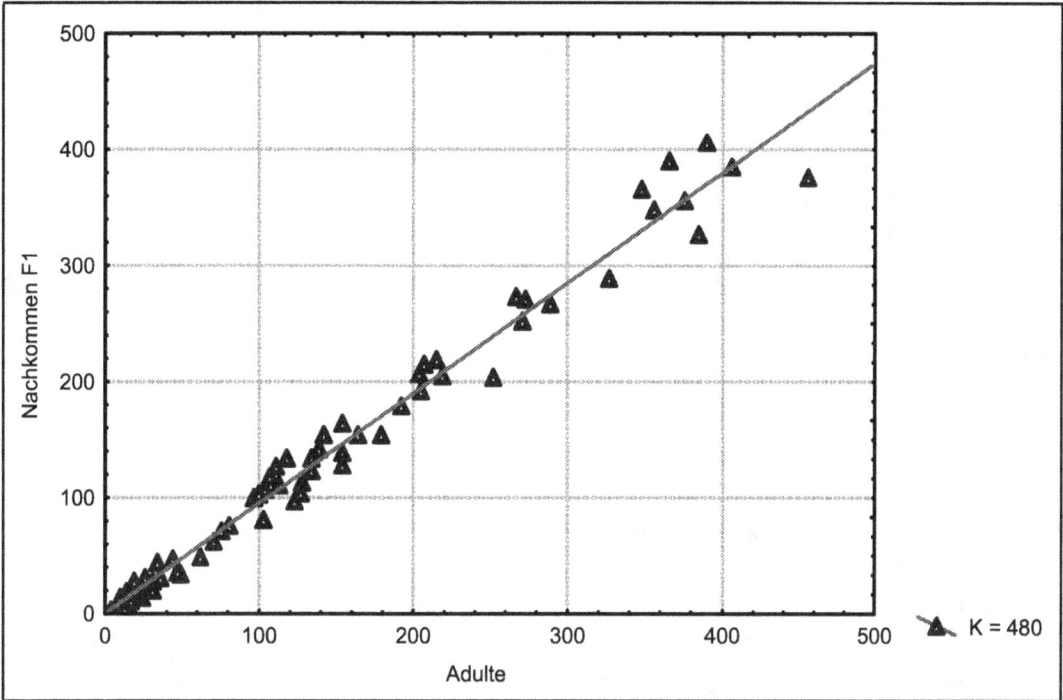

Abbildung 31: Regression Nachkommen F1 gegen Adulte bei exponentieller Abnahme der Populationsgröße ($\lambda = 0{,}95$) und K = 480, Zeitreihe aus Abbildung 30.

5.1.3 Logistisches Wachstum ohne Umweltstochastizität

Im nächsten Schritt soll nun die reine Form des logistischen Wachstums nach Gl. 1 überprüft werden. Das verwendete Modell von MAYNARD SMITH & SLATKIN (1973) wurde unter anderem von DOEBELI & RUXTON (1997) analytisch genauer untersucht. Sie zeigten, daß das dynamische Verhalten der Population von der Ableitung $f_{(K)}'$ der Funktion $N_{t+1} = f(N_t)$ am Schnittpunkt mit der Diagonalen $N_{t+1} = N_t$ abhängt (Gleichung 14).

$$f_{(K)}' = 1 - \beta * \frac{\lambda - 1}{\lambda} \qquad [14]$$

Liegt der Betrag von $f_{(K)}'$ unter 1, ist das System gedämpft, oberhalb von 1 zeigt das deterministische System Periodenduplizierung bis zum Chaos. Beträge über 1 werden nur mit Wachstumsraten $\lambda > 2$ erreicht, für die Betrachtung dieses Szenarios wurde die Wachstumsrate 5 verwendet. Verschiedene Werte für β wurden gewählt, um schwingungslose Stabilisierung, Dämpfung, zyklisches Verhalten oder Chaos zu induzieren (Tabelle 14)

Kap. 5 Modellierung räumlich stark strukturierter Insektenpopulationen.
Ein vereinfachter Ansatz im Rahmen der standardisierten Populationsprognose. Fehleranalyse

Tabelle 14: Verwendete Werte für die Intensität der Dichteabhängigkeit β, um bestimmte Verhaltensweisen des logistischen Modells zu induzieren

β	c	Verhalten
2	-0,6	gedämpft
2,5	-1	exakt stabilisiert
3	-1,4	zyklisch
4	-2,2	mehrfach-zyklisch
5	-3	chaotisch

Das Ergebnis zeigt im Verlauf der Zeitreihen (Abbildung 33) die erwarteten Phänomene: Bei β = 2 sind die Abweichungen stark gedämpft, so daß die Population in einem sehr engen Bereich um ihre Kapazität schwankt. Bei β = 2,5 werden Störungen nur sehr schwach gedämpft und bei den höheren Werten für β zeigt die Population zyklisches bis chaotisches Verhalten (Abbildung 33). Die Fertilitäten λ variieren eng um den eingesetzten Wert von 5 (Tabelle 15, Regressionskoeffizient λ), die Mortalitäten μ zeigen die erwartete Dichteabhängigkeit (Abbildung 32). Lediglich bei β = 2 waren die Datenpunkte so dicht im Zentrum der Kapazität konzentriert, daß keine Aussage über Dichteabhängigkeit zu treffen war.

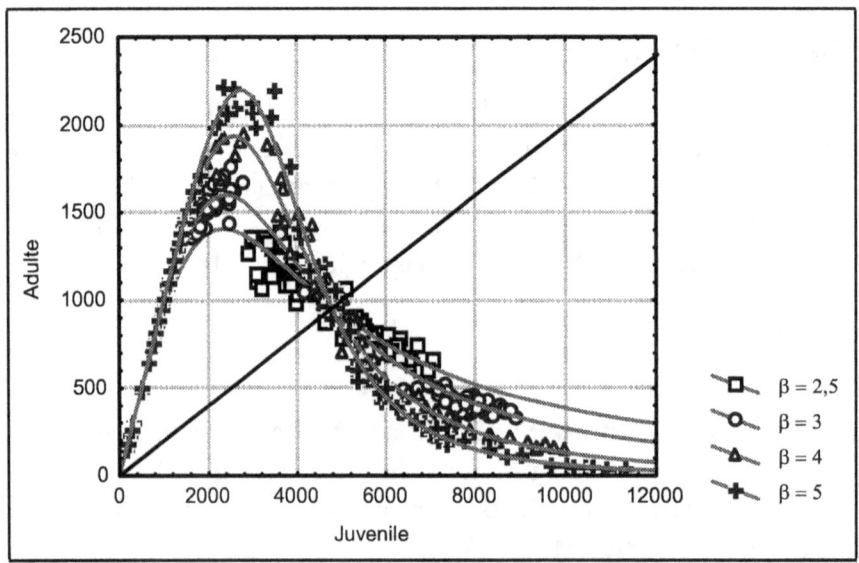

Abbildung 32: Mortalitäten bei verschiedenen Werten für β. Datenpunkte der in Abbildung 33 gezeigten Zeitreihen mit Anpassung des logistischen Wachstums.

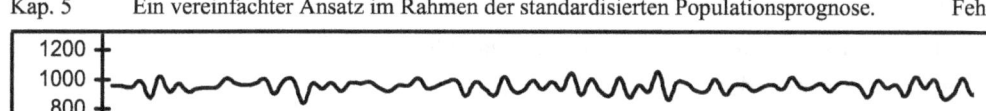

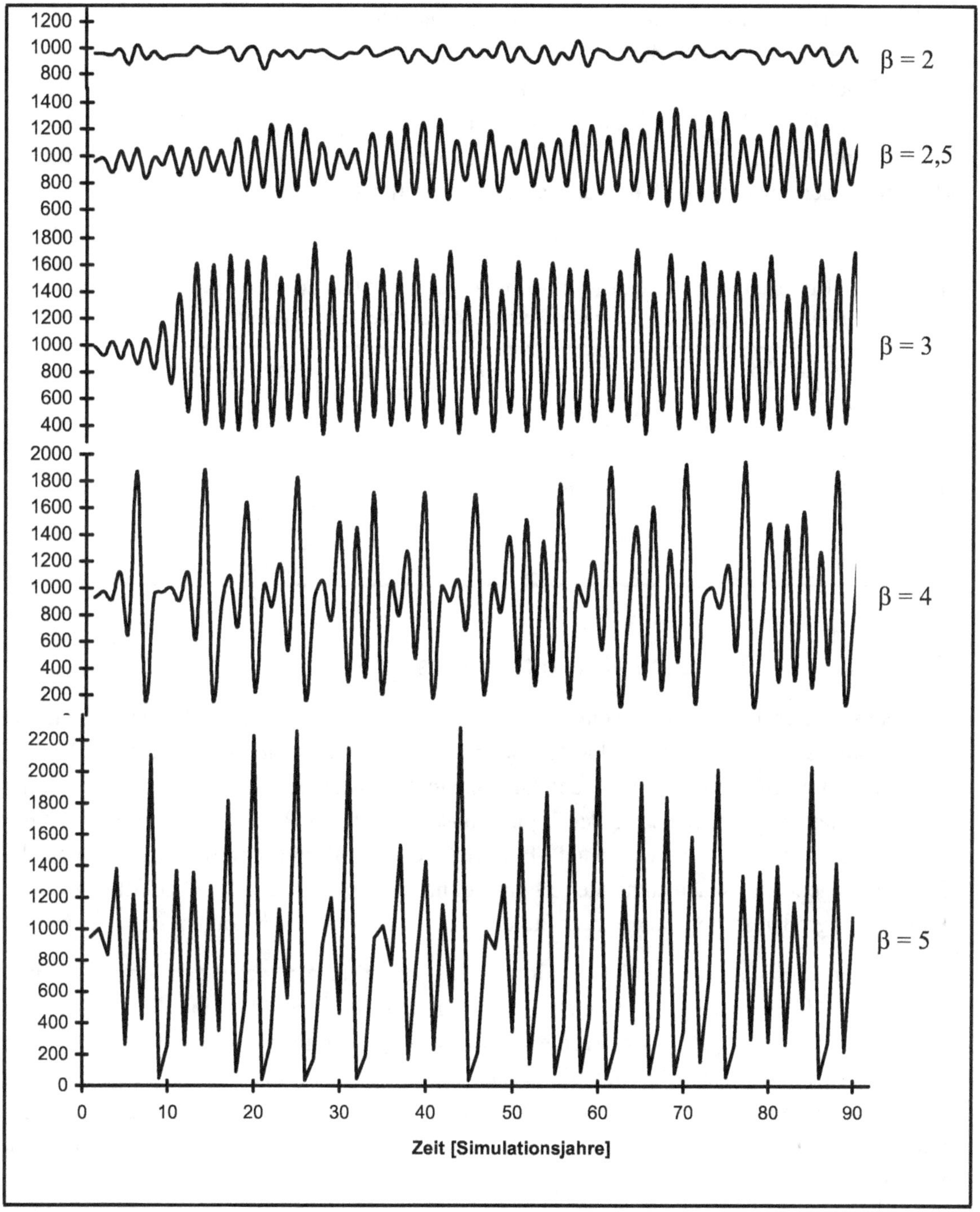

Abbildung 33: Zeitreihen von Populationen mit gleicher Kapazität (K = 960), aber verschiedenem β bei gleicher Wachstumsrate λ = 5 und ohne Umweltfluktuation.

Anhand dieser Tests sieht man, daß das verwendete Modell für die Populationsdynamik in der Lage ist, alle Formen der Dynamik einer dichteregulierten Population abzubilden. Dieser Nachweis zeigt in Kombination mit der analytischen Betrachtung von DOEBELI & RUXTON (1997), daß $f_{(K)}$' dazu geeignet ist, den Typ der Dynamik auch für das Simulationsmodell zu zeigen. Daher kann dieses Maß auch zu einer schnellen und einfachen Bewertung der gewonnenen Parametersätze (Abschnitt 5.2.2) verwendet werden.

Tabelle 15: Korrelationskoeffizienten für Mortalität und Fertilität sowie Regressionskoeffizient der Fertilität für die in Abbildung 33 gezeigten Zeitreihen mit unterschiedlichem β.

β	Korrelationskoeffizient für λ	Regressionskoeffizient für λ	Korrelationskoeffizient für μ
2	0,775	4,90	0,011
2,5	0,990	5,08	0,895
3	0,998	4,99	0,991
4	0,998	5,02	0,983
5	0,999	5,02	0,993

5.1.4 Random Walk mit Umweltstochastizität

Im nächsten Schritt wird ein weiterer Parameter des Simulationsmodells betrachtet, die Umweltstochastizität σ^2. Auch hierfür wird zunächst ein möglichst einfaches Modell verwendet, um die Auswirkungen der Umweltstochastizität betrachten zu können. Daher wird das allereinfachste Szenario der Populationsdynamik, der Random Walk mit λ = 1 mit steigenden Varianzen σ^2 beobachtet. Erwartet wird, daß die Umweltstochastizität die Schwankungen der Wachstumsrate erhöht, ohne deren Richtung zu beeinflussen. Die Populationsgrößen sollten also stärker fluktuieren, aber immer noch um den Ausgangswert.

Beobachtet wurden nur Populationen mit K = 960, die Varianz σ^2 der Wachstumsrate wurde auf 0,01, 0,0225 und 0,04 gesetzt. Im Vergleich dazu wurde eine Zeitreihe ohne Umweltstochastizität ($\sigma^2 = 0$) betrachtet. Da einzelne Zeitreihen für den Vergleich nicht sehr aussagekräftig sind, wurden die Spannweite zwischen maximaler und minimaler Populationsgröße und die Extinktionswahrscheinlichkeiten betrachtet. Zusätzlich wurde die realisierte Verteilung der Wachstumsrate λ mit der eingesetzten Verteilungsfunktion verglichen.

Die realisierten Varianzen σ^2 sind etwas höher als die Parameterwerte für die Varianz σ^2 der Wachstumsrate, die Mittelwerte der Wachstumsraten bewegen sich sehr nahe bei 1 (Abbildung 34). Die Spannweite der Populationsgrößen nimmt drastisch mit der eingesetzten Varianz zu (Tabelle 16), die Überlebenswahrscheinlichkeiten nehmen ab.

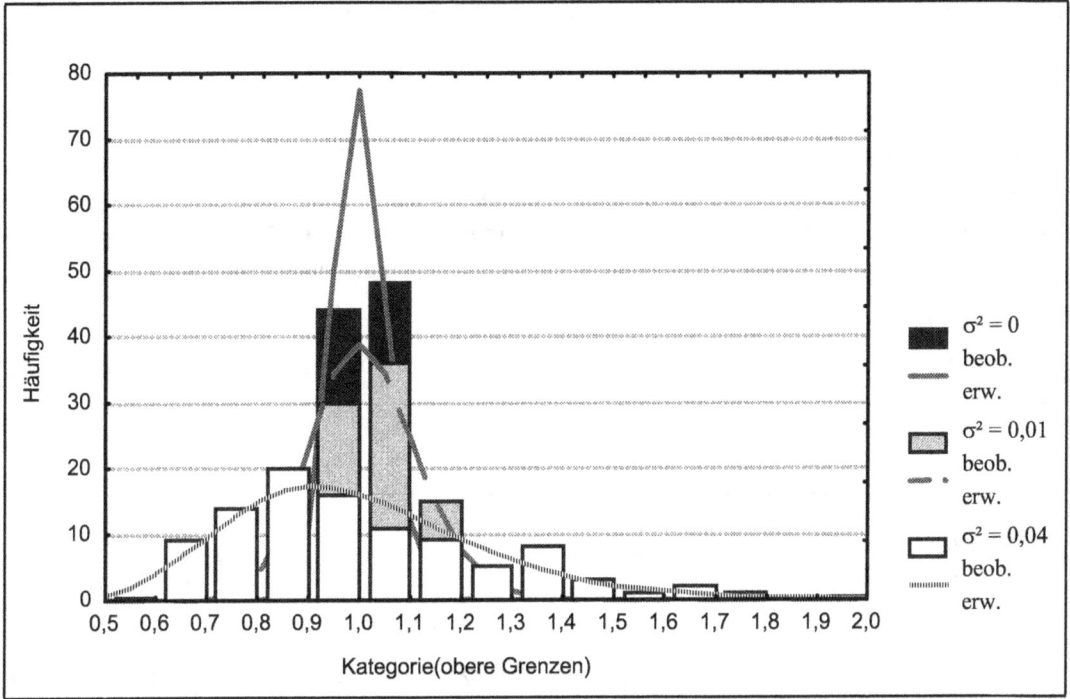

Abbildung 34: Verteilung der realisierten Wachstumsrate bei drei verschiedenen Parameterwerten für Varianz σ^2.

Tabelle 16: Realisierte Wachstumsraten, deren Varianzen, Minima und Maxima der Populationsgröße nach 100 Jahren sowie Überlebenswahrscheinlichkeiten nach 25, 50 und 100 Jahren für eine Population im Random Walk bei verschiedenen Werten für den Parameter σ^2 mit Start bei 960 Individuen, je 1000 Replikate.

σ^2	mittl. λ	Varianz	Populationsgröße N		Überlebenswahrscheinlichkeit nach		
			Min	Max	25 J.	50 J.	100 J.
0	1,00	0,003	28	3588	1	1	1
0,01	1,01	0,011	0	16416	1	1	0,968
0,0225	0,99	0,049	0	23402	1	0,996	0,887
0,04	1,00	0,065	0	127284	1	0,970	0,746

Dieses Experiment zeigt, daß im Random Walk schon geringe zusätzliche Stochastizität erhebliche Auswirkungen auf die Fluktuation der Populationsgröße hat. Der Vergleich der erwarteten und beobachteten Verteilung zeigt für alle drei Fälle gute Übereinstimmung, auch die mittleren Wachstumsraten verhalten sich wie erwartet. Auch dieser Test zeigt also die Korrektheit der technischen Umsetzung des Modells.

5.1.5 Unterschiedliche Arten von Umweltstochastizität

Nachdem nun gezeigt wurde, daß die Umweltstochastizität prinzipiell korrekt abgebildet wird, soll im folgenden unteruscht werden, welche Arten von Umweltstochastizität abgebildet werden können. Dabei gibt es ein weites Spektrum zwischen häufigen, schwachen Fluktuationen und seltenen Katastrophen, die um so gravierendere Folgen haben. Hier soll getestet werden, welche Arten von Umweltstochastizität durch das verwendete Modell abgebildet werden können und welche Parameterwerte dazu nötig sind

SHAFFER (1987) verwendet zur Unterscheidung der unterschiedlichen Typen von Stochastitzität die doppelt-logarithmische Auftragung der mittleren Überlebensdauer T_K gegen die Kapazität K (Abbildung 35).

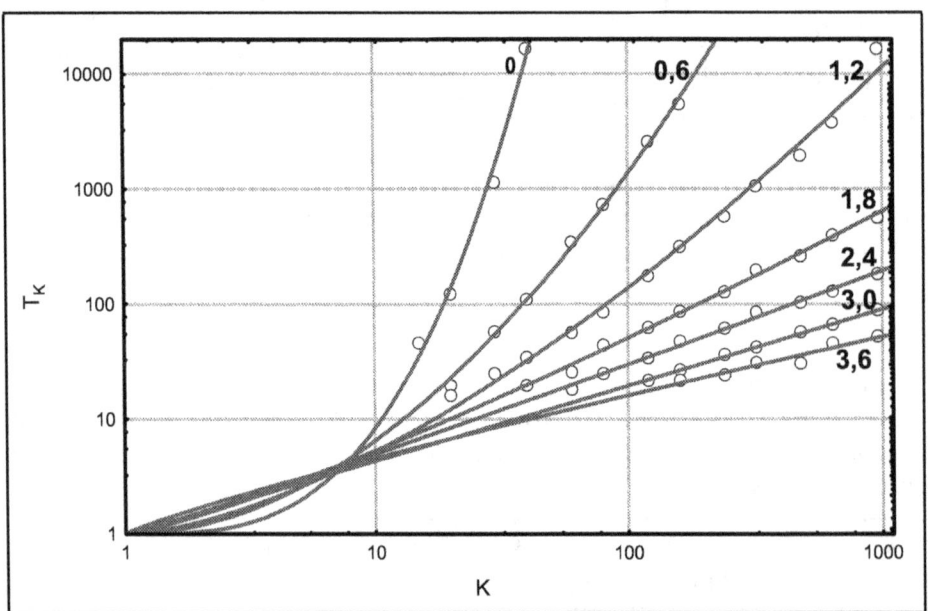

Abbildung 35: Zusammenhang zwischen T_K und K für verschiedene Varianzen σ^2 zur Abbildung verschiedener Arten von Umweltfluktuation. Modellparameter von *Oedipoda caerulescens*, Kaiserstuhl ($\lambda = 1{,}67$, $\beta = 1{,}86$). Kreise: Simulationsergebnisse; Linien: daran bestangepasste Funktion der Gleichung 15 a oder b, als freie Variable wurde σ_N^2 verwendet. Die Zahlen an den Kurven sind die jeweiligen Varianzen σ^2 der Wachstumsrate, die für die Simulationen verwendet wurden. Die Varianzen kleiner als 3,0 zeigen demographische Stochastizität, $\sigma^2 = 3{,}6$ zeigt Katastrophen.

Für demographische Stochastizität wird ein polynomieller Zusammenhang mit Exponenten größer 1, für Katastrophen ein logarithmischer Zusammenhang erwartet (WISSEL 1989). Aus den vom Simulationsprogramm errechneten Überlebenswahrscheinlichkeiten über 25 bzw. 100 Jahren und den eingesetzten Wachstumsraten λ kann nach WISSEL et al. (1995) die mittlere Überlebensdauer errechnet werden (Gleichung 15).

$$T_K = \frac{-\lambda}{\ln(p\ddot{U}_{(t)})} \quad [15]$$

Der Zusammenhang zwischen T_K und K hängt für zeitdiskrete Modelle wie dieses, bei denen die Korrelationszeit des Rauschens kleiner ist als die Zeitschritte des Modells (WISSEL 1989), von den verwendeten Modellparametern ab (Gleichungen 15 a - c).

$T_K = c*K^{\alpha-1}$ bei α > 1 [15a]

$T_K = c*\ln(K)$ bei α < 1 [15b]

mit $\alpha = 2\lambda/\sigma_N^2$ [15c]

Der Parameter σ_N^2 ist dabei die Varianz der Populationsgröße, nicht der Modellparameter σ^2, der die Varianz der Wachstumsrate wiedergibt. c ist eine Konstante.

Dieser Zusammenhang wird in Abbildung 35 gezeigt am Beispiel des Parametersatzes für *Oedipoda caerulescens* am Kaiserstuhl (λ = 1,67, β = 1,86) mit verschiedenen Werten für σ^2. Bei einer Varianz der Wachstumsrate von 3,0 ist der Exponent α = 1, bei weiter steigenden σ^2-Werten zeigt die Population Katastrophen-Stochastizität.

Mit dem verwendeten Modell lassen sich also verschiedene Arten von Umweltstochastizität abbilden, je nach Wahl der Varianz σ^2. Dies ermöglicht, in Kombination mit der Realisierung verschiedener Arten von deterministischer Dynamik, eine Vielzahl von Parameterkombinationen, die fast jeder Art von Populationsdynamik gerecht werden können. Das verwendete Modell zu Populationsdynamik ist also sehr gut geeignet, die Populationsdynamik einer Vielzahl von Arten nachzubilden.

5.1.6 Random Walk mit Emigration in den Tod

Ab hier wird neben dem Modell zur Populationsdynamik auch die Migrations betrachtet. Zunächst konzentriere ich mich auf den einfachsten Fall: Individuen emigrieren, finden aber keinen anderen Patch und sterben. Diese Emigration muß die gleichen Folgen haben wie zusätzliche Mortalität, daher kann sie gegen ein Szenario mit entsprechend erhöhter Mortalität oder verringerter Fertilität getestet werden. Das einfachste Szenario der Populationsdynamik ist der Random Walk (λ = 1, β = 0, Abschnitt 5.1.1). Verringerte Fertilität (λ = 0,95) wird in Abschnitt 5.1.2 getestet. Die Ergebnisse eines Random Walk mit 5% Emigration (p_m = 0,05) sollten also denen mit λ = 0,95 entsprechen.

In Abbildung 36 sieht man, daß der Verlauf von zwei Zeitreihen mit $p_m = 0{,}05$ dem Verlauf einer Zeitreihe mit $\lambda = 0{,}95$ (Abschnitt 5.1.2) und einer exponentiellen Abname mit Exponent 0,95 entspricht. Die Habitatkapazität war in allen Fällen 960 Individuen.

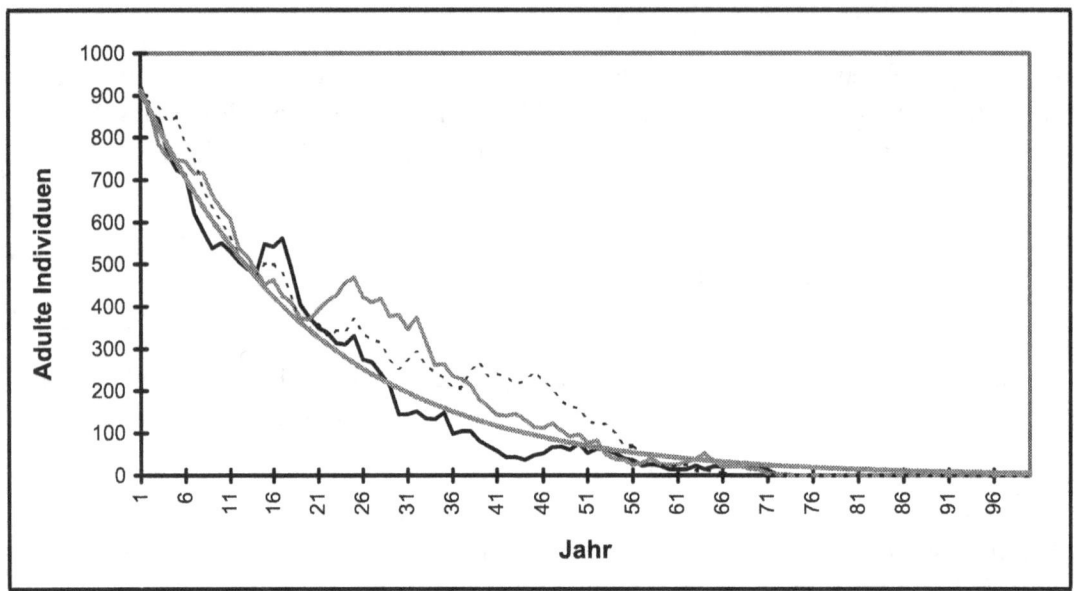

Abbildung 36: Verlauf von zwei Zeitreihen im Random Walk ($\lambda = 1$, $\beta = 0$, $\sigma^2 = 0$) mit Emigrationsrate $p_m = 5\%$, Ankunftswahrscheinlichkeit 0%, Kapazität $K = 960$ (dünn, durchgezogen). Zum Vergleich dargestellt ist eine Zeitreihe mit $\lambda = 0{,}95$ (gestrichelt) und die erwartete exponentielle Abnahme mit Exponent 0,95 (dick, grau).

Reine Emigration ohne Ankunft der Migranten in einem Patch entspricht also zusätzlicher Mortalität um einen entsprechenden Prozentsatz. Diese Mortalität ist dichteunabhängig, da die Emigrationsrate dichteunabhängig ist. Auch dieser Prozess wird also korrekt wiedergegeben. Die Folgen, die diese migrationsabhängige Mortalität hat, werden in den Abschnitten 4.1.2 und 7 diskutiert

5.1.7 Chaos im logistischen Wachstum und Emigration in den Tod

Mit den Parameterwerten $\lambda = 5$ und $\beta = 4$ zeigt das logistische Wachstum chaotisches Verhalten. Regelmäßige Störungen durch Immigration oder Emigration kann solche chaotische Systeme regulieren und damit ihre Überlebenswahrscheinlichkeit erhöhen (SHINBROT et al. 1993). Hier soll überprüft werden, ob auch dieser Effekt durch das Modell reproduziert werden kann. Zum Test wurden dafür vier Populationen mit den Kapazitäten 40, 60, 80 und 120 Individuen verwendet, die ohne Emigration Überlebenswahrscheinlichkeiten von 4, 35, 70 und 98% haben (Tabelle 17). Mit zunehmender Emigrationsrate steigt die Überlebenswahrscheinlichkeit an und erreicht bei 60% Emigration sogar für die kleinste Population (K = 40) fast 90% Überlebenswahrscheinlichkeit (Abbildung 37). Diese optimale Emigrationsrate ergibt eine Ableitung $f_{(K)}$' von exakt -1, dem Wert, an dem die gedämpften Schwingungen in zyklisches Verhalten übergehen. Eine weitere Erhöhung der Emigrationsrate führt durch Verringerung der realisierten Wachstumsraten wieder zur Verschlechterung der Überlebenswahrscheinlichkeiten.

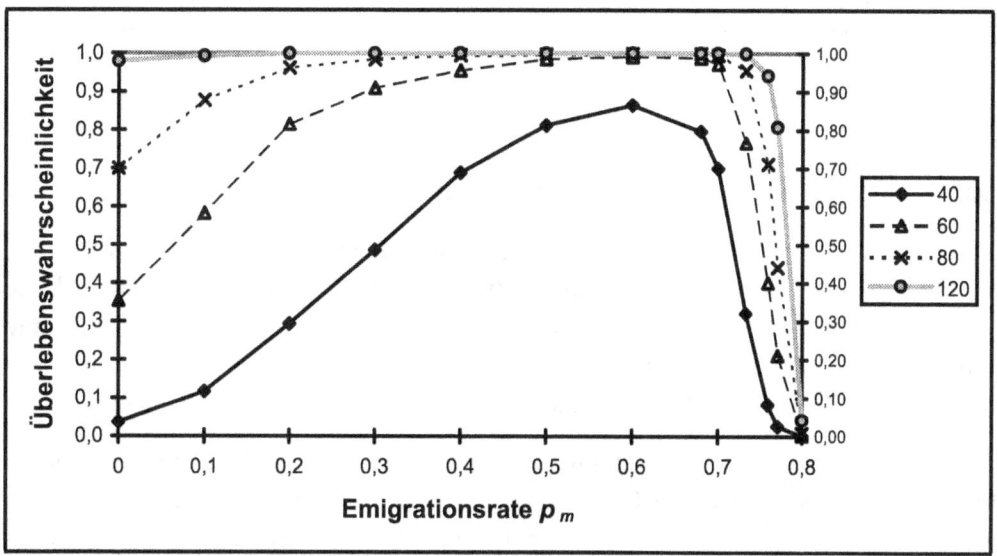

Abbildung 37: Überlebenswahrscheinlichkeiten nach 100 Jahren für verschieden große isolierte Populationen (K in der Legende) bei unterschiedlichen Emigrationsraten. Modellparameter Populationsdynamik $\lambda = 5$, $\beta = 4$, $\sigma^2 = 0$, gemittelt über 2000 Replikate je Parametersatz. Daten aus Tabelle 17.

Der hier reproduzierte Effekt zeigt, daß Emigration an sich, selbst wenn die Migranten keine Zielpopulation finden, sowohl stabilisierend als auch destabilisierend auf eine Population wirken kann, abhängig von der in ihr wirkenden Dynamik. In diesem Beispiel liegt die für die Population optimale Emigrationsrate bei 60%, wo eine stabile Populationsdynamik erzielt wird. In den meisten Fällen in der Praxis wird jedoch im logistischen Wachstum keine chaotische Dynamik erreicht, der Betrag von $f_{(K)}$' übersteigt nur selten die 1. Daher hat dieser Effekt in der Praxis nur wenig Bedeutung, weitaus häufiger ist der Fall, daß schon geringe Emigrationsraten zu einer deutlichen Verringerung der Überlebenswahrscheinlichkeit führen.

Tabelle 17: Überlebenswahrscheinlichkeiten von isolierten Populationen bei verschiedenen Kapazitäten (Zeilen) und verschiedenen Emigrationsraten (Spalten). Aufgeführt sind auch die nach der Emigration resultierende Wachstumsrate λ (real) und die Steigung c bei K, die sich damit im logistischen Wachstum ergibt. Modellparameter Populationsdynamik: λ = 5, β = 4, σ^2 = 0, gemittelt über 2000 Replikate je Parametersatz.

	0	0,1	0,2	0,3	0,4	0,5	0,6	0,68	0,7	0,73	0,76	0,77	0,8
λ (real)	5	4,5	4	3,5	3	2,5	2	1,6	1,5	1,33	1,2	1,14	1
c	-2,20	-2,11	-2,00	-1,86	-1,67	-1,40	-1,00	-0,50	-0,33	0,00	0,33	0,50	1,00
40	0,04	0,12	0,29	0,49	0,69	0,81	0,87	0,80	0,70	0,32	0,09	0,03	0,00
60	0,35	0,58	0,81	0,91	0,96	0,99	0,99	0,99	0,97	0,77	0,40	0,21	0,00
80	0,70	0,88	0,96	0,98	1,00	1,00	1,00	1,00	1,00	0,96	0,71	0,44	0,01
120	0,98	0,99	1,00	1,00	1,00	1,00	1,00	1,00	1,00	1,00	0,94	0,81	0,04

5.1.8 Chaotisches logistisches Wachstum in einer 2-Patch-Metapopulation, Migration mit garantierter Ankunft

Da das hier dargestellte Simulationswerkzeug nicht Einzelpopulationen, sondern aus mehreren Populationen bestehende Strukturen untersuchen und bewerten soll, muß auch die korrekte Abbildung des Individuenaustauschs untersucht werden. Die permanente Protokollierung der ankommenden und emigrierenden Individuen ermöglicht hier weitgehende Kontrolle, ihre Ergebnisse sollen nicht im einzelnen dargestellt werden.

Stattdessen möchte ich wieder auf einige bekannte Phänomene fokussieren und deren korrekte Abbildung und Bedeutung für die Simulationsanwendung untersuchen. Zunächst soll betrachtet werden, wie zwei voneinander unabhängige Populationen reagieren, wenn zwischen ihnen der Individuenaustauch steigt.

In einem Komplex aus mehreren Populationen, die untereinander Individuen austauschen, verschmelzen die Subpopulationen bei genügend intensiver Migration zu einer einzigen Gesamtpopulation. Dann zeigt die Gesamtpopulation Überlebenswahrscheinlichkeiten und Allelpersistenzen wie eine Population, die so groß ist wie die Summe aller Einzelpopulationen. Ohne Migration und ohne korrelierte Umweltstochastizität dagegen sollten sich die Extinktionswahrscheinlichkeiten der Einzelpopulationen zur Extinktionswahrscheinlichkeit der Gesamtpopulation multiplizieren. Bei den Allelzahlen wird erwartet, daß mit stärkerer Korrelation die Einzelpopulationen genausoviel Allele besitzen wie die Gesamtpopulation und wie eine panmiktische Population, die gleich groß ist wie die Summe aller Einzelpopulationen. Ein Parametersatz, der sich für diesen Test eignet, darf auch für mittelgroße Populationen ein sicheres Überleben nicht gewährleisten. Gewählt wird für diesen Test λ = 5 und β = 4 in einer Zwei-Patch-Metapopulation mit 60

Individuen Kapazität pro Teilpopulation. Dort liegt nach den Vorergebnissen (Tabelle 17) die Überlebenswahrscheinlichkeit einer isolierten Teilpopulation bei 35%, die einer Population mit 120 Individuen Kapazität bei 98%. Bei Isolation sollte dieses System also eine Überlebenswahrscheinlichkeit von etwa 57% haben, bei völliger Verbindung 98%. Die Allelzahlen nach 100 Jahren liegen bei isolierten Populationen mit einer Kapazität von 60 Individuen bei 1,26 Allelen, bei einer Kapazität von 120 Individuen bei 2,10 Allelen. Bei völliger Trennung würde man also für jede Einzelpopulation 1,26 Allele nach 100 Jahren erwarten, bei genügender Durchmischung 2,10 Allele.

Die Ergebnisse (Abbildung 38) zeigen, daß schon eine Migrationsrate von 1%, d.h. 1,2 erfolgreiche Migranten pro Generation, dazu ausreichen, für die Gesamtpopulation eine Überlebenswahrscheinlichkeit zu erreichen, wie sie für eine panmiktische Population zu erwarten wäre (Abbildung 38 links). Bei dieser Migrationsrate bleiben jedoch nur 1,7 Allele nach 100 Jahren erhalten, wesentlich weniger als bei tatsächlicher Panmixie (Abbildung 38 rechts). Für die Erhaltung der gesamten genetischen Information in einer echt panmiktischen Population wird eine Migrationsrate von etwa 7% benötigt, das entspricht etwa 8,4 erfolgreichen Migranten pro Generation.

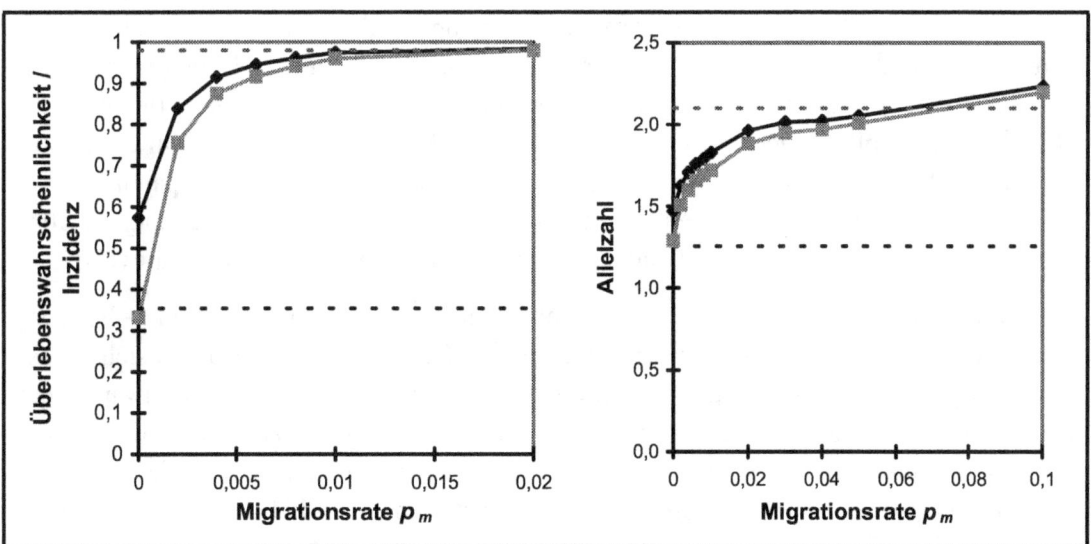

Abbildung 38: Entwicklung der Überlebenswahrscheinlichkeit bzw. Inzidenz (links) und der Allelzahl (rechts) in einer Metapopulation aus 2 Patches á 60 Individuen Kapazität bei Erhöhung der Migrationsrate. Die Rauten zeigen die Überlebenswahrscheinlichkeit bzw. Allelzahl der Gesamtpopulation, die Quadrate die mittlere Inzidenz bzw. mittlere Allelzahl der Einzelpopulationen an. Die gestrichelten Linien sind die Grenzen für die für eine Einzelpopulation erwarteten Ergebnisse bei völliger Isolation (unten) und bei völligem Zusammenschluß (oben).

Die hier vorgestellten Ergebnisse zeigen, daß bereits sehr wenig Migration zwischen zwei Populationen beide miteinander so stark verknüpfen kann, daß sie sich wie eine einzelne Gesamtpopulation verhalten, sowohl populationsdynamisch als auch genetisch. Vorsicht ist allerdings geboten, da bei dem hier vorgestellten Test weder Dispersalmortalität noch Umweltstochastizität berücksichtigt wurden. Zwar ist im Gesamtsystem keine Dispersalmortalität zu beobachten, aber die Einzelpopulation erfährt eine dichteunabhängige Abnahme der Individuenzahl, die wie Mortalität wirkt. Nach den Ergebnissen in Abschnitt 5.1.7 erhöhen 10% zusätzliche Mortalität die Überlebenswahrscheinlichkeit einer Population mit K = 60 immerhin von 35 auf 58% (Tabelle 17)! Die Immigranten, die ja aufgrund der unabhängigen Populationsdynamik asynchron eintreffen, tragen weiter dazu bei, die Populationsdynamik zu glätten. Dennoch ist die geringe Anzahl Migranten, die für einen Zusammenschluß der Populationen benötigt werden, überraschend.

5.1.9 2-Patch-Metapopulation mit garantierter Ankunft und Umweltstochastizität

Dieses Szenario verändert gegenüber Abschnitt 5.1.8 lediglich die Hinzunahme der Umweltstochastizität. Diese kann korreliert oder unkorreliert sein. Für eine isolierte Population bedeutet zusätzliche Umweltstochastizität eine Erniedrigung der Überlebenswahrscheinlichkeit und der Allelzahlen (Tabelle 18). Eine Erhöhung der Migrationsrate sollte wieder die Populationen verbinden. Allerdings wird nur bei korrelierter Umweltfluktuation eine Annäherung an das Verhalten einer panmiktischen Population erwartet, bei unkorrelierter Umweltfluktuation sollte die Gesamtpopulation deutlich höhere Überlebenswahrscheinlichkeiten und auch höhere Allelzahlen aufweisen.

Betrachtet werden die Überlebenswahrscheinlichkeiten der Gesamtpopulation (Abbildung 39) und die mittlere Allelzahl einer Einzelpopulation (Abbildung 40). Deutlich sichtbar ist, daß die optimale Migrationsrate für korrelierte und unkorrelierte Umweltschwankungen sowohl auf demographischer wie auf genetischer Ebene konstant bleibt. Die Überlebenswahrscheinlichkeiten, die bei dieser Migrationswahrscheinlichkeit erreicht werden, sind jedoch bei unkorrelierter Umweltfluktuation deutlich höher als bei korrelierter, die Allelzahlen ebenso.

Die hier präsentierten Ergebnisse zeigen, daß wie schon ohne Umweltstochastizität (Abschnitt 5.1.8) nur sehr wenige Migranten benötigt werden, um für zwei Patches mit K = 60 die Überlebenswahrscheinlichkeit und die Allelzahl eines großen Patches (K = 120) zu erreichen. Für die Überlebenswahrscheinlichkeit werden weniger als 1%, für die Allelzahl etwa 5% Emigrationsrate benötigt. Man sieht aber, daß höhere Migrationsraten

Überlebenswahrscheinlichkeiten und Allelzahlen noch weiter erhöhen können. Bei starker, unkorrelierter Umweltstochastizität kann eine Migrationsrate von 5% die Überlebenswahrscheinlichkeit einer 2-Patch-Metapopulation auf über 80% erhöhen (Vergleich: Gesamtpopulation mit K = 120: 28%), bei 20% Migrationsrate wird die Allelzahl von 1,54 auf 1,85 erhöht.

Tabelle 18: Überlebenswahrscheinlichkeiten (pÜ) und Allelzahlen (AZ) nach 100 Jahren für isolierte Populationen mit den Kapazitäten K = 60 und K = 120 bei unterschiedlichen Werten für σ^2. Modellparameter $\lambda = 5$, $\beta = 4$.

K	$\sigma^2 = 0$	$\sigma^2 = 0,25$	$\sigma^2 = 1$	$\sigma^2 = 4$
pÜ 60	0,35	0,25	0,14	0,02
pÜ 120	0,98	0,93	0,81	0,28
AZ 60	1,25	1,21	1,22	1,20
AZ 120	2,15	2,08	1,86	1,54

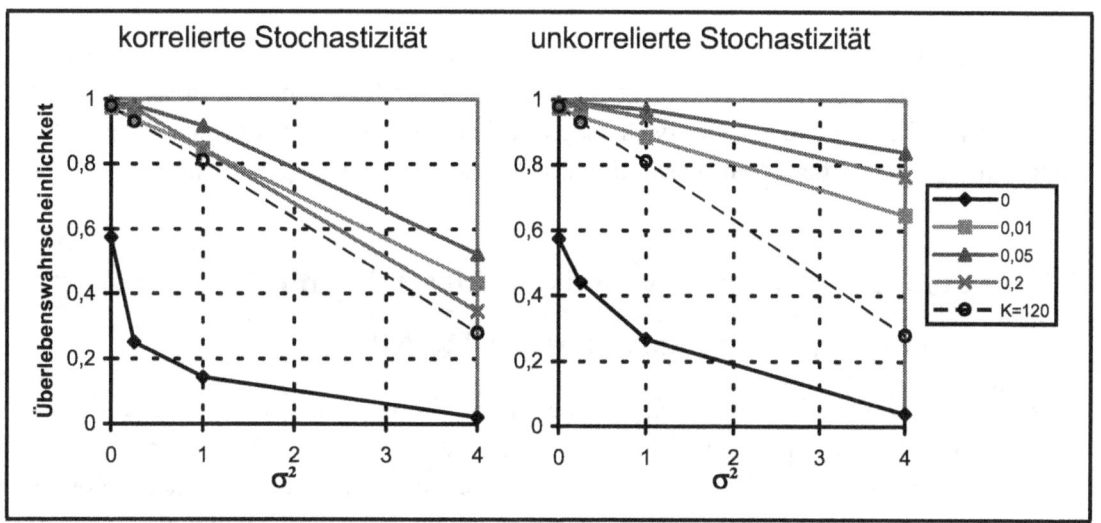

Abbildung 39: Überlebenswahrscheinlichkeiten über 100 Jahre für eine Metapopulation aus zwei Patches mit K = 60 bei verschiedenen Migrationswahrscheinlichkeiten und verschieden starker umweltbedingter Stochastizität. Die Werte für p_m siehe Legende. Zum Vergleich ist die Überlebenswahrscheinlichkeit einer isolierten Population mit K = 120 (offene Kreise) aufgetragen. Links korrelierte, rechts unkorrelierte Umweltstochastizität. Mittelwerte aus je 2000 Replikaten, Wachstumsrate $\lambda = 5$, Dichteabhängigkeit $\beta = 4$, kein Verlust bei der Migration.

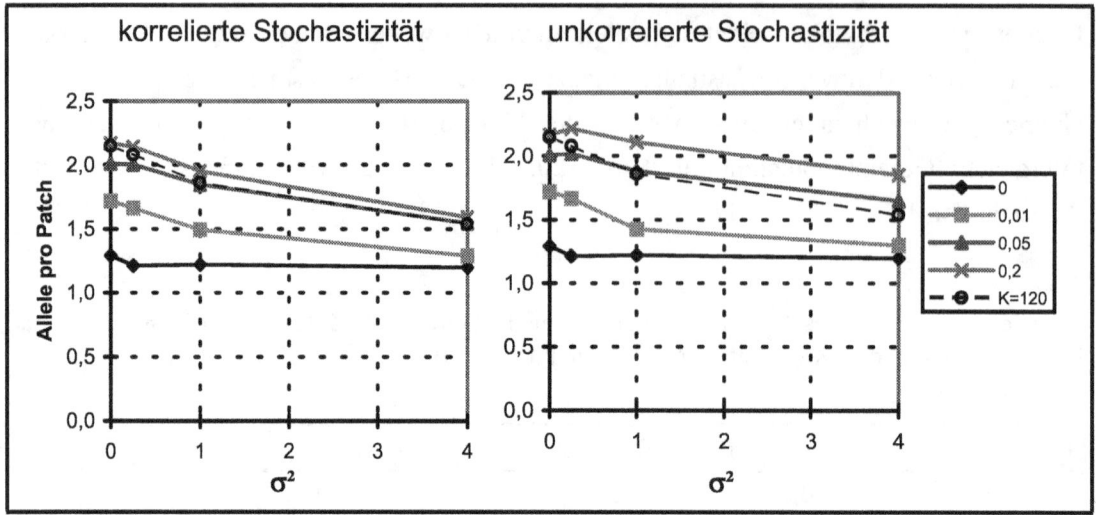

Abbildung 40: Mittlere Allelzahlen pro Patch nach 100 Jahren, abhängig von der umweltbedingten Stochastizität σ^2 und der Migrationsrate p_m. Werte für p_m siehe Legende.. Zum Vergleich eingezeichnet ist die Allelzahl einer Population mit K = 120 (offene Kreise). Links korrelierte, rechts unkorrelierte Umweltstochastizität. Zwei Patches à K = 60, kein Verlust bei der Migration, $\lambda = 5$, $\beta = 4$. Mittelwerte aus je 2000 Simulationen.

Dies zeigt, daß Migration zwischen zwei Patches nicht nur die Patches synchronisieren und zu einer Gesamtpopulation machen kann, sondern unter bestimmten Bedingungen eine deutliche Erhöhung der Überlebenswahrscheinlichkeit zur Folge hat. Besonders bei hoher, unkorrelierter Stochastizität wirkt sich hier das „Spreading of Risk" positiv aus.

5.1.10 Stabile Populationsdynamik in einer 2-Patch-Metapopulation mit Migration anhand des vollständigen Modells

Dieses Szenario zum Test des vollständigen Migrationsmodells basiert auf einer sehr stabilen Populationsdynamik ohne Einfluß von Umweltstochastizität (Parameter: $\lambda = 2$, $\beta = 2$, $\sigma^2 = 0$). Daher werden kleinere Patches (K = 20) verwendet, um einen optimalen Kontrast zwischen Isolation und Verbund zu erreichen. Eine isolierte Population mit einer Habitatkapazität von 20 Individuen überlebt bei den gewählten Parametern ohne Emigration mit 63% Wahrscheinlichkeit 100 Jahre, danach hat sie aber von ursprünglich 10 alle Allele bis auf durchschnittlich 1,09 verloren. Eine doppelt so große Population überlebt 100 Jahre mit 100%iger Wahrscheinlichkeit und behält 1,65 ihrer Allele. Im Gegensatz zu zyklischer Populationsdynamik (Abschnitt 5.1.7) sinkt hier die Überlebenswahrscheinlichkeit mit steigender Emigrationsrate, wenn keine Migranten ankommen (Abbildung 41).

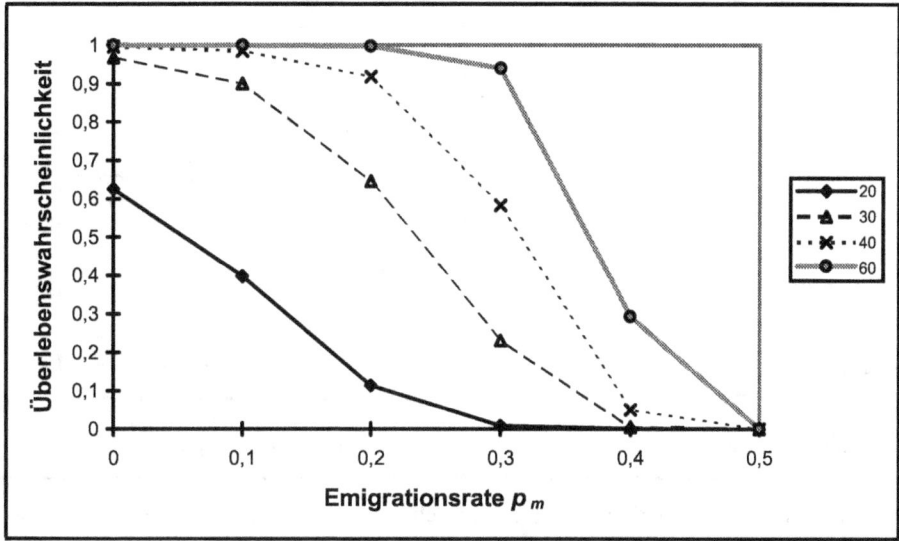

Abbildung 41: Überlebenswahrscheinlichkeiten nach 100 Jahren für verschieden große isolierte Populationen (K in der Legende) bei unterschiedlichen Emigrationsraten. Modellparameter Populationsdynamik $\lambda = 2$, $\beta = 2$, $\sigma^2 = 0$, gemittelt über 2000 Replikate je Parametersatz.

Bei diesem Szenario werden 7,7 Migranten pro Jahr (Migrationsrate p_m = 20%) benötigt, um eine Überlebenswahrscheinlichkeit zu erreichen, die in etwa einer panmiktischen Population gleichkommt (Abbildung 42 links). Die vollständige Erhaltung der genetischen Information wie in einer panmiktischen Population ist selbst bei 50% Individuenaustausch nicht möglich (Abbildung 42 rechts). Dies beruht darauf, daß sich die Migranten schon im Quellpatch paaren, so daß sie selbst nicht mehr an der Vermischung des Genpools teilnehmen, sondern erst ihre Nachkommen. Die transportierten Gene treffen sozusagen immer eine Generation später im Genpool ein. Bei kleinen Populationen und geringen Wachstumsraten kann das dazu führen, daß trotz Immigration transportierte und einheimische Gene aussterben, noch bevor es zu einer Durchmischung kommt.

Für den Test des vollständigen Migrationsmodells wurde wie oben eine Kombination aus Patchkapazität und Migrationsrate verwendet, die bei Isolation fast Extinktion und bei völliger Verbindung fast sicheres Überleben bedeutet. Als geeignete Kombination wählte ich zur Kapazität von 20 Individuen pro Patch eine Migrationsrate von 20%. Bei vollständiger Isolation beträgt die erwartete Überlebenswahrscheinlichkeit 11,4%, die erwartete Allelzahl 1,03. Bei idealem Individuenaustausch erwarte ich eine Überlebenswahrscheinlichkeit von 99,6% und durchschnittlich 1,65 Allele. Die Parameter m und d für das Migrationsmodell wurden so gewählt, daß bei niedrigen Werten (jeweils 0,1 km) keine Ankunft von Migranten beim 1 km entfernten Nachbarpatch zu erwarten war. Beim höchsten Wert für d (5 km) stößt das Migrationsmodell an die Grenze, wo alle Emigranten den jeweils anderen Patch erreichen.

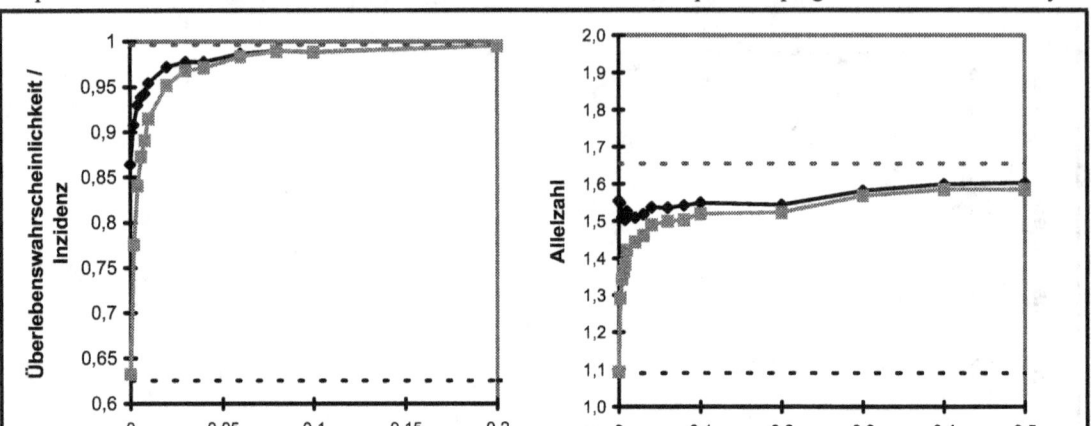

Abbildung 42: Entwicklung der Überlebenswahrscheinlichkeit bzw. Inzidenz (links) und der Allelzahl (rechts) in einer Metapopulation aus 2 Patches á 20 Individuen Kapazität bei Erhöhung der Migrationsrate. Die Rauten zeigen die Überlebenswahrscheinlichkeit bzw. Allelzahl der Gesamtpopulation, die Quadrate die mittlere Inzidenz bzw. mittlere Allelzahl der Einzelpopulationen an. Die gestrichelten Linien sind die Grenzen für die für eine Einzelpopulation erwarteten Ergebnisse bei völliger Isolation (unten) und bei völligem Zusammenschluß (oben). Modellparameter Populationsdynamik $\lambda = 2$, $\beta = 2$, $\sigma^2 = 0$, gemittelt über 2000 Replikate je Parametersatz.

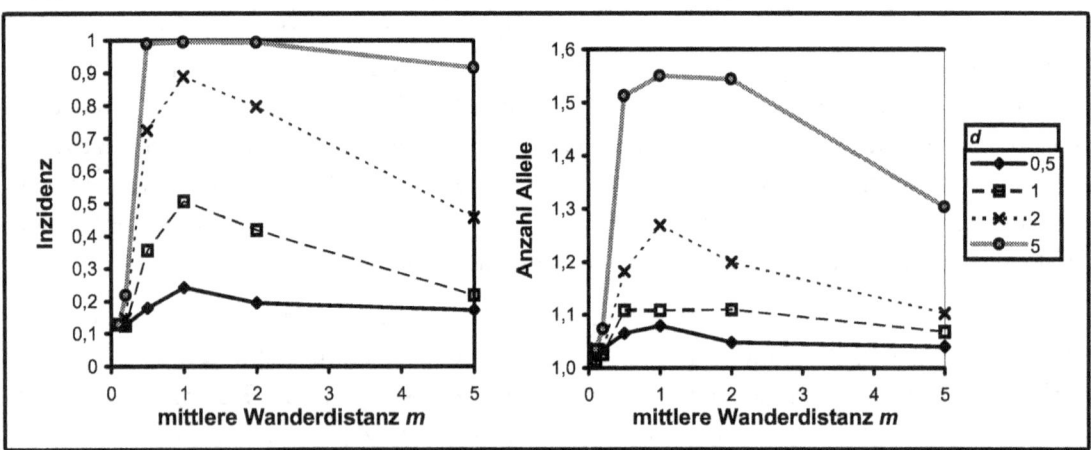

Abbildung 43: Inzidenz (links) und Allelzahl (rechts) der Einzelpopulationen in einer Metapopulation aus 2 Patches á 20 Individuen Kapazität und einer Entfernung von 1 km bei Änderung des effektiven Flächendurchmessers d (Legende) und der mittleren Wanderdistanz m. Mittelwerte aus 2000 Replikaten, Simulationsdauer 100 Jahre. Parameter des Populationsdynamik-Modells: $\lambda = 2$, $\beta = 2$, $\sigma^2 = 0$, Emigrationsrate $p_m = 20\%$.

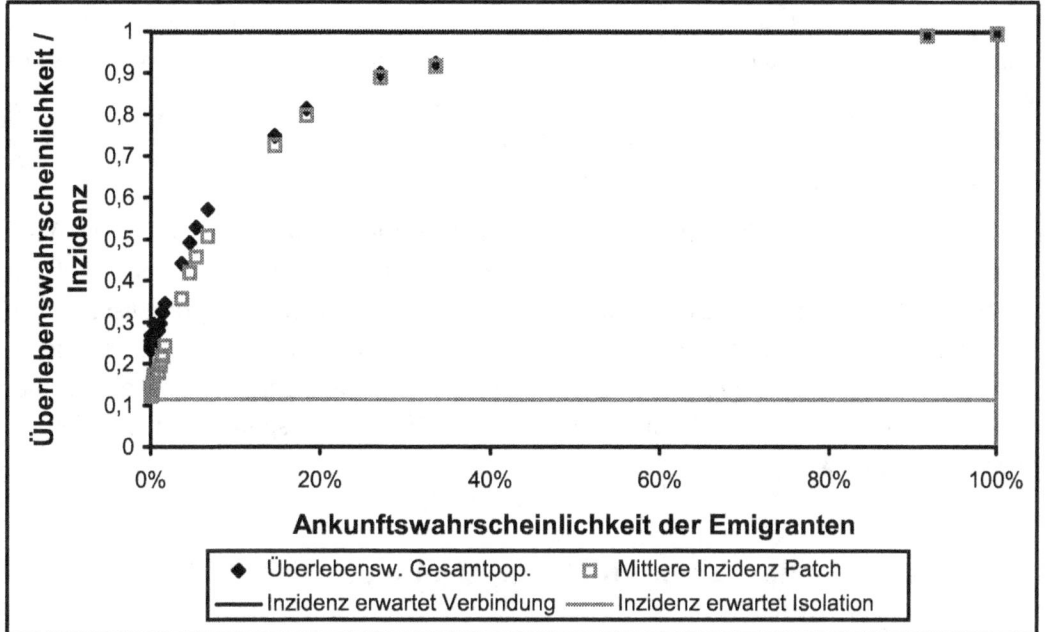

Abbildung 44: Überlebenswahrscheinlichkeit der Gesamtpopulation (gefüllte Rauten) und mittlere Inzidenz der Einzelpopulationen (offene Quadrate) in Abhängigkeit von der Wahrscheinlichkeit, mit der ein emigrierendes Individuum beim Nachbarpatch ankommt. Die waagrechten Linien sind die erwartete Inzidenz der Einzelpopulationen bei völliger Isolation (unten) und optimaler Verbindung (oben). Die Datenpunkte resultieren aus verschiedenen Kombinationen der Modellparameter m und d. Parameter: $\lambda = 2$, $\beta = 2$, $\sigma^2 = 0$, $p_m = 20\%$.

Wie erwartet sind Inzidenz und Allelzahl am größten, wenn die mittlere Migrationsdistanz der Entfernung zwischen den Patches entspricht und der effektive Flächendurchmesser maximal groß ist (Abbildung 43). Ist die mittlere Wanderdistanz zu klein, erreichen die Tiere den anderen Patch nicht, ist sie zu groß, wandern sie darüber hinaus.

Die Inzidenz und die Allelzahl werden aber weniger von der mittleren Wanderdistanz als vom effektiven Flächendurchmesser bestimmt. Die maximal zu erwartende Inzidenz von fast 100% wird nur bei effektiven Flächendurchmessern erreicht, die die Entfernung zwischen den Flächen weit übersteigen. Diese Parametersetzung ist allerdings biologisch völlig unplausibel, denn so ergibt sich ein riesengroßer Überlappungsbereich zwischen den beiden Patches. Sobald der effektive Flächendurchmesser d größer ist als die Distanz zwischen Quell- und Zielpatch, überlappen beide Patches, ist er mehr als doppelt so groß, befindet sich das Individuum beim Abflug bereits im Ziel. Das Migrationsmodell verbietet jedoch solche Parametersetzungen aus gutem Grund nicht, denn es ist durchaus biologisch sinnvoll, daß ein Individuum beschließt, zu wandern, und sich, noch bevor es die

Ursprungsfläche verläßt, zu seinem Zielgebiet hin orientiert. Das impliziert, daß der Einzugsbereich des Zielgebiets in das Ursprungsgebiet hineinragt. Auf diese Weise ist es auch möglich, daß emigrierende Individuen unabhängig von ihrer ursprünglichen Migrationsrichtung vom Nachbarpatch angezogen werden. Ein Beispiel für solches Verhalten bietet der Apollofalter *P. apollo* (Abschnitt 4.2.1.3).

Die erreichte Inzidenz im Zwei-Patch-System ist jedoch nicht von der tatsächlichen Wahl der Parameter abhängig, sondern nur von der erreichten Ankunftswahrscheinlichkeit (Abbildung 44). In einem System aus nur zwei Patches und konstanter Emigrationsrate kann es auch nicht anders sein, denn jeder Immigrant im dem einem Patch muß aus dem anderen Patch kommen. Aus welchem Grund und auf welchem Weg, spielt dabei keine Rolle. Daher ist es entscheidend, das Migrationsmodell auch an größeren Metapopulationen auf seine Verwendbarkeit zu testen.

5.1.11 Quadratisches Gitter von 3 auf 3 Patches mit stabiler Populationsdynamik.

Der Test des Migrationsmodells wurde mit den gleichen Parameterkombinationen für eine größere Metapopulation fortgesetzt. Die Metapopulation umfasst insgesamt 9 Patches, die auf einem quadratischen Gitter mit Distanz 1 km angeordnet sind. Die einzelnen Populationen sind mit einer Habitatkapazität von 10 extrem klein und isoliert kaum lebensfähig (Überlebenswahrscheinlichkeit bei p_m = 20%: über 25 Jahre 6,8%, über 100 Jahre 0%). Eine optimal verbundene Gesamtpopulation mit 90 Individuen Kapazität dagegen hat selbst mit 20% Verlust durch Emigration eine Überlebenswahrscheinlichkeit von 100% über 100 Jahre. Bei völliger Panmixie sollten ca. 2,5 der ursprünglich 10 Allele erhalten bleiben.

Überprüft wurde die Ankunftswahrscheinlichkeit und die Mortalität in Abhängigkeit von den gewählten Parametern des Modells, die Symmetrie (symmetrisch angeordnete Patches sollten sich gleich verhalten), Randeffekte (am Rand gelegene Populationen sollten eine höhere Migrantensterblichkeit und eine geringere Inzidenz zeigen) und der Übergang von einer Stepping-Stone-Situation hin zu identischer Erreichbarkeit aller Patches.

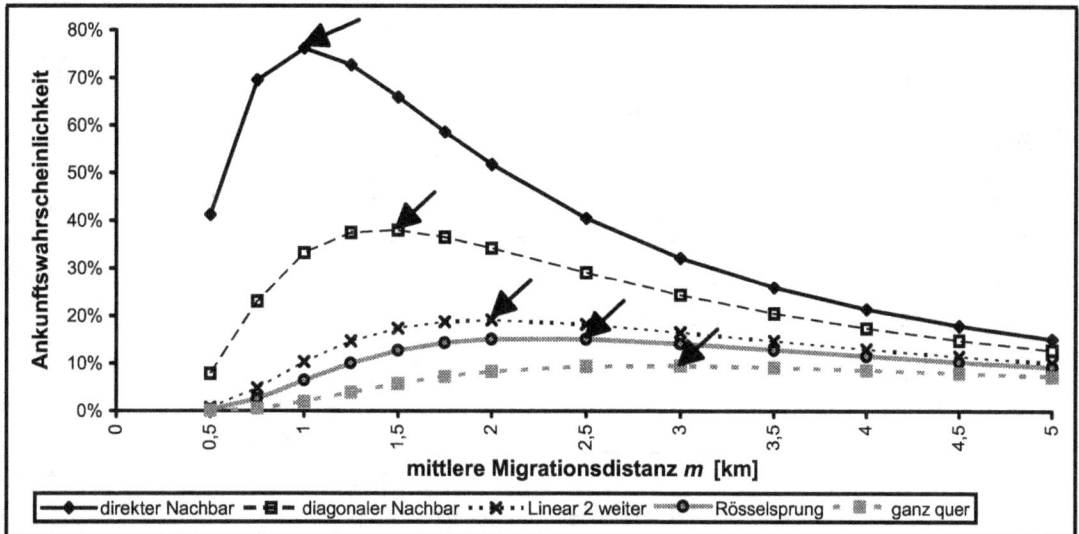

Abbildung 45: Ankunftswahrscheinlichkeit für verschieden angeordnete Patchpaare in einem quadratischen Gitter abhängig von der mittleren Migrationsdistanz m. Effektiver Flächendurchmesser d = 1,5 km, Entfernung zwischen zwei direkt benachbarten Patches = 1 km. Die Pfeile zeigen die für die jeweilige Anordnung optimale Migrationsdistanz.

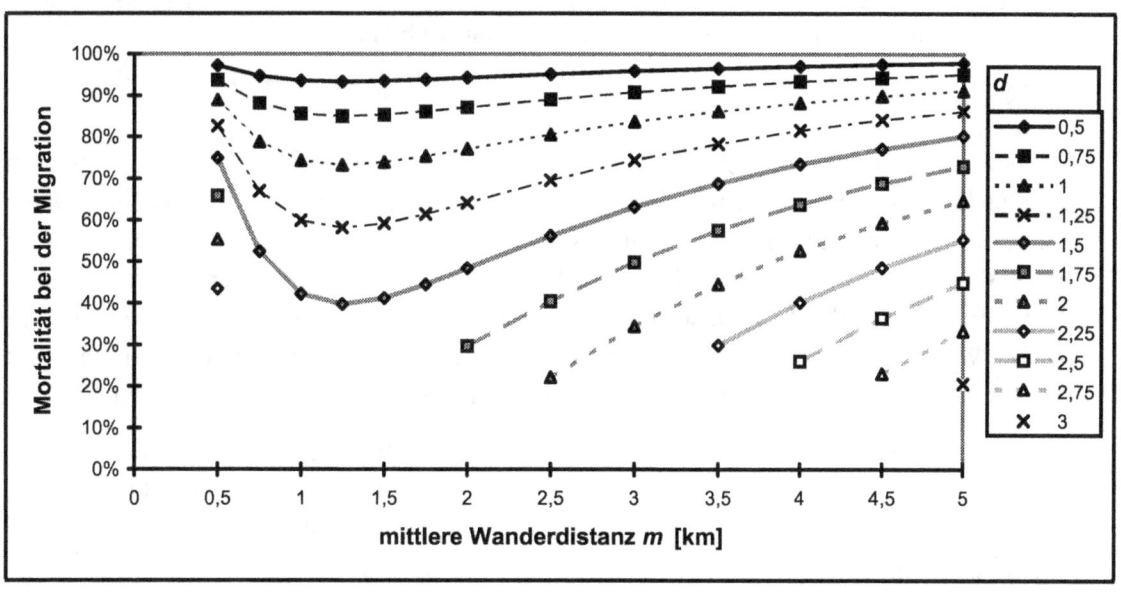

Abbildung 46: Mortalität bei der Migration, resultierend aus Kombinationen der Parameter m und d in einem quadratischen Gitter mit 3 x 3 Patches mit 1 km Entfernung zwischen direkt benachbarten Patches. Kombinationen mit niedrigem m und hohem d konnten nicht realisiert werden, da die Mortalität der aus der Zentralfläche emigrierenden Individuen sonst negative Werte angenommen hätte.

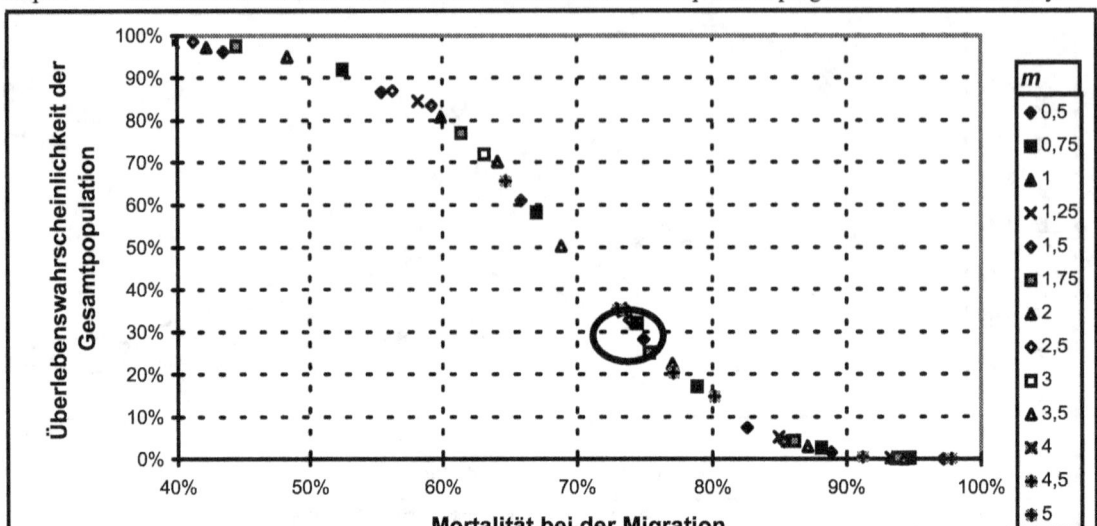

Abbildung 47: Überlebenswahrscheinlichkeit der Gesamtpopulation bei Simulationen des o.g. Szenarios mit verschiedenen Kombinationen der Parameter für das Migrationsmodell, aufgetragen gegen die Mortalität bei der Migration. Unterschiedliche mittlere Migrationsdistanzen m sind durch unterschiedliche Symbole gekennzeichnet (Legende). Simulationen über 100 Jahre, je 2000 Replikate. Parameter: $\lambda = 2$, $\beta = 2$, $\sigma^2 = 0$, $p_m = 0{,}2$. Die für die weitere Analyse verwendeten Parameterkombinationen liegen innerhalb der eingezeichneten Ellipse.

Mit steigender mittlerer Migrationsdistanz ergeben sich zunächst ansteigende, danach abfallende Ankunftswahrscheinlichkeiten (in Abbildung 45 für $d = 1{,}5$ km gezeigt). Dabei entspricht das Optimum der Migrationsdistanz der Entfernung zwischen den betrachteten Patches. Mit zunehmender Migrationsdistanz nehmen die Unterschiede in der Ankunftswahrscheinlichkeit ab, so daß eine homogenere Verteilung der Migranten erreicht wird. Wird die mittlere Migrationsdistanz allerdings sehr hoch, nimmt die Ankunftswahrscheinlichkeit stark ab, es resultiert eine erhöhte Mortalität (Abbildung 46).

Die Ergebnisse der Simulationen zeigen, daß die Überlebenswahrscheinlichkeit der Gesamtpopulation wie bei 2 Patches (Abschnitt 5.1.10) nur von der Mortalität bei der Migration abhängt und nicht von den Modellparametern für das Migrationsmodell (Abbildung 47).

Kap. 5 Modellierung räumlich stark strukturierter Insektenpopulationen.
Ein vereinfachter Ansatz im Rahmen der standardisierten Populationsprognose. Fehleranalyse

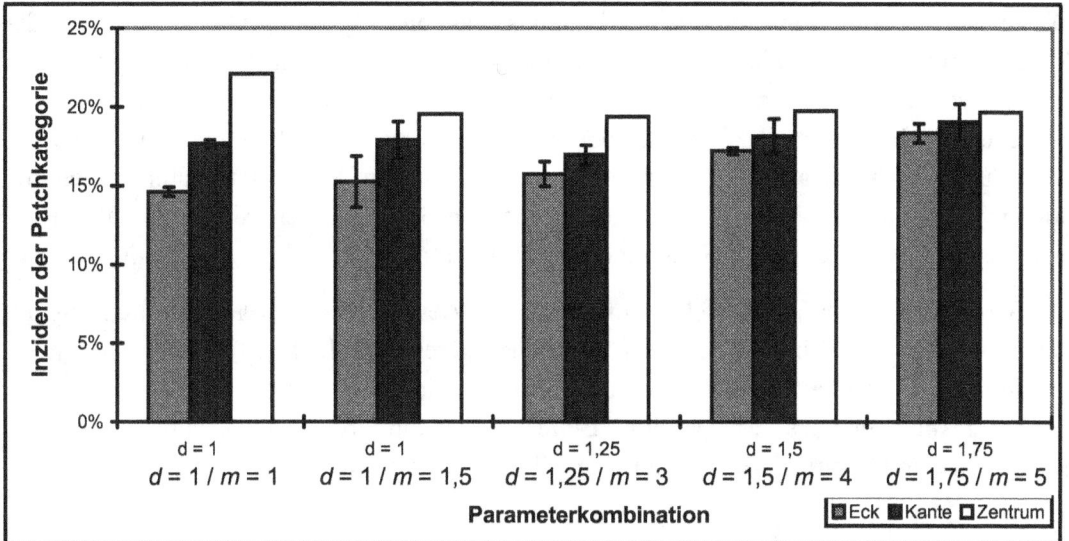

Abbildung 48: Inzidenzen unterschiedlich angeordneter Patches bei Kombinationen der Modellparameter m und d, die annähernd die gleiche migrationsbedingte Mortalität von 74% verursachen. Unterschieden werden die Patches, die an den Ecken des 3 x 3-Gitters liegen, diejenigen in der Mitte der Kanten und die Zentralpopulation. Die Fehlerbalken geben die Standardabweichung aus der Mittelung der jeweils vier Eck- und Kanten-Patches wieder. Simulationen über 100 Jahre, je 2000 Replikate. Parameter: $\lambda = 2$, $\beta = 2$, $\sigma^2 = 0$, $p_m = 0{,}2$.

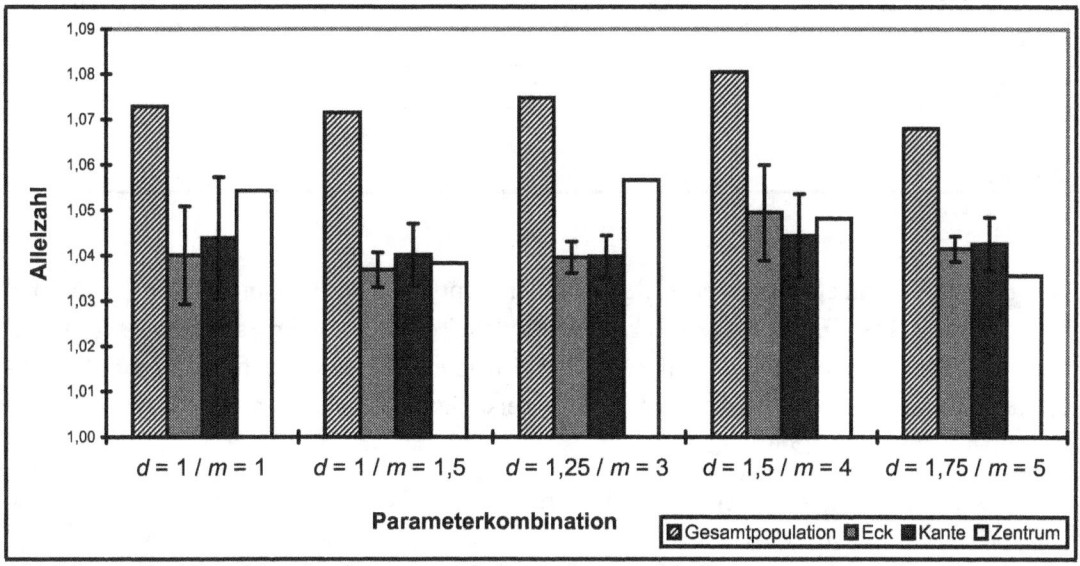

Abbildung 49: Allelzahlen der Gesamtpopulation und unterschiedlich angeordneter Einzelpatches im oben beschriebenen 3x3-Gitter. Vergleich von Kombinationen der Modellparameter m und d, die annähernd die gleiche migrationsbedingte Mortalität von 74% verursachen. Die Fehlerbalken geben die Standardabweichung aus der Mittelung der jeweils vier Eck- und Kanten-Patches wieder. Simulationen über 100 Jahre, je 2000 Replikate. Parameter: $\lambda = 2$, $\beta = 2$, $\sigma^2 = 0$, $p_m = 0{,}2$.

Die Inzidenzen der Lokalpopulationen allerdings sind abhängig von der konkreten Wahl der Modellparameter. Bei kleinen mittleren Migrationsdistanzen haben die Randpopulationen deutlich kleinere Inzidenzen als bei höheren Migrationsdistanzen, auch die Differenz zwischen den Inzidenzen der Randpopulationen und der der Zentralpopulation ist höher. In Abbildung 48 wird dies gezeigt durch den Vergleich von fünf Parameterkombinationen, die alle etwa 74% Mortalität bei der Migration erzeugen. Die mittleren Allelzahlen allerdings sind unabhängig von der gewählten Parameterkombination gleich niedrig (Abbildung 49).

Die Symmetrie und die Randeffekte wurden mittels Vierfeldertest (SACHS 1998) untersucht. Dabei wurden je zwei Inzidenzen auf Ungleichheit getestet (Tabelle 19). Für den Nachweis der Symmetrie wurden je zwei im Gesamtsystem gleich angeordnete Patches verglichen, dort wird Ablehnung des Tests erwartet. Beim Test der mittleren Inzidenzen der Kategorien Ecke, Kante und Zentrum wird Annahme des Tests erwartet, wenn ein Randeffekt existiert.

Tabelle 19: Ergebnisse der Vierfeldertests von Vergleichen der Inzidenzen bei insgesamt 46 verschiedenen Kombinationen der Modellparameter für das Migrationsmodell. Verglichen wurden je zwei Patches der gleichen geographischen Kategorie (Ecken / Ecken bzw. Kanten / Kanten) und die mittleren Inzidenzen der Kategorien (Ecken / Kanten, Ecken / Zentrum, Kanten / Zentrum). Simulationen über 100 Jahre, je 2000 Replikate. Parameter: $\lambda = 2$, $\beta = 2$, $\sigma^2 = 0$, $p_m = 0{,}2$, d und m variabel.

	Ecken / Ecken:	Kanten / Kanten:	Ecken / Kanten	Ecken / Zentrum	Kanten / Zentrum
n.s.	261	275	19	9	17
90%	7	1	1	1	2
95%	7	0	5	2	5
99%	1	0	21	34	22

Die Tests auf Symmetrie ergaben Ablehnung der Hypothese der Ungleichheit im erwarteten Maß. Bei den Tests Ecken gegen Ecken waren dabei deutlich mehr Patchpaare signifikant unterschiedlich als bei den Tests Kanten gegen Kanten. Unter Beachtung der Bonferroni-Korrektur sind jedoch insgesamt weder die Unterschiede zwischen Kantenpatches noch die zwischen Eckpatches signifikant.

Die Tests der Kategorien gegeneinander ergaben bei Ecken gegen Kanten und Kanten gegen Zentrum nur die Hälfte Annahme im 99%-Niveau, 19 bzw. 17 Tests von insgesamt 46 wurden abgelehnt. Die Ablehnungen waren verbunden mit Mortalitäten über 80% oder mittleren Migrationsdistanzen über 2,5 km.

Tabelle 20: X^2-Werte des Vierfeldertest beim Vergleich von Inzidenzen unterschiedlicher Patchkategorieen. Simulationen mit Parameterkombinationen, die ca. 74% migrationsbedingte Mortalität verursachen. Je 2000 Replikate auf 100 Jahre. Auf 99%-Niveau signifikante Werte sind mit ** markiert, 90% Signifikanz mit *.

m [km]	1	1,5	3	4	5
d [km]	1	1	1,25	1,5	1,75
Ecken / Kanten	13,86**	10,26**	2,20	1,27	0,64
Ecken / Zentrum	66,37**	22,03**	15,71**	7,14**	1,89
Kanten / Zentrum	20,73**	2,92*	6,67**	2,68	0,42

Die Symmetrie zwischen den Ecken ist nicht ganz so ausgeprägt wie zwischen den in der Mitte der Kanten gelegenen Patches, da die Ecken weiter voneinander entfernt sind als die Kanten, also auch weniger Migranten austauschen. Der Randeffekt kann nur dann nachgewiesen werden, wenn die Gesamtpopulation nicht zu niedrige Überlebenschancen hat. Bei gleichen Überlebenswahrscheinlichkeiten schwächt er sich mit zunehmender mittlerer Migrationsdistanz ab (Tabelle 20).

Der hier vorgestellte Test diente vor allem zur Untersuchung von Symmetrie- und Randeffekten im Migrationsmodell. Ein zusätzliches, ebenfalls erwartungsgemäßes Detail ergab sich aus dem Umstand, daß die Symmetrie zwischen Eckpatches (2 km voneinander entfernt), gemessen an der Anzahl auf 95% signifikant gleichen Inzidenzen nach 100 Jahren), etwas geringer war als bei Kantenpatches (1,4 km voneinander entfernt).

Ebenso wie bei einer Zwei-Patch-Metapopulation ist es für die Gesamtpopulation unerheblich, mit welchen Migrationsparametern eine bestimmte Mortalität bei der Migration realisiert wird. Unabhängig von der Setzung der Parameter ergibt sich zwischen Migrationsmortalität und Gesamtüberlebenswahrscheinlichkeit ein sigmoider Verlauf (Abbildung 47). Die Inzidenz einzelner Patchkategorien hängt aber bei gleicher Dispersalmortalität deutlich von den gewählten Parametern ab. Je geringer die mittlere Migrationsdistanz ist, desto stärker ist die Ungleichheit zwischen Patches unterschiedlicher Lage (Tabelle 20).

Eigentlich sollten die Parameter des Migrationsmodells auch einen Einfluß auf die Gesamtüberlebenswahrscheinlichkeit haben, denn auch sie hängt nicht nur von der Mortalität, sondern auch vom Gleichgewicht zwischen Kolonisations- und Extinktionswahrscheinlichkeit ab (MACARTHUR & WILSON 1967). Vermutlich ist aber das symmetrische 3-mal-3-Gitter noch zu gleichmäßig, um solchen Effekten einen entscheidenden Einfluß zu geben. Eine komplexere Situation mit ungleich großen und nicht symmetrisch angeordneten Patches sollte dies erlauben.

5.2 Sensitivitätsanalyse

Die Sensitivitätsanalyse soll feststellen, wie empfindlich das Simulationsmodell auf Änderungen in den Modellparametern reagiert. Nur mit diesem Wissen läßt sich bewerten, wie genau die Modellparameter bekannt sein müssen. Eine Sensitivitätsanalyse wird in der Regel durchgeführt, wenn ein Modell für einen praktischen Einsatz angepasst ist und untersucht werden soll, wie stark sich eventuelle Fehler in der Parameterschätzung auswirken.

Bei dem verwendeten Modell zur Populationsdynamik ist es dagegen möglich, eine Sensitivitätsanalyse über alle möglichen Kombinationen der drei Modellparameter λ, β und σ^2 durchzuführen. Sie soll im folgenden dargestellt werden. Die Sensitivität des Migrationsmodells hängt jedoch nicht nur von den drei Eingangsparametern des Migrationsmodells, sondern auch von der Anordnung der Patches ab. Das wird bereits bei der Betrachtung der 2-Patch und der 3-auf-3-Metapopulation deutlich. Eine Sensitivitätsanalyse kann in diesem Fall nur für jede praktische Anwendung separat durchgeführt werden.

Auf Basis der Sensitivitätsanalyse soll eine Bewertung der Parametersätze versucht werden. Ziel dieser Bewertung ist es, Parametersätze zu erkennen, die besonders anfällig für Fehler oder besonders unglaubwürdig sind. Als Kriterien werden nicht nur die Abweichung von durchschnittlichen Parametersätzen und die Sensitivität gegenüber Schätzfehlern verwendet, sondern auch der Vergleich mit Literaturdaten.

5.2.1 Sensitivität des Populationsdynamik-Modells

Die Sensitivität des populationsdynamischen Teilmodells konnte anhand der bisher aus Zeitreihen erhaltenen Parameterkombinationen (Anhang 3) untersucht werden. Zusätzlich wurden die Parameterkombinationen aus der Verifizierung (Abschnitt 5.1) und einige weitere genutzt. Die Untersuchung bezog sich auf die MVP (95% auf 25 und 100 Jahre), da diese ein sehr gutes Maß für die Gefährdung einer isolierten Population mit den entsprechenden Parametern ist und neben den Aussagen über konkrete Anwendungen die am ehesten in der Planungspraxis gefragte Angabe ist. Die Untersuchung erfolgte in der gleichen zweistufigen Reihenfolge wie die Gewinnung der Parameter. Zunächst wurde nur das logistische Wachstum untersucht, ohne umweltbedingte Stochastizität, dann der Einfluß der Umweltstochastizität.

Ohne Umweltstochastizität fand ich einen funktionellen Zusammenhang zwischen den Eingangsparametern λ und β sowie der resultierenden MVP. Dieser funktionelle Zusammenhang orientiert sich am dynamischen Verhalten des logistischen Wachstums, das je nach Parameterkombination schwingungslos, gedämpft, periodisch oder pseudochaotisch sein kann (Abschnitt 5.1.3, Gleichung 14). Dabei hängt die Dämpfung des Systems vom Betrag von $f_{(K)}'$, der Ableitung des logistischen Wachtums in K, ab.

Die Abhängigkeit zwischen $f_{(K)}'$ und der resultierenden MVP ist durch die Abhängigkeit der Dämpfung vom Betrag symmetrisch, die Dämpfung ist bei $f_{(K)}' = 0$ maximal, die MVP daher am kleinsten. Als einfachste Abhängigkeit nehme ich daher einen quadratischer Zusammenhang an (Gleichung 16).

$$MVP = MVP_0 + u * \left(f_{(K)}'\right)^2 = MVP_0 + u * \left(1 - \beta * \frac{\lambda - 1}{\lambda}\right)^2 \qquad [16]$$

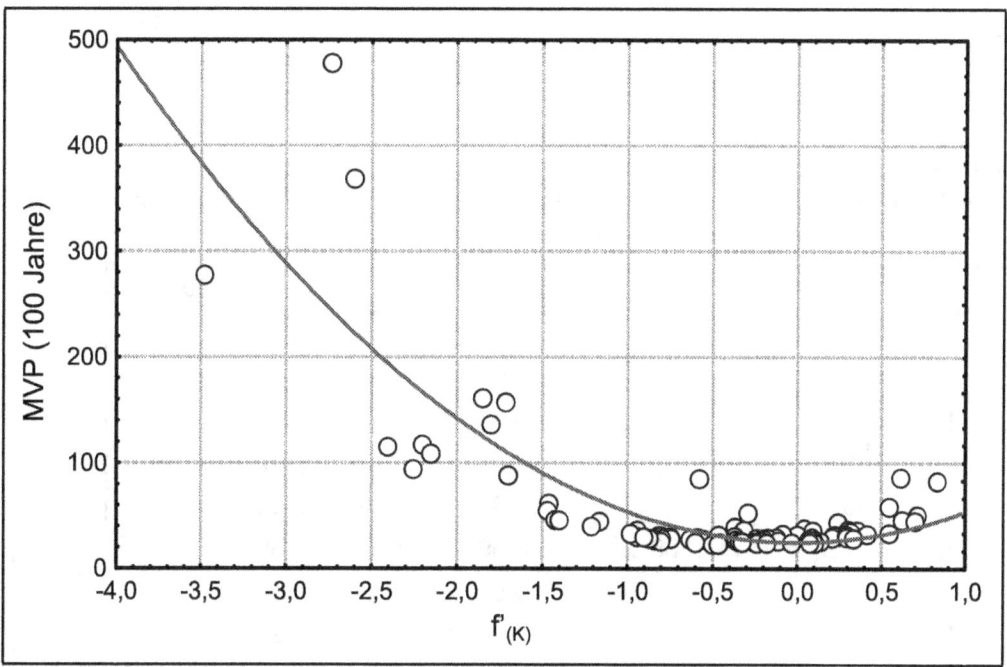

Abbildung 50: Abhängigkeit der MVP (95% Überlebenswahrscheinlichkeit über 100 Jahre) von $f_{(K)}'$, der Steigung des logistischen Wachstums bei der Habitatkapazität K. Anpassung der Gleichung 17 an 92 MVP-Werte aus Simulationen mit unterschiedlichen Parameterkombinationen von λ und β. Keine umweltbedingte Stochastizität und keine Emigration.

Der Parameter MVP_0 ist dabei der unterste Grenzwert für eine MVP, der selbst bei optimaler Regulation nicht unterschritten wird, er wird alleine durch demographische Stochastizität bedingt. Die Anpassung an 92 MVP-Werte für unterschiedlichste Kombinationen der Parameter λ und β (Abbildung 50 für 100 Jahre) ergab MVP_0-Werte von 18,31 für 25 Jahre Prognosehorizont und 24,70 für 100 Jahre Prognosehorizont. Der Parameter u zeigt an, wie stark die Kurve zu beiden Seiten der Symmetrieachse ansteigt, er beträgt für 25 Jahre 24,87 und für 100 Jahre 29,28. Mit diesen Parameterwerten erklärt der quadratische Zusammenhang über 25 Jahre 75% der MVP, über 100 Jahre 70%.

Im nächsten Schritt kann man die umweltbedingte Stochastizität betrachten. Dort fällt auf, daß die MVPs exponentiell sehr exakt und signifikant von σ^2 abhängen (Tabelle 21). Von 16 über den gesamten Parameterraum verstreuten Parametersätzen haben 11 für beide Prognosezeiträume der MVP Korrelationskoeffizienten von über 0,99, bei vier weiteren ist einer der beiden Korrelationskoeffizienten größer 0,99. Bei 13 der 16 Parametersätze ist die Korrelation in beiden Fällen signifikant. Daher kann man bei der Darstellung die Ergebnisse die Aufmerksamkeit auf die Steigung v, mit der der natürliche Logarithmus der MVP mit σ^2 ansteigt, fokussieren. Der Achsenabschnitt entspricht der MVP ohne umweltbedingte Stochastizität.

Tabelle 21: Parameterkombinationen, bei denen die exponentielle Korrelation zwischen MVP und σ^2 getestet wurde, mit der Anzahl simulierter Stützstellen (n) und den Korrelationskoeffizienten r^2. Auf dem 95%-Niveau signifikante Korrelationen sind mit * markiert.

λ	β	n	r^2 (MVP 25)	r^2 (MVP 100)
1,2	1	4	1 *	1 *
1,357	3,629	3	0,997 *	1 *
1,4	1	3	0,963	0,990
1,494	4,769	5	0,999 *	0,972 *
1,6	1	3	0,954	0,994
1,67	1,86	13 (25 J.) / 9 (100 J.)	0,998 *	0,999 *
1,928	4,029	4	0,998 *	0,998 *
2,24	1,05	11	0,997 *	0,999 *
2,464	2,465	6	0,991 *	0,997 *
2,79	2,09	10	0,980 *	0,986 *
5	2	4	0,988 *	1 *
5	3	4	1 *	0,999 *
5	4	4	0,997 *	1 *
13,49	1,429	4	0,995 *	0,995 *
15,45	1,416	9	0,992 *	0,994 *
34,1	0,951	4	0,894	0,670

Für die Steigung v wurde nun ebenfalls nach einer Abhängigkeit von den Modellparametern gesucht. Für β, aufgeschlüsselt nach λ, fand ich eine optimale lineare Abhängigkeit mit Steigung r, für λ war eine Potenzfunktion mit negativem Exponenten s die beste Anpassung. Kombiniert ergibt sich Gleichung 17, die sowohl für 25 als auch für 100 Jahre Prognosehorizont (Abbildung 51) bei geeigneter Parametrisierung ein Bestimmtheitsmaß von 98% erreicht.

$$v = \frac{v_0 + r * \beta}{\lambda^s} \qquad [17]$$

Der Parameter v_0 gibt die Steigung an, mit der ln(MVP) beim Random Walk ($\lambda = 1$, $\beta = 0$) mit der Umweltstochastizität ansteigt.

Die Sensitivität des Populationsdynamik-Modells läßt sich anhand der Abhängigkeiten der MVP von λ, β und σ^2 beurteilen. Ohne Umweltstochastizität ist die MVP stabil, solange zwischen λ und β ein Gleichgewicht besteht, das eine Rückkehr zur Habitatkapazität ohne Überkompensation ermöglicht. Dann ist die Populationsdynamik linear bis gedämpft oszillierend, die MVP niedrig. Ergeben sich aus λ und β zyklische oder chaotische Dynamiken, steigt die MVP rapide an. Dies ist der Fall, wenn beide Parameter gleichzeitig hohe Werte annehmen. Je höher λ ist, desto empfindlicher reagiert die MVP daher auf Änderungen in β und umgekehrt. Dies entspricht der Abhängigkeit der Überlebenswahrscheinlichkeit von λ und β, wie sie MAY & HASSELL (1976) darstellen (Auch: BELLOWS 1981). Die Abhängigkeit der MVP von der Umweltstochastizität zeigt sehr deutlich, daß eine Population mit niedrigem λ extrem empfindlich gegenüber Änderungen in σ^2 ist, und das um so stärker, je höher β ist. Je höher λ ist, desto weniger empfindlich reagiert die MVP auf Erhöhung der Umweltstochastizität.

In Abbildung 50 sieht man, daß sehr viele der untersuchten Parameterkombinationen sehr gute Dämpfung im logistischen Wachstum ($|f'_{(K)}| < 1$) und damit ohne Umweltstochastizität eine sehr niedrige MVP erreichen. Die meisten Parametersätze konzentrieren sich in einem Bereich, der von $\lambda = 1,5 - 3$ und $\beta = 1 - 5$ begrenzt wird (Abbildung 51). Wenn höhere Wachstumsraten λ erreicht werden, dann mit niedrigeren Dichteabhängigkeiten β, bei niedrigeren Wachstumsraten ist β meist höher. Dies zeigt, daß in der Natur nur in wenigen Fällen chaotische Populationsdynamik realisiert wird (vgl. BELLOWS 1981). Angesichts der hier vorgestellten gravierenden Auswirkungen auf die Überlebenswahrscheinlichkeit einer Population ist das auch nur zu verstehen. Bei den wenigen Fällen, die extrem hohe Werte von λ oder β zeigen, ist es also um so wichtiger, zu hinterfragen, ob die Parameterabschätzung auf soliden Füßen steht (Abschnitt 5.3). Dieses Ergebnis ist für mich ein weiterer Grund, $f_{(K)}$' als Maßstab dafür zu verwenden, wie realistisch ein Parametersatz ist.

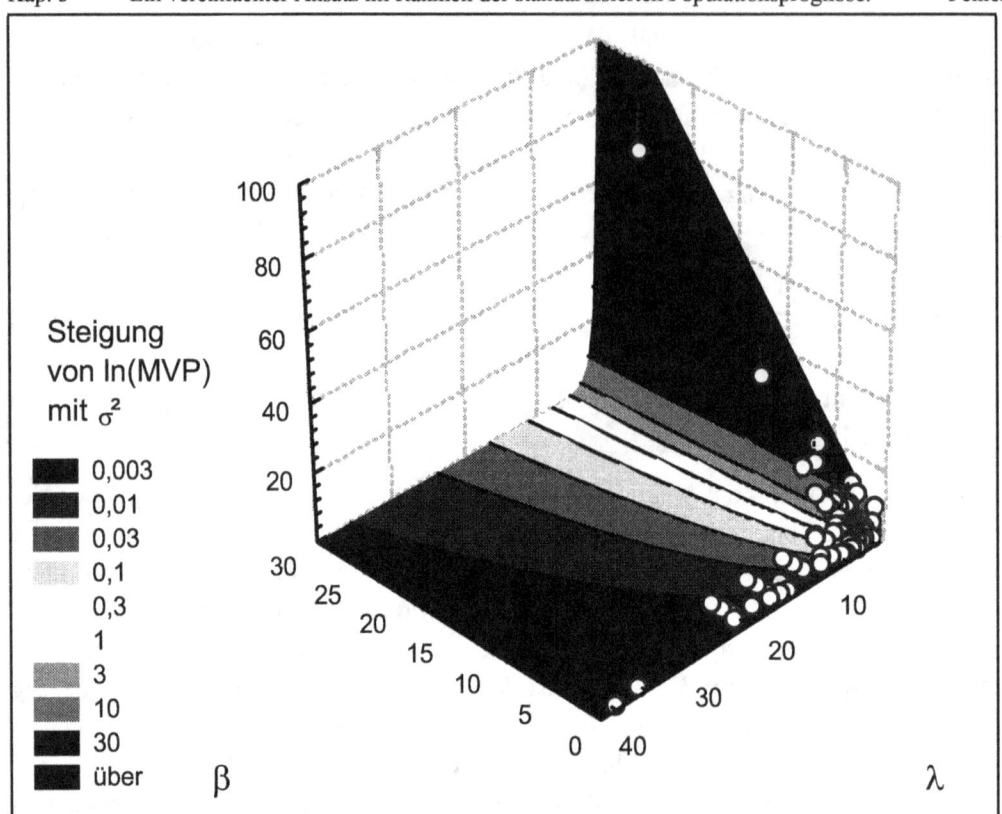

Abbildung 51: Steigung ν des natürlichen Logarithmus der MVP mit Zunahme der Umweltstochastizität σ^2 in Abhängigkeit von den Modellparametern λ und β. Die angepasste Funktion (Gleichung 17) erreicht mit den Parametern $\nu_0 = 2{,}794$, $r = 4{,}026$ und $s = 2{,}976$ ein Bestimmtheitsmaß von 98,3%. Verwendet wurden die Ergebnisse aus 92 Simulationen mit unterschiedlichen Kombinationen von λ und β, je 2000 Replikate.

5.2.2 Bewertung der Parametersätze für das Populationsdynamik-Modell

Die Bewertung eines Parametersatzes orientiert sich wie die Sensitivitätsanalyse an der MVP. Je höher diese minimale Populationsgröße ist, desto kritischer ist die Situation der betroffenen Art. Durch den Vergleich mit anderen MVP-Abschätzungen kann man schon auf dieser Basis Werte bestimmen, bei denen die Gültigkeit des Parametersatzes anzuzweifeln ist.

Zur genetischen MVP sind Richtwerte bekannt, die eine effektive Populationsgröße N_e von 50 und 500 Individuen für kurzfristige bzw. langfristige Sicherheit fordern (LANDE & BARROWCLOUGH 1987). Für die rein aus populationsdynamischen Vorgängen abgeleitete

MVP gibt es keinen solchen theoretischen Richtwert, sie kann sich aber an dem genetischen Wert von $N_e = 50$ für die kurzfristige Erhaltung der genetischen Ressourcen orientieren. Laut FRANKHAM (1995) ist das Verhältnis von N zu N_e bei Insekten im Mittel ca. 10:1, d.h. man kann sich an einem Richtwert von N = 500 orientieren. In der Literatur findet man allerdings gerade für Heuschrecken und Tagfalter die unterschiedlichsten Angaben, von um die 10 Individuen (INGRISCH & KÖHLER 1998) bis hin zu 10000 (THOMAS 1990 für Tagfalter, nach VOGEL 1998). Die Bewertung der Parametersätze anhand der MVP kann also nur sehr grob sein, so daß extrem hohe (über 5000) oder extrem niedrige (unter 100) Werte angezweifelt werden. Um den Anwendern des Simulationsmodells eine etwas aussagekräftigere Interpretationshilfe zur Verfügung zu stellen, verwende ich dort eine fünfstufige Skala (Tabelle 22, unten) für die Beurteilung der MVP.

Die für eine Zeitreihe erhaltenen Parameterwerte λ und β können aber auch schon für sich auf ihre Plausibilität hin bewertet werden. Diese Bewertung orientiert sich an der Sensitivitätsanalyse (Abschnitt 5.2.1) und an der Verteilung der Parameterwerte aus den analysierten Zeitreihen. Auch die Bewertung von λ und β wurde in einer fünfteiligen Skala realisiert (Tabelle 22). Eine zusätzliche Bewertungsmöglichkeit bietet die Steigung des logistischen Wachstums bei der Habitatkapazität, $f_{(K)}'$ (Gleichung 13). Je näher $f_{(K)}'$ an Null liegt, desto stabiler ist das logistische Wachstum. Die Bewertung habe ich wieder in einer fünfteiligen Skala realisiert, orientiert am Dämpfungsverhalten der Populationsentwicklung. Für den Parameter σ^2 orientiert sich die Bewertung an dem Faktor, um den die Umweltstochastizität die MVP für den Prognosezeitraum 100 Jahre erhöht. Dieser Faktor kann mehr als 10 betragen, in den meisten Fällen liegt er um 5. Anhand der Verteilung des Einflusses von σ^2 auf die MVP wurde wieder eine fünfteilige Skala geschaffen (Tabelle 22).

Die so erhaltenen Parameterbewertungen werden dazu genutzt, dem Anwender einen gewissen Überblick darüber zu verschaffen, welche Effekte der für die ausgewählte Art verwendete Parametersatz verursachen kann und werden im standardisierten Kommentar zum verwendeten Parametersatz mit einem Erläuterungssatz versehen (s. Beispielergebnis im Anhang).

Tabelle 22: Bewertungsstufen für die fünf Bewertungskriterien der Parameter für das Populationsdynamik-Modell.

Parameter	sehr gering	gering	mittel	hoch	sehr hoch
λ	< 1,5	1,5 - 2	2 - 3	3 - 5	> 5
β	< 1	1 - 2	2 - 3	3 - 5	> 5
$|f_{(K)}|$	< 0,5	0,5 - 1	1 - 2	2 - 3	> 3
σ^2 (MVP(σ^2) / MVP(σ^2 = 0))	< 2	2 - 5	5 - 10	10 - 20	> 20
MVP	< 100	100-300	300-1000	1000-5000	> 5000

5.2.3 Bewertung der Parameter für das Migrationsmodell

Trotz der Heterogenität des Datenmaterials, der fehlenden generellen Sensitivitätsanalyse und der systematischen Fehler vieler Untersuchungsmethoden wurde versucht, analog zum Modell der Populationsdynamik die Parameterwerte zumindest grob zu bewerten. Auf Basis der bisher zusammengefassten Daten zur Migration wird eine für die beiden Taxa Heuschrecken und Tagfalter getrennte dreiklassige Bewertung vorgeschlagen (Tabelle 23). Die Grenzen der Bewertungsklassen wurden anhand der Verteilung der Schätzwerte gesetzt. Der effektive Flächendurchmesser wurde bei den Schätzungen, bei denen er aus Migrationsbeobachtungen hergeleitet wurde, gleich groß oder etwas größer als die mittlere Migrationsdistanz geschätzt. Da aber nur sehr wenige Daten darüber verfügbar sind, wurden darauf die gleichen Klassengrenzen wie für die mittlere Migrationsdistanz angewendet.

Tabelle 23: Bewertungsskala für die Migrationsparameter für Heuschrecken und Tagfalter. Alle Distanzangaben in km.

Parameter	Heuschrecken			Tagfalter		
	niedrig	mittel	hoch	niedrig	mittel	hoch
Emigrationsrate p_m	< 0,1	0,1 - 0,2	> 0,2	< 0,1	0,1 - 0,3	> 0,3
Mittlere Migrationsdistanz m	< 0,015	0,015 - 0,1	> 0,1	< 0,1	0,1 - 0,5	> 0,5
Effektiver Flächendurchmesser d	< 0,015	0,015 - 0,1	> 0,1	< 0,1	0,1 - 0,5	> 0,5
Maximale Migrationsdistanz	< 0,2	0,2 - 1	> 1	< 0,5	0,5 - 5	> 5

5.3 Fehlerbereiche der Simulationsergebnisse

Basis für die Arbeit mit einem Prognosemodell ist die Untersuchung des Vertrauensbereichs der Ergebnisse Wenn dieser nicht ein Mindestmaß an Prognosegenauigkeit garantiert (LUDWIG 1998), ist das Modell in der Praxis nicht einsetzbar. Einer kritischen Überprüfung, z.B. vor Gericht, würden die Prognosen nicht standhalten. Für die Untersuchung der Fehlerbereiche gehe ich schrittweise vor, nehme jeweils eine weitere Fehlerquelle hinzu und berechne die dann resultierenden Fehlerbereiche.

Zunächst betrachte ich die Auswirkungen der Binomialverteilung der Prognoseergebnisse selbst. Das Hauptergebnis - die Inzidenz - wird aus der relativen Häufigkeit der Simulationen, in der die Population überlebt hat, berechnet. Da die einzelnen Simulationsläufe voneinander unabhängig sind, resultiert eine Binomialverteilung. Der Fehlerbereich der Binomialverteilung läßt sich durch die Anzahl Replikate eingen, so daß in diesem Fall die Ermittlung der angemessenen Anzahl von Replikaten im Vordergrund steht (Abschnitt 5.3.1).

Die nächste Quelle für Fehler ist die Anpassung des logistischen Wachstums an die vorliegende Zeitreihe. In Abschnitt 4.1.4 wurde schon kurz angesprochen, welche Fehlerquellen in den verwendeten Datenreihen verborgen sein können, hier soll untersucht werden, welche Fehlerbereiche durch den Mechanismus der Anpassung verursacht werden (Abschnitt 5.3.2).

Auch die Länge der verwendeten Zeitreihen beeinflußt den Fehlerbereich der Prognosen. Jeder Datenpunkt, der für die Analyse verloren geht, bedeutet einen unter Umständen entscheidenden Informationsverlust. Die Länge kann dabei zweierlei sein: die Anzahl Datenpunkte in einer Zeitreihe oder die Anzahl Zeitreihen in einer gepoolten Analyse. Beide Fälle werden hier untersucht (Abschnitte 5.3.3 und 5.3.4). Dabei wurde besonderes Augenmerk darauf gelegt, ob einzelne Datenpunkte oder Zeitreihen eine größere Bedeutung für die Parameterschätzung haben als andere.

Bisher wurden nur die Fehler betrachtet, die durch die Abschätzung der Parameter λ und β entstehen. In Abschnitt 5.3.5 wird der Einfluß der σ^2-Schätzung auf die Fehlerbereiche dokumentiert.

Für das Migrationsmodell existiert keine so ausgereifte Methodik der Parameterschätzung, so daß auch deren Fehlerbereich nicht geschätzt werden kann. Dennoch werden Möglichkeiten diskutiert, den Fehler des Migrationsmodells zu verringern (Abschnitt 5.4), speziell durch die Verwendung anderer Modelle.

Auch die Populationsgrößenschätzungen selbst, die für die Analyse der Modellparameter verwendet werden, stammen aus so unterschiedlichen Quellen mit so unterschiedlichen Fehlerbereichen, daß hier keine generelle Untersuchung über die Auswirkungen auf die Prognosen möglich ist. Lediglich ein konstruiertes Beispiel wird in Abschnitt 5.3.6 diskutiert.

5.3.1 Fehlerbereich der Binomialverteilung

Die als Hauptergebnis verwendeten Überlebenswahrscheinlichkeiten und Inzidenzen sind diskrete Werte, d.h. in einem Simulationslauf ist die betrachtete Population nach Ablauf der Simulationszeit entweder vorhanden oder nicht. Aus diesen diskreten Werten werden als Schätzwerte für die zugrundeliegenden Wahrscheinlichkeiten relative Häufigkeiten errechnet, die zur Beurteilung der Gefährdungssituation dienen. In Abhängigkeit von der Anzahl der Replikate, die zur Gewinnung der relativen Häufigkeiten genutzt werden, sind diese mehr oder weniger genau. Die Verteilung sollte einer Binomialverteilung unterliegen, wenn die Simulationsläufe voneinander unabhängig sind. Die Annahme der Binomialverteiltheit muß allerdings in diesem Abschnitt zunächst überprüft werden, dann wird betrachtet, wie viele Replikate notwendig sind, um für die Simulation eine ausreichende Genauigkeit zu erzielen.

Die Binomialverteilung der Ergebnisse kann durch einen Chi^2-Test gezeigt werden. Dieser Test wurde an neun Populationen jeweils für die Inzidenzen nach 25 und 100 Jahren durchgeführt. Für diesen Test wurden 100mal 2000 Replikate für die MVP-Bestimmung bei *P. albopunctata* simuliert ($\lambda = 2,64$, $\beta = 1,69$, $\sigma^2 = 0,8$, $p_m = 15\%$). Aus diesen 100 Ergebnissen wurde für jede Inzidenz jeder Population die realisierte Verteilung ermittelt und gegen die Binomialverteilung mit gleicher Wahrscheinlichkeit und Probenzahl getestet (Tabelle 24). In drei Fällen lehnte der Chi^2-Test die Übereinstimmung auf dem 95%-Niveau ab, in einem Fall auf dem 99%-Niveau. Erwartet werden bei 18 unabhängigen Tests auf 95%-Niveau höchstens eine Ablehnung, auf 99%-Niveau keine.

Tabelle 24: Überlebenswahrscheinlichkeiten pÜ nach 25 und 100 Jahren und deren Vertrauensintervalle (Annäherung nach MOLENAAR 1970) für verschieden große isolierte Populationen von *P. albopunctata*. Aufgeführt sind die MVP-Größen für die mittleren Wahrscheinlichkeiten sowie die Ober- und Untergrenzen des 95%-Vertrauensintervalls. Parameter für das populationsdynamische Modell: $\lambda = 2,64$, $\beta = 1,69$, $\sigma^2 = 0,8$, Emigrationswahrscheinlichkeit 15%. Populationen, in denen die Binomialverteilung signifikant abgelehnt wird, sind mit * (95%) oder ** (99%) markiert. 100 Simulationen mit je 2000 Replikaten.

	25 Jahre:			100 Jahre:		
K =	pÜ	Ugr 95%	Ogr 95%	pÜ	Ugr 95%	Ogr 95%
10	0,007	0,003	0,011	0		
20	0,136	0,121	0,151	0		
40	0,492*	0,470	0,514	0,035	0,028	0,044
70	0,751	0,732	0,770	0,240	0,221	0,259
100	0,859*	0,843	0,874	0,445	0,423	0,467
200	0,959	0,949	0,967	0,777	0,758	0,795
400	0,990	0,984	0,994	0,973	0,965	0,980
700	0,997**	0,994	0,999	0,974	0,966	0,980
1000	0,999	0,996	1,000	0,987	0,980	0,991
a		0,7292	0,7331	0,7295	1,01158	1,0205	1,0087
b		0,4269	0,4203	0,432	0,3379	0,333	0,3415
MVP		150	160	141	387	412	367
Differenz in %:		6,8%	5,8%		6,3%	5,3%

Zum Vergleich wurden nach MOLENAAR (1970) näherungsweise die Schranken des 95%-Vertrauensintervalls berechnet (s. Gleichungen 17a und 17b). Die in der Simulation ermittelten Überlebenswahrscheinlichkeiten lagen mit ihrer Verteilung alle in diesem Intervall, so daß trotz der nicht vollständigen Übereinstimmung mit der Binomialverteilung deren Vertrauensintervall als konservative Schätzung für den Fehlerbereich verwendet werden kann. Berechnet man aus den Ober- und Untergrenzen des 95%-Vertrauensintervalls jeweils einen Schätzwert für die MVP, erhält man in beide Richtungen etwas mehr als 5% Abweichung gegenüber dem MVP-Schätzwert des Mittelwerts (Tabelle 24, unten).

$$p_{oben} = \frac{x + 1{,}95 + 1{,}96 * \sqrt{\frac{(x+1-0{,}18)*(n-x-0{,}18)}{n+11*0{,}18-4}}}{n + 2*1{,}95 - 1} \quad [18a]$$

$$p_{unten} = \frac{x - 1 + 1{,}95 - 1{,}96 * \sqrt{\frac{(x-0{,}18)*(n+1-x-0{,}18)}{n+11*0{,}18-4}}}{n + 2*1{,}95 - 1} \quad [18b]$$

Dabei ist x die Anzahl der Beobachtungen (=Extinktionen bzw. Überlebensfälle) und n die Anzahl der Versuche. p_{oben} und p_{unten} sind die jeweiligen Schranken des 95%-Vertrauensintervalls.

Der Vergleich verschiedener Ergebnisparameter aus der Simulation einer aus fünf Populationen bestehenden Metapopulation des Feuerroten Scheckenfalters *Melitaea didyma* in den Hassbergen (s. Anhang) mit der Binomialverteilung ergab bessere Übereinstimmung. Bei den Überlebenswahrscheinlichkeiten der Gesamtpopulation (pÜ) und den Inzidenzen der Lokalpopulationen (I) nach 25 und 100 Jahren war nach dem Chi²-Test eine der getesteten 36 Verteilungen auf dem 95%-Niveau signifikant von der Binomialverteilung verschieden (Tabelle 25), der Kolmogoroff-Smirnoff-Test beurteilte keine der Verteilungen als signifikant von der Binomialverteilung unterscheidbar. Gerechnet wurden hier 100 Wiederholungen von je 500 Replikaten, daraus wurden durch Zusammenfassung 50 Sätze á 1000 Replikate und 25 Sätze á 2000 Replikate erstellt.

Um die Anzahl Replikate festzulegen, die für ein aussagekräftiges Ergebnis nötig sind, kann man die gewünschte Breite des 95%-Vertrauensintervalls mit der Anzahl dafür nötiger Replikate vergleichen. Der dafür interessanteste Bereich ist die Überlebenswahrscheinlichkeit von 95%, da dort die kritische Schwelle für gesicherte Populationen gesehen wird (Tabelle 26). Die Entscheidung, wie genau die Simulationsresultate sein sollen, ist willkürlich. Ich möchte das Vertrauensintervall auf ± 1

Prozentpunkt beschränken, setze daher die Anzahl Replikate pro Simulation auf 2000.

Tabelle 25: Eintrittswahrscheinlichkeit (beobachtet) und p-Werte des X^2-Tests auf Binomialverteilung für verschiedene Ergebnisparameter des Szenarios *M. didyma*, Hassberge. Fett gedruckte Werte zeigen signifikante Ablehnung der Binomialverteilung auf dem 95%-Niveau. pÜ 25 und pÜ 100: Überlebenswahrscheinlichkeit über 25 bzw. 100 Jahre, I25 und I100: Inzidenz der dahinter bezeichneten Populationen nach 25 bzw. 100 Jahren. R = Replikate

Parameter	p	100 * 500 R	50 * 1000 R	25 * 2000 R
pÜ 25	0,925	0,901	0,961	0,548
pÜ 100	0,218	0,304	0,182	0,898
I25 Königsberg	0,812	0,318	**0,025**	0,236
I25 Prappach	0,867	0,227	0,400	0,551
I25 Hohe Wann	0,822	0,0725	0,605	0,640
I25 Sechstal	0,845	0,558	0,595	0,123
I25 Krum	0,884	0,301	0,189	0,811
I100 Königsberg	0,162	0,679	0,762	0,314
I100 Prappach	0,188	0,034	0,891	0,495
I100 Hohe Wann	0,176	0,429	0,676	0,934
I100 Sechstal	0,186	0,072	0,096	0,081
I100 Krum	0,193	0,986	0,811	0,528

Tabelle 26: Anzahl Replikate und daraus resultierende Ober- und Untergrenzen des 95%-Vertrauensintervalls (nach MOLENAAR 1970) für eine Überlebenswahrscheinlichkeit von 95% sowie die sich ergebende Breite des Vertrauensintervalls.

N Replikate	Untergrenze	Obergrenze	Breite
500	96,74%	92,71%	4,03%
1000	96,27%	93,46%	2,81%
2000	95,91%	93,95%	1,96%
5000	95,59%	94,36%	1,23%
10000	95,42%	94,55%	0,86%

5.3.2 Fehlerbereich der Anpassung des logistischen Wachstums

Als nächste Fehlerquelle möchst ich nun die Anpassung des logistischen Wachstums an die Ausgangsdaten untersuchen. Die Methodik der Anpassung und das verwendete Optimierungsverfahren wurden in Abschnitt 4.1 beschrieben. Hier soll nun unabhängig von einem Optimierungsverfahren untersucht werden, welche Fehlerbereiche die Anpassung eines Modells zum logistischen Wachstum an eine Zeitreihe hat.

Da ein Optimierungsalgorithmus immer ein Optimum findet, ist es Ziel dieses Abschnitts, zu überprüfen, wie breit oder eng das gefundene Optimum ist und wie stark eine geringfügige Abweichung von der optimalen Anpassung den Fehlerbereich der Ergebnisse beeinflusst. Zu diesem Zweck wurde ein eigenständiges Programm angefertigt, das den gesamten dreidimensionalen Parameterraum der Anpassung (λ, β und K) mit wählbarer Auflösung zwischen zwei Eckpunkten abscannt und zu jedem möglichen Parametersatz die quadratische Abweichungssumme errechnet. Ausgegeben werden alle Parameterkombinationen, deren Abweichungssumme diejenige der optimalen Anpassung um weniger als einen einzugebenden Prozentsatz übersteigt.

Damit sind alle Parameterkombinationen verfügbar, die eine Dichteregulation erzeugen, die der vorliegenden Zeitreihe nur geringfügig schlechter entspricht als die optimalen Parameter. Werden nun die Eckwerte dieses Parameterraums für die Schätzung von σ^2 und zur Berechnung einer MVP verwendet, erhält man den Fehlerbereich der Schätzung der Modellparameter für das logistische Wachstum. Als Eckwerte wurden jeweis die niedrigste Wachstumsrate in Kombination mit der intensivsten Dichteregulation und die höchste Wachstumsrate mit der schwächsten Dichteregulation verwendet, da diese Kombinationen ohne Migration und ohne Umweltvariabilität die höchste bzw. niedrigste MVP zeigten (Abschnitt 5.2). Da dieses Verfahren sehr aufwendig ist, wurde es nur auf die Zeitreihe von *Platycleis albopunctata* am Kaiserstuhl (GOTTSCHALK 1993) angewendet (Abbildung 52).

Als Maß für den Fehlerbereich dient zum einen die MVP über 100 Jahre, zum anderen die Überlebenswahrscheinlichkeit einer Population mit 500 Individuen Kapazität, was als plausible Größe für eine überlebensfähige Population angesehen wird (Abschnitt 5.2.2). In Tabelle 27 wird aufgeführt, wie viele Parameterkombinationen bei einer angegebenen Fehlertoleranz gegebnüber der summierten quadratischen Abweichung gefunden werden. Das verwendete Raster beträgt $\Delta\lambda = 0{,}02$, $\Delta\beta = 0{,}04$ und $\Delta K = 0{,}5$, die Abweichungssumme der optimalen Anpassung 8430 mit einem r^2 von 46,25%. Zu den einzelnen Fehlertoleranzen sind die Toleranzen zu r^2 (in Prozentpunkten) sowie die Parameterkombinationen, MVP-Werte und Überlebenswahrscheinlichkeiten mit der höchsten und mit der niedrigsten MVP angegeben.

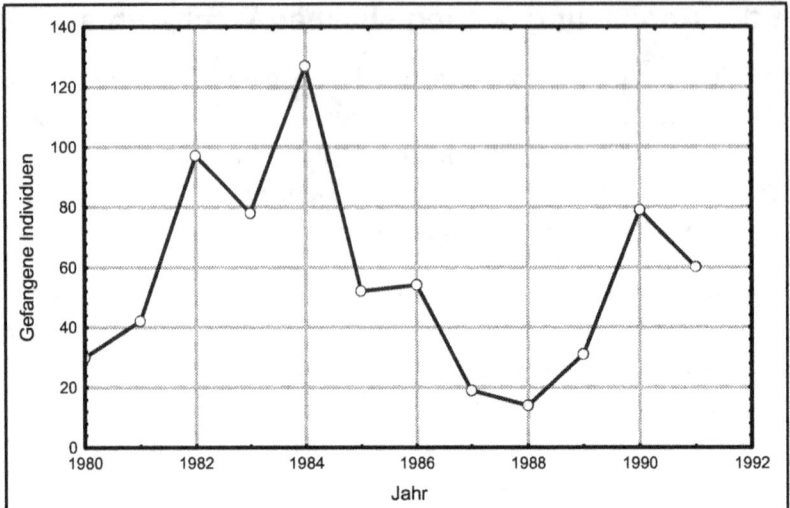

Abbildung 52: Zeitreihe von Bodenfallenfängen von *P. albopunctata* an einer Weinbergsböschung am Kaiserstuhl. Daten aus (GOTTSCHALK 1993).

Tabelle 27: Anzahl der Parametersätze (n) für *Platycleis albopunctata*, Zeitreihe Kaiserstuhl (Gottschalk 1993) in einem Raster mit $\Delta\lambda = 0{,}02$, $\Delta\beta = 0{,}04$ und $\Delta K = 0{,}5$ bei angegebener Fehlertoleranz gegenüber der summierten quadratischen Abweichung (Abw², in %) und dem Bestimmtheitsmaß der Anpassung (r², in Prozentpunkten). Die summierte quadratische Abweichung des optimal angepassten Parametersatzes beträgt 8430, $r^2 = 46{,}25\%$. Angegeben sind die Parametersätze mit der höchsten ('Oberes' Extrem) und niedrigsten ('Unteres' Extrem) MVP mit den für diese Parameterkombinationen geschätzten Werten für σ^2. Zum Vergleich angegeben werden die MVP-Werte für 100 Jahre und die Überlebenswahrscheinlichkeit pÜ einer isolierten Population mit $K = 500$ bei 15% Emigrationsrate.

Toleranz zum Abw²	r²	n	'Oberes' Extrem					'Unteres' Extrem				
			λ	β	σ²	MVP	pÜ	λ	β	σ²	MVP	pÜ
0,01%	0,007	5	1,66	2,72	1,00	1006	83%	1,70	2,60	1,11	984	84%
0,05%	0,029	65	1,62	2,92	0,85	1095	82%	1,76	2,44	1,20	726	90%
0,1%	0,055	188	1,58	3,04	0,82	1730	73%	1,80	2,36	1,21	515	95%
0,3%	0,162	990	1,50	3,48	0,66	2003	68%	1,88	2,16	1,29	355	98%
1%	0,537	6.222	1,40	4,56	0,52	6220	43%	2,08	1,88	1,56	218	100%
5%	2,676	60.038	1,20	7,20	0,25	151300	4%	3,08	1,30	4,74	158	100%

Schon bei 1⁰/₀₀ schlechterer Anpassung an die Datenpunkte ergibt sich ein Fehlerbereich mit MVP-Werten zwischen 515 und 1730 Individuen, die Überlebenswahrscheinlichkeit einer 500 Individuen großen Population wird zwischen 73 und 95% angesiedelt. Toleriert man noch stärkere Abweichungen, bekommt man Abweichungen der MVP um den Faktor 5 (bei

$3^0/_{00}$ Toleranz), 30 (bei 1%) oder gar fast 1000 bei 5%. Im Bereich 5% schlechterer Anpassung ist keine Aussage über die Überlebenswahrscheinlichkeit einer 500 Individuen großen Population mehr möglich, die Ergebnisse variieren zwischen 4 und 100%.

Dieses Ergebnis zeigt, daß die Parameterschätzung auf Basis der verwendeten Daten und der verwendeten Methode für die gutachterliche Praxis zu hohe Fehlerbereiche mit sich bringt. Dennoch ist es für eine eventuelle Weiterentwicklung des Modells durchaus positiv. Man kann z.B. den Fehlerbereich der Anpassung mit einer gewissen Toleranzschwelle als Bewertungsmaßstab für die Verwendbarkeit eines Parametersatzes heranziehen.

Letzte Folge dieses Befundes muß aber sein, daß sich die Auswahl eines Parametersatzes für die Simulations nicht mehr nur nach der optimalen Anpassung des logistischen Wachstums an die gefundene Zeitreihe richtet. In die Auswahl müssen noch weitere Modellparameter wie z.B. die Umweltstochastizität einfließen, die Optimierung hin zu einem Parametersatz muß sich noch auf weitere Kriterien stützen, z.B. auf zyklische oder chaotische Verläufe in der Populationsdynamik, wie sie durch Fraktalanalyse gemessen werden können (z.B. SUGIHARA & MAY 1990). Eine weitere Möglichkeit wäre, ein Optimierungsverfahren anzuwenden, bei dem die Wahrscheinlichkeit maximiert wird, in einer Simulation exakt die vorliegende Zeitreihe zu erhalten. Verwendbar dafür ist z.B. der von APPELT UND POETHKE (1997) beschriebene AMOEBA-Algorithmus.

5.3.3 Fehler durch Verkürzen der Datenreihe

Unabhängig von den gravierenden Fehlern, die durch die Anpassung des logistischen Wachstums möglich sind, sollen noch weitere Fehler unteruscht werden, um eine umfassende Diskussion der Parametergewinnung möglich zu machen.

Da viele Zeitreihen nur wenige Datenpunkte enthalten, ist es von herausragender Bedeutung, wie stark die Modellparameter von einzelnen Datenpunkten abhängig sind.

Je kürzer eine Zeitreihe von Beobachtungsdaten ist, desto weniger Information ist aus ihr extrahierbar. Das Extrem sind in diesem Fall Zeitreihen mit weniger als drei Beobachtungspunkten, die für die Parametrisierung eines dreiparametrigen Modells nicht mehr ausreichen. Mit jedem Datenpunkt kommt Information über das Verhalten der Population hinzu, die Aussagekraft der Anpassung steigt. Daher sollte die Parameteranpassung um so zuverlässiger sein, je mehr Datenpunkte ihr zugrundeliegen. Die Auswirkung der Verkürzung einer realen Zeitreihe wird wieder am Beispiel *P. albopunctata* am Kaiserstuhl gezeigt. Die Zeitreihe umfasst 12 aufeinanderfolgende Werte. Von diesen Werten wurde je einer bei der Analyse nicht berücksichtigt, so daß 2 Datenreihen mit je 11 aufeinanderfolgenden Werten, also 10 Datenpunkten, und 10 Datenreihen mit einer Lücke, also 9 analysierbaren Datenpunkten, resultieren. Die aus diesen verkürzten Datenreihen geschätzten Parameter wurden mit dem für sie ermittelten σ^2 für Simulationen verwendet, bei denen die Überlebenswahrscheinlichkeiten und die MVP geschätzt wurden.

Durch Wegnahme eines Datenpunkts wurde die Parameterschätzung z.T. erheblich verfälscht. Die Parameter der dafür optimalen Schätzung zeigten extrem hohe Unterschiede (Tabelle 28). Auch die Überlappung des Fehlerbereichs, der wie in Abschnitt 5.3.2 mit dem Programm Zeitrfit ermittelt wurde, zeigt eine hohe Divergenz der Parameterschätzung an. Die mit den ermittelten Parametersätzen resultierenden MVP-Schätzwerte für 95% Überlebenswahrscheinlichkeit und 100 Jahre Prognosehorizont variieren zwischen 55 und 17.000 Individuen Kapazität ohne Emigration. Mit 15% Emigration wird für einige Parametersätze deterministisches Aussterben erreicht, da die dann realisierte Wachstumsrate unter 1 liegt. Für die anderen Parametersätze erreicht man MVP-Schätzwerte von 76 bis 6595. Besonders extrem ist die Abweichung, wenn man den Datenpunkt des Jahres 1982 herausläßt. Wie man in Abbildung 53 erkennt, fehlt dann ein Datenpunkt, der den Abschwung der Kurve stabilisiert und einer, der die Wachstumsrate bei mittleren Populationsgrößen ansteigen läßt.

Tabelle 28: Parameterschätzungen aus Zeitreihen, die um einen Datenpunkt gegenüber der Original-Zeitreihe (GOTTSCHALK 1993) verkürzt wurden. Angegeben sind die Parameterschätzungen, das Bestimmtheitsmaß und die aus Simulationen isolierter Populationen berechneten MVP-Schätzwerte nach 25 und 100 Jahren ohne und mit 15% Emigration. Zusätzlich angegeben ist die Überlebenswahrscheinlichkeit einer isolierten Population mit einer Kapazität von 500 Individuen nach 25 und 100 Jahren bei Emigration.

	λ	β	r^2	σ^2	MVP (25J.) $p_m = 0$	MVP (25J.) $p_m = 0,15$	MVP (100J.) $p_m = 0$	MVP (100J.) $p_m = 0,15$	pÜ (K = 500) 25 J.	pÜ (K = 500) 100 J.
Original	2,64	1,69	0,462	0,8	73	156	144	392	1,00	0,97
o. 80 (1 Pkt)	1,90	2,24	0,463	1,7	115	240	260	795	0,99	0,88
o. 81 (2 Pkte)	1,13	6,86	0,475	0,15	218	-	1181	-		
o. 82 (2 Pkte)	1,12	25,5	0,480	0,05	3872	-	17112	-		
o. 83 (2 Pkte)	2,37	1,83	0,640	2	56	82	91	142	1,00	1,00
o. 84 (2 Pkte)	2,59	1,37	0,314	1,7	48	61	63	97	1,00	1,00
o. 85 (2 Pkte)	2,13	1,51	0,128	2	93	153	165	360	1,00	0,98
o. 86 (2 Pkte)	2,06	3,83	0,737	1	97	97	207	199	1,00	1,00
o. 87 (2 Pkte)	2,05	3,01	0,686	1	58	71	100	119	1,00	1,00
o. 88 (2 Pkte)	2,80	1,56	0,485	2	40	50	55	76	1,00	1,00
o. 89 (2 Pkte)	1,20	6,08	0,475	0,2	181	848	631	1772	0,89	0,10
o. 90 (2 Pkte)	1,30	7,00	0,530	0,5	1019	2654	6730	6595	0,70	0,06
o. 91 (1 Pkt)	1,41	6,32	0,503	0,2	118	135	294	365	1,00	0,98

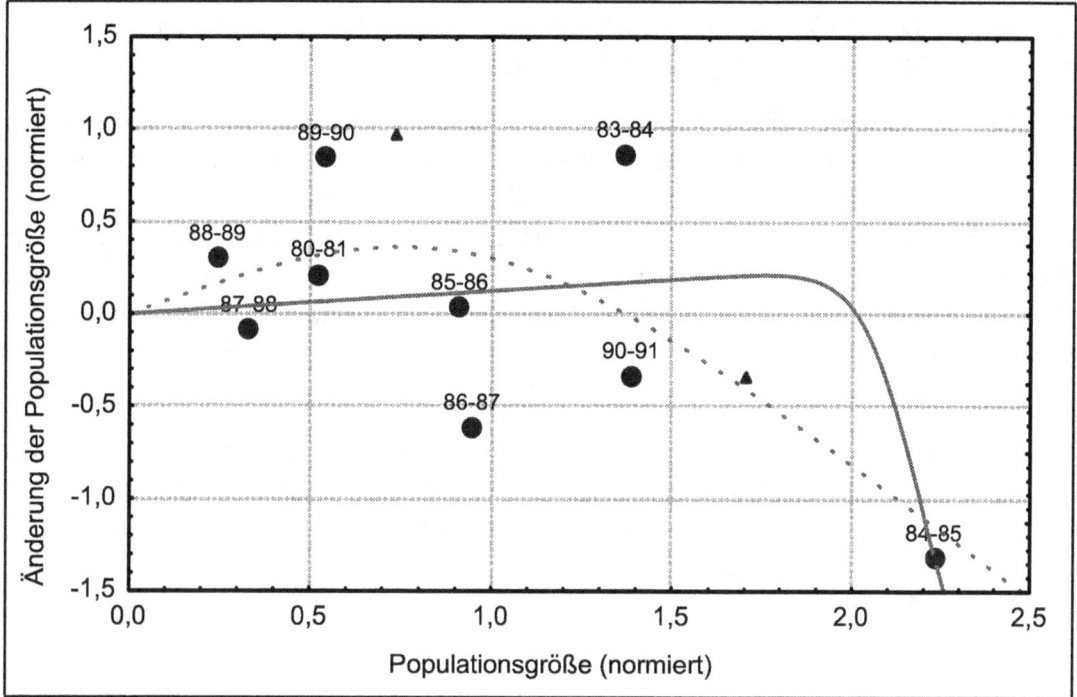

Abbildung 53: Datenpunkte und resultierende Parameteranpassung bei Auslassen des Wertes für das Jahr 1982 in der Zeitreihe für *P. albopunctata* (GOTTSCHALK 1993). Gefüllte Kreise: genutzte Datenpunkte, gefüllte Dreiecke: ungenutzte Datenpunkte. Durchgezogen: Anpassung des logistischen Wachstums an die verkürzte Zeitreihe; gestrichelt: Anpassung an die Original-Zeitreihe.

Auch hier zeigt sich wieder eine grundlegende Schwäche der verwendeten Schätzmethode. In diesem Fall ist man sogar in einer Art Zwickmühle gefangen. Jeder Datenpunkt mehr verringert den Einfluß einzelner, exponierter Punkte und verkleinert so den Fehlerbereich. Mit jedem zusätzlichen Beobachtungsjahr kommt jedoch das Risiko hinzu, daß sich das Habitat verändert. Schon wenn sich die Habitatkapazität verringert oder erhöht, erscheint die Populationsdynamik für die Anpassung verändert, der Fehlerbereich der Schätzung steigt. Das Optimum dieser beiden Einflüsse läßt sich wohl kaum in eine Faustregel fassen, wonach Zeitreihen für die Analyse eine bestimmte Länge haben müssen.

5.3.4 Fehler durch weniger Datenreihen in einer gepoolten Analyse

Einen Ausweg aus der oben geschilderten Zwickmüle scheint es allerdings zu geben: durch die gepoolte Analyse ist es möglich, nicht nur eine lange Zeitreihe, sondern auch mehrere kurze Zeitreihen mit der gleichen Anzahl Datenpunkte und dem gleichen Ergebnis zu untersuchen. Das Risiko, innerhalb einer Zeitreihe eine Änderung der Habitatkapazität zu beobachten, läßt sich so verringern. Verringern sich dadurch auch die Fehler?

Für die Untersuchung, wie stark einzelne Zeitreihen eine gepoolte Analyse beeinflussen, bieten sich die schon in Absatz 4.1.1.5 verwendeten Beobachtungsreihen der Ödlandschrecke *O. caerulescens* im Mittelrheintal an. Hier sind neun fünfjährige Datenreihen vorhanden, die für sich genommen keine ausreichende Information zur Parameterabschätzung liefern, untereinander nicht korreliert sind und gepoolt einen plausiblen Parametersatz ergeben. Durch Weglassen je einer Datenreihe konnten hier neun neue Datensätze aus jeweils acht Zeitreihen gebildet werden, deren Streuung um den aus allen Zeitreihen geschätzten Parametersatz beobachtet wurde.

Beim Weglassen je einer Zeitreihe aus einer gepoolten Analyse zeigen sich wie bei dem Herauslassen eines Datenpunktes aus einer Zeitreihe extreme Veränderungen, sowohl bei den Parametern als auch in der resultierenden MVP (Tabelle 29). Ohne die Zeitreihe 6a ist die gepoolte Analyse unmöglich, obwohl diese Zeitreihe selbst keine plausible Parameterschätzung ergibt.

Tabelle 29: Optimale Parametersätze für die gepoolte Analyse der Mittelrhein-Zeitreihen von *O. caerulescens* bei Herauslassen je einer Zeitreihe. Flächenbenennung wie in Abschnitt 4.1.1.5. Aufgeführt sind die Parameterwerte, das Bestimmtheitsmaß, die für diese Parameterschätzung ermittelte Varianz σ^2, die MVP-Schätzwerte mit 25% Emigrationsrate für 100 Jahre Prognosehorizont sowie die Überlebenswahrscheinlichkeit pÜ einer Population mit $K = 500$ über 100 Jahre.

Zeitreihe	λ	β	r^2	σ^2	MVP	pÜ
Original	1,92	1,62	0,522	1,41	1345	75%
o. 2b	2,34	1,39	0,536	2,00	333	99%
o. 5	1,37	2,28	0,530	0,59	$5*10^8$	0%
o. 6a	-	-	-	-	-	-
o. 7	1,96	1,45	0,510	1,29	1038	82%
o. 10b	1,65	2,04	0,524	0,90	8647	35%
o. 12a	1,93	1,71	0,536	1,35	1046	82%
o. 13b	1,72	1,72	0,481	1,00	195	100%
o. 15	2,29	1,39	0,524	2,10	470	96%
o. 16	1,81	1,87	0,492	1,14	1938	66%

Aus den hier vorgestellten Ergebnisse folgt, daß auch das Poolen mehrerer Zeitreihen nur mäßigen Erfolg dabei bringt, den Einfluß einzelner Datenpunkte auf die Parameterschätzung zu minimieren.

5.3.5 Fehlerbereich der Bestimmung der Varianz σ²

Bisher wurden lediglich die Fehler diskutiert, die die Schätzmethodik für die Parameter λ und β verursacht. Zu diesen Fehlern addieren sich noch diejenigen aus der Schätzung des dritten Modellparameters, σ², und die aus dem Fehlerbereich der Populationsgrößenschätzungen, die die Basis für die Parameterableitung liefern.

Die Bestimmung der Varianz σ² geschieht durch eine lineare Regression gegen Schwankungsmesswerte simulierter Zeitreihen (Abschnitt 4.1.1.2). Da diese Schwankungsmaße wie alle Simulationsergebnisse einer gewissen Streuung unterliegen, ist auch der interpolierte Wert für σ² von einer gewissen Schwankungsbreite umgeben. Zudem stimmen die Schätzwerte aus den drei verwendeten Schwankungsmaßen nicht vollständig überein. Simulationen mit den Ober- und Untergrenzen für die Varianz σ² zeigen den hiervon verursachten Fehlerbereich der Ergebnisse. Der Fehlerbereich wird hier dokumentiert anhand der Zeitreihe Wallersberg für den Apollofalter *P. apollo* (Abschnitt 4.1.1.2) und anhand der gepoolten Schätzung für *O. caerulescens* im Mittelrheintal (Abschnitt 4.1.1.5). Besonders deutlich werden die Fehler, wenn bei gepoolten Analysen die Schwankungsmaße von mehreren Zeitreihen zum Kalibrieren genutzt werden.

Bei der im Abschnitt 4.1.1.2 gezeigten Zeitreihe von *P. apollo* ergeben sich aus der σ²-Kalibrierung 95%-Vertrauensbereiche mit Grenzen zwischen 0,58 und 0,93. Die Schätzwerte selbst liegen bei 0,68, 0,69 und 0,80 (Tabelle 30).

Tabelle 30: Schätzwerte und Grenzen der 95%-Vertrauensbereiche für die σ²-Schätzung für *P. apollo* am Wallersberg (Abschnitt 4.1.1.2, Abbildung 9). Kalibrierung auf Basis des Variationskoeffizienten (CV), der Standardabweichung der logarithmierten Populationsgrößen (Sln) und des Schwankungsfaktors (SF).

	σ²	95%-Vertrauensbereich	
	Schätzwert	Untergrenze	Obergrenze
CV	0,68	0,60	0,77
Sln	0,80	0,68	0,93
SF	0,69	0,58	0,81

Die Fehlerbereiche der σ²-Schätzung pflanzen sich in die Simulationsergebnisse fort. Der höchste Schätzwert ergibt eine MVP von 606 Individuen über 100 Jahre, der niedrigste noch 388. Wird die oberste Obergrenze des 95%-Vertrauensintervalls als Worst-Case-Schätzer verwendet, bekommt man 1039 Individuen als MVP, mit der niedrigsten 95%-Untergrenze nur 255. Insgesamt variiert also die geschätzte MVP innerhalb der 95%-

Vertrauensbereiche der σ^2-Schätzung um den Faktor vier, die Überlebenswahrscheinlichkeit einer 500 Individuen starken Population über 100 Jahre wird auf 83% (höchste Obergrenze) bis 99% (niedrigste Untergrenze) geschätzt (Tabelle 31).

Tabelle 31: MVP-Schätzwerte und Überlebenswahrscheinlichkeiten (pÜ) einer 500 Individuen großen Population für den Fehlerbereich der σ^2-Schätzung für *P. apollo*, Wallersberg. Resultate von Simulationen mit $\lambda = 1{,}64$, $\beta = 3{,}25$ und $p_m = 0{,}15$, je 2000 Replikate. Prognosezeitraum 100 Jahre.

Grenze	σ^2	MVP	pÜ
oberste 95%-Grenze	0,93	1039	83%
oberster Schätzwert	0,80	606	92%
unterster Schätzwert	0,68	388	97%
unterste 95%-Grenze	0,58	255	99%

Bei der gepoolten Schätzung für *O. caerulescens* werden die Fehler noch deutlicher, da die Schwankungsmesswerte für die einzelnen Zeitreihen stark differieren (Tabelle 32). Mögliche Ansatzpunkte für eine Schätzung könnten die Mittelwerte der Schwankungsmaße aus allen Zeitreihen sein, aber auch die jeweiligen Maxima. Als Fehlerbereich betrachtet wurden wieder Schätzwerte und Grenzen der 95%-Vertrauensbereiche, sowohl aus den Mittelwerten als auch aus Maximum und Minimum der einzelnen Schwankungsmaße (Tabelle 33).

Tabelle 32: Schwankungsmaße der einzelnen Zeitreihen für *O. caerulescens* aus dem Mittelrheintal. Aufgeführt sind die Standardabweichung des natürlichen Logarithmus der Populationsgröße (Sln) und der Variationskoeffizient (CV). Aufgrund der Kürze der Zeitreihen ist der Schwankungsfaktor als Maß nicht verwendbar. Flächenbenennung wie in Abschnitt 4.1.1.5

Zeitreihe	CV	Sln	σ^2 aus CV	σ^2 aus Sln
2b	0,3149	0,3094	0,62 (0,44-0,79)	0,58 (0,42-0,73)
5	0,3248	0,3538	0,63 (0,46-0,81)	0,68 (0,53-0,82)
6a	0,6068	0,6170	1,18 (1,02-1,33)	1,27 (1,13-1,41)
7	0,3730	0,3300	0,73 (0,56-0,89)	0,62 (0,47-0,77)
10	0,4582	0,4431	0,89 (0,74-1,04)	0,88 (0,75-1,01)
12a	0,3095	0,3157	0,60 (0,42-0,78)	0,59 (0,44-0,74)
13b	0,3872	0,3448	0,75 (0,59-0,92)	0,66 (0,51-0,80)
15	0,2557	0,2634	0,50 (0,31-0,69)	0,47 (0,31-0,64)
16	0,5498	0,4634	1,07 (0,92-1,22)	0,92 (0,79-1,05)
Mittelwert	0,3978	0,3823	0,77 (0,61-0,93)	0,74 (0,60-0,88)

Betrachtet man nur die Schätzwerte aus den Mittelwerten, liegen sie mit MVPs von 297 und 271 Individuen beneidenswert dicht beieinander. Auch die Grenzen des 95%-Vertrauensintervalls aus den Mittelwerten ergeben nur einen Faktor 2 in der MVP (210 gegen 433 Individuen Kapazität) und 97 bzw. 100% Überlebenswahrscheinlichkeit einer 500 Individuen großen Population. Betrachtet man aber die kleinsten und größten Schwankungsmaße einzelner Zeitreihen und die daraus erhaltenen MVP-Abschätzungen, so resultiert ein Faktor 12 zwischen niedrigster und höchster MVP-Schätzung, die Überlebenswahrscheinlichkeiten für eine 500 Individuen große Population liegen zwischen 75 und 100%. Dabei ist auch zu beachten, daß die Abweichung vom Mittelwert zur Obergrenze hin stärker ist als zur Untergrenze.

Tabelle 33: MVP-Schätzwerte und Überlebenswahrscheinlichkeiten (pÜ) einer 500 Individuen großen Population für den Fehlerbereich der σ^2-Schätzung für *O. caerulsecens* im Mittelrheintal. Aufgeführt sind die Fehlergrenzen für den Mittelwert der Schwankungsmaße und für die Extremwerte. Resultate von Simulationen mit $\lambda = 1{,}92$, $\beta = 1{,}62$ und $p_m = 0{,}25$, je 2000 Replikate. Prognosezeitraum 100 Jahre.

Grenze	σ^2	MVP	pÜ
oberste 95%-Grenze Maximum	1,41	1345	75%
oberster Schätzwert Maximum	1,27	1033	82%
oberste 95%-Grenze Mittelwert	0,93	433	97%
oberster Schätzwert Mittelwert	0,77	297	99%
unterster Schätzwert Mittelwert	0,74	271	99%
unterste 95%-Grenze Mittelwert	0,61	210	100%
unterster Schätzwert Minimum	0,47	157	100%
unterste 95%-Grenze Minimum	0,31	112	100%

Auch diese Schätzfehler sind inakzeptabel hoch. Eine Verbesserung der Parameterschätzung kann allerdings erwartet werden, wenn man die Schätzung der Parameter λ, β und σ^2 zusammenfasst, wie in Abschnitt 5.3.2 diskutiert. Dazu ist allerdings eine komplett andere Anpassungsmethodik notwendig, da nicht die Übereinstimmung von Datenpunkten mit einer Funktion optimiert werden soll, sondern die Übereinstimmung einer Zeitreihe mit Simulationsergebnissen.

5.3.6 Auswirkungen der Messungenauigkeit bei der Erhebung der Populationsgröße

Die letzte Fehlerquelle, die hier - wenn auch nur kurz - diskutiert werden soll, sind die Fehler in den Grunddaten selbst. Als Optimist kann man natürlich der Ansicht sein, daß die Fehler bei der Anpassung des logistischen Wachstums und die Abhängigkeit von einzelnen Datenpunkten lediglich Artefakte in den Grunddaten sind, die durch Schätzfehler verursacht werden.

Aus diesem Grund untersuchte ich den Fehlerbereich der Parameterschätzung von λ und β (s. Abschnitt 5.3.2) an Zeitreihen, die durch das Simulationsprogramm selbst generiert wurden und nachträglich um einen bekannten Fehler manipuliert wurden. Für diese Manipulation wurden die einzelnen Populationsgrößen gleichverteilt innerhalb eines Intervalls von +- 2,5, +- 10, +- 25 oder +- 50 Individuen oder innerhalb eines Prozentbereichs von +- 0,5, +- 2,5 oder +- 10% verschoben. Für die resultierenden Zeitreihen wurden durch das Programm Zeitrfit eine Anpassung an das logistische Wachstum durchgeführt und registriert, wie viele Datenpunkte innerhalb eines gegebenen Toleranzbereichs lagen (Tabelle 34).

Ausgangs-Zeitreihe waren 50 aufeinanderfolgende Adult-Populationsgrößen aus einer Simulation mit den Parametern für *P. albopunctata* (λ = 1,69, β = 2,64, σ^2 = 0,8) und K = 300.

Tabelle 34: Fehlerbereich der Anpassung von λ und β an Zeitreihen aus der Simulation, die mit einem künstlichen Messfehler versehen wurden. Aufgeführt sind für verschiedene „Messfehler" die optimal angepassten Parameter λ, β und K sowie die Anzahl Parameterkombinationen innerhalb einer angegebenen Toleranz zum Abweichungsquadrat. Die Genauigkeiten sind bei λ 0,02, bei β 0,04 und bei K 0,5, die Anzahl Parameterkombinationen wurde auf 3 Ziffern gerundet.

„Messfehler"	λ	β	K	0,01 %	0,05 %	0,1 %	0,3 %	1 %	5 %
0	1,76	2,96	279	34	329	959	4876	29900	236000
+- 2,5	1,74	2,92	278,5	35	322	893	4590	28200	227000
+- 10	1,72	2,96	277,5	25	284	794	4050	23200	196000
+- 25	1,84	2,72	274	33	309	873	4520	27900	249000
+- 50	2,20	2,16	263	39	376	1050	5390	31400	234000
+- 0,5%	1,74	2,96	279,5	35	333	953	4890	30100	238000
+- 2,5%	1,76	2,92	278,5	33	346	957	4890	30100	242000
+- 10 %	1,88	2,72	275	33	338	942	4910	30100	263000
+- 50 %	3,40	1,72	254,5	59	570	1580	6830	30800	225000

Die vorliegenden Ergebnisse zeigen, daß Schätzfehler unterhalb einer gewissen Größe (+- 25 Individuen oder +- 10%) die Parameterschätzung nicht wesentlich verfälschen und auch den Fehlerbereich der Schätzung nicht vergrößern. Leider liegt dieser tolerierbare Schätzfehler weit unterhalb von demjenigen, der in Populationsgrößenschätzungen im Freiland zu erwarten ist (s. z.B. Szenarien in Abschnitt 6.1.3). Geht der Schätzfehler über diese Grenze hinaus, weichen die Parameterschätzungen deutlich von den Simulationsparametern ab, die Fehlerbereiche vergrößern sich. Schätzfehler bei der Populationsgrößenschätzung in realistischen Größenordnungen haben also einen starken Einfluß auf die Parameterschätzung. Ein ähnliches Ergebnis erzielten SHENK et al. (1998). Sie untersuchten die Auswirkung von Schätzfehlern auf die Detektion von Dichteabhängigkeit durch gängige Tests. Bei zunehmendem Schätzfehler steigerte sich sowohl die Tendenz, bei einem Random Walk fälschlicherweise Dichteabhängigkeit zu erkennen, als auch die Häufigkeit, mit der existierende Dichteregulation aus logistischem Wachstum nicht erkannt wurde.

Positiv erscheint, daß die Verfälschung der Parameterschätzung erst ab einem gewissen Populationsgrößen-Schätzfehler auftritt. Vor zu großem Optimismus sollte allerdings gewarnt werden, denn die verwendeten Zeitreihen waren extrem lang. Dadurch können sich die Abweichungen der Datenpunkte gegenseitig ausgleichen. Bei sehr viel kürzeren Zeitreihen, wie sie die Regel sind, kann schon die Abweichung eines einzigen Datenpunktes entscheidend zum Misserfolg der Parameterschätzung beitragen (vgl. Abschnitt 5.3.3).

Für eine Weiterentwicklung des hier vorgestellten Simulationsverfahrens müssten auf jeden Fall die Schätzfehler der Populationsgrößenschätzung mit in die Parameterschätzung einbezogen werden. Standardisiertes Resampling innerhalb des Fehlerbereichs der einzelnen Datenpunkte könnte es ermöglichen, eine Reihe von virtuellen Zeitreihen zu generieren, aus denen die Parameterschätzung und die Schätzung des Fehlerbereichs erfolgen kann. Nur so ist eine echte Worst-Case-Simulation mit den Extremen des Fehlerbereichs möglich.

5.4 Migration

Bei der Diskussion der potentiellen Fehler des Migrationsmodells setzte ich einen etwas anderen Schwerpunkt als beim populationsdynamischen Modell. Für die Migration spielt die räumliche Anordnung der Flächen eine viel zu große Rolle, als daß man die Fortpflanzung der Fehler aus der Parameterschätzung in mehr als wenigen Einzelfällen ermitteln könnte (s. Abschnitt 5.1.9 ff.). Hier möchte ich mich daher darauf beschränken, in einem speziellen Fall die Auswirkungen der für das Migrationsmodell getroffenen Vereinfachungen zu beleuchten.

5.4.1 Alternative Migrationsmodelle

Als Beispiel werden hier die Untersuchungen von SAMIETZ (1998) im NSG Leutratal verwendet. Hier wurde für mehrere Heuschreckenarten eine detaillierte Kartierung (Abbildung 54) durchgeführt, auf die detaillierte Untersuchungen zur Migration und zur Populationsdynamik aufsetzten. Die daraus resultierenden detaillierten Migrationsmodelle (SAMIETZ & BERGER 1997) erlaubten es, aus dem verhaltensökologischen Modell Migrationsmatrices zu berechnen, die ein realistischeres Migrationsverhalten für *S. lineatus* simulieren. Zusätzlich wurde mit den Freilandbearbeitern aus der pauschalen Bewertung der vorhandenen Barrieren eine Matrix erstellt, die lediglich die Migration zu den benachbarten Flächen hin berücksichtigt. Aus den Freilanderhebungen, die auch die Abschätzung der Flächengröße beinhalteten, konnten zwei Migrationsmatrices nach dem Standardmodell berechnet werden: eine mit der mittleren Flächengröße für alle Flächen und eine, bei der für jede Fläche ihre echte Flächengröße verwendet wurde. Als Habitatkapazitäten wurden die von W. SCHULZ (pers. Mitt.) im Freiland geschätzten Populationsgrößen verwendet (Tabelle 35).

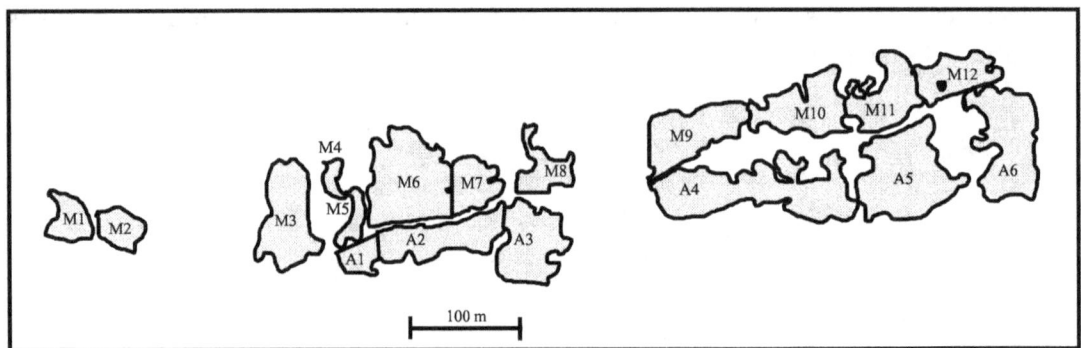

Abbildung 54: Untersuchungsgebiet Leutratal bei Jena, Karte erstellt aus einem Luftbild aus SAMIETZ (1998). Die beschrifteten Flächen sind die Habitate, die Barrieren dazwischen bestehen aus Hecken oder zum größten Teil verbuschten Runsen. Die restliche Fläche nordwestlich der Habitate ist Wald, südöstlich grenzen flache, landwirtschaftlich genutzte Flächen an.

Tabelle 35: Habitatkapazitäten für *S. lineatus* auf den Einzelflächen im NSG Leutratal bei Jena, die für den Vergleich der Migrationsmodelle verwendet wurden. Daten aus Populationsgrößenschätzungen von W. SCHULZ (pers. Mitt.).

Name	M1	M2	M3	M4	M5	M6	M7	M8	M9	M10	M11	M12	A1	A2	A3	A4	A5	A6
K	75	60	0	15	15	203	135	75	0	112	35	75	0	15	45	51	210	414

Der Vergleich der Ergebnisse zeigt zunächst, daß das Standardmodell die konservativste Schätzung der Überlebenswahrscheinlichkeiten und der Allelpersistenz ergibt (Tabelle 36). Dabei spielt es keine Rolle, wie der effektive Flächendurchmesser d geschätzt wird. Im Standardmodell beträgt die Gesamtüberlebenswahrscheinlichkeit etwa 94%, bei den anderen Modellen fast 100%. Von ursprünglich 10 Allelen bleiben beim Standardmodell etwa 4,5, bei den Matrices von Samietz etwas mehr als 5 und bei der Migrationsmatrix aus Barrieren 6,6 erhalten.

Tabelle 36: Überlebenswahrscheinlichkeiten über 100 Jahre (p(Überleben)), Allelzahlen nach 100 Jahren und mittlere Anzahl erfolgreicher Migranten pro Jahr für die sechs verglichenen Migrationsszenarien. Mittelwerte aus je 2000 Simulationsläufen mit den Parametern $\lambda = 1{,}67$, $\beta = 1{,}69$, $\sigma^2 = 1{,}54$ und $p_m = 5\%$. Beim Standardmodell wurde eine mittlere Migrationsdistanz m von 10 m (SAMIETZ 1998) angenommen.

	p(Überleben)	Allelzahl	Migranten/Jahr
Standardmodell: d = mittleres d	0,93	4,57	0,01
Standardmodell: d = reales d	0,95	4,50	0,08
Samietz (1998): Hohe Dichte	0,98	5,27	1,49
Samietz (1998) Geringe Dichte	0,99	5,48	2,98
Freilandbearbeiter: Barrieren	1,00	6,59	10,38

Die Aussagen zu den Einzelpopulationen sind aber sehr unterschiedlich. Während die beiden isoliert im Westen des Gebiets liegenden Populationen M1 und M2 von allen sechs Modellen gleich stark gefährdet gesehen werden, werden M6 und M7 in allen vom Standardmodell abgeleiteten Modellen als wesentlich gefährdeter angesehen als in den anderen Modellen. Im Standardmodell und den daraus abgeleiteten Modellen zieht sich die Population fast vollständig auf die Gebiete im Osten um A6 zurück, bei den beiden Migrationsmatrices nach SAMIETZ (1998) bleiben M6 und M7 als weiteres Zentrum erhalten und bei der mit den Freilandbearbeitern anhand von Barrieren festgelegten Migrationsmatrix haben auch die dazwischenliegenden Populationen Inzidenzen über 30% (Abbildung 55). Daher bleiben in den Standardfällen nur 2 der 18 Populationen nach 100 Jahren besetzt, bei den Migrationsmatrices nach SAMIETZ (1998) 4 bzw. 5 und bei der Barrieren-Matrix sogar im Mittel 10 (Abbildung 56).

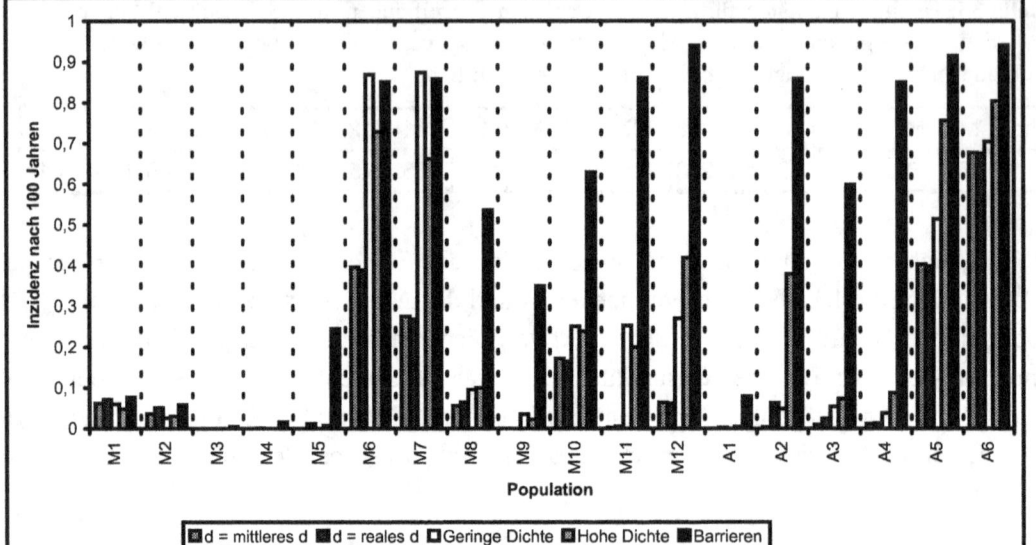

Abbildung 55: Inzidenzen der Einzelpopulationen von *S. lineatus* im NSG Leutratal nach 100 Jahren. Mittelwerte aus je 2000 Replikaten mit fünf verschiedenen Migrationsmatrices. Parameter: λ = 1,67, β = 1,69, σ^2 = 1,54 und p_m = 5%.

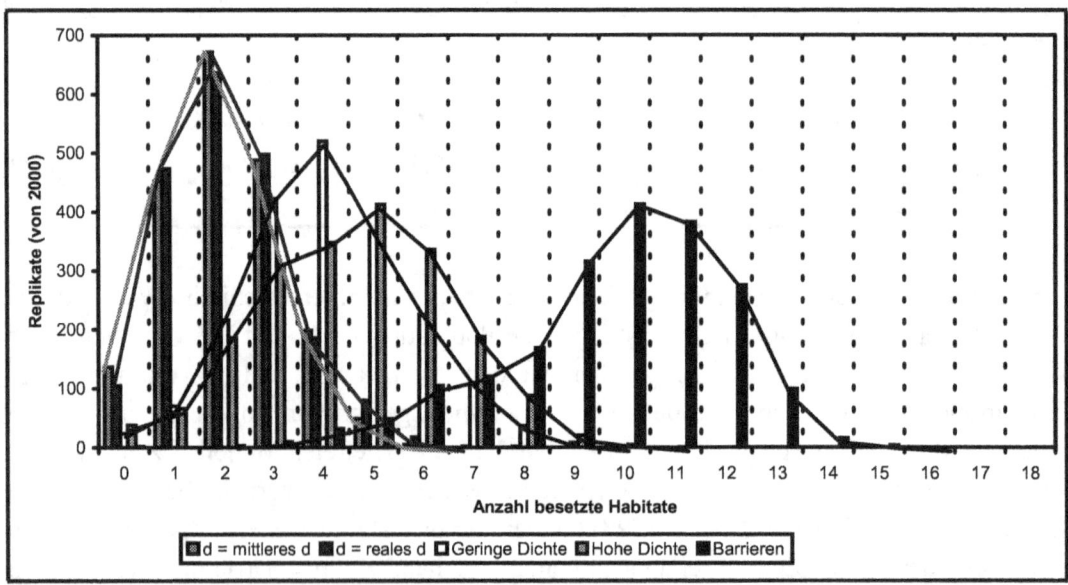

Abbildung 56: Verteilung der Anzahlen von nach 100 Jahren besetzten Patches für *S. lineatus*, NSG Leutratal. Balken, die zum gleichen Migrationsmodell gehören, sind durch Linien verbunden. Resultate aus je 2000 Simulationsläufen mit den Parametern λ = 1,67, β = 1,69, σ^2 = 1,54 und p_m = 5%.

Ein Blick auf die Migrantenzahlen erklärt einige der Gemeinsamkeiten und Unterschiede: Alle vom Standardmodell abgeleiteten Modelle lassen kaum Migration zu, die beiden Modelle von SAMIETZ (1998) in der Summe immerhin 1,5 und 3 Migranten pro Jahr, das Modell mit Barrieren sogar 10 (Tabelle 36). Insgesamt läßt sich daraus schließen, daß mehr Migranten auch mehr überlebende Populationen und damit eine höhere Überlebenswahrscheinlichkeit und eine höhere Allelpersistenz der Gesamtpopulation bedingen.

Die Aufschlüsselung der Anzahlen von Emigranten und Immigranten auf die einzelnen Populationen (Abbildung 56) läßt die Ableitung von Migrationsvorgängen und -richtungen zu. M6 und M7 tauschen untereinander Migranten aus. M8, A2 und A3 gehören ebenfalls zu diesem Migrantenpool, sind aber eher Sink-Populationen. Ein zweiter Migrantenpool besteht aus den Populationen M9 bis M12 und A4 bis A6. Dort spielen die Populationen M10, A5 und A6 die Rolle der Source-Populationen, die restlichen Populationen sind Netto-Empfänger.

Hier zeigt ein Blick auf die Details deutliche Unterschiede. Die Tatsache, daß das Standardmodell das konservativste der getesteten Szenarien ist, ist immerhin positiv zu bewerten. Allerdings liegt das mit Sicherheit daran, daß hier die niedrigsten Migrationsdistanzen und Flächendurchmesser verwendet wurden. Die Migration war also in allen anderen Szenarien intensiver, was bei so kleinen Populationen eine große Rolle spielen kann. Interessant ist auch, daß die Auswirkungen auf die Einzelpopulationen extrem unterschiedlich waren. Die Populationen M1 und M2 unterschieden sich in den einzelnen Szenarien kaum, während die Inzidenz von A2, A4 und M11 um mehr als das 10fache zunahm.

Nicht in jedem Szenario muß es aber so sein, daß das Standardmodell die Migration niedriger schätzt als ein detaillierteres Modell oder daß diese Unterschätzung zu einer geringeren Inzidenz führt (vgl. Abschnitt 5.1.11). Das vorliegende Beispiel ist für das Standardmodell denkbar ungeeignet, da die Flächen sehr heterogen, eng benachbart und durch Barrieren getrennt sind. Enge Nachbarschaft führt in Kombination mit den für *S. lineatus* gemessenen geringen Wanderleistungen dazu, daß der Individuenaustausch zwischen zwei Flächen stärker durch die gemeinsame Grenzlinie als durch die Entfernung der Flächen bestimmt wird (SAMIETZ 1998). Diese Grenzlinie wird im vorliegenden Beispiel zum Teil noch extrem durch Barrieren verkleinert.

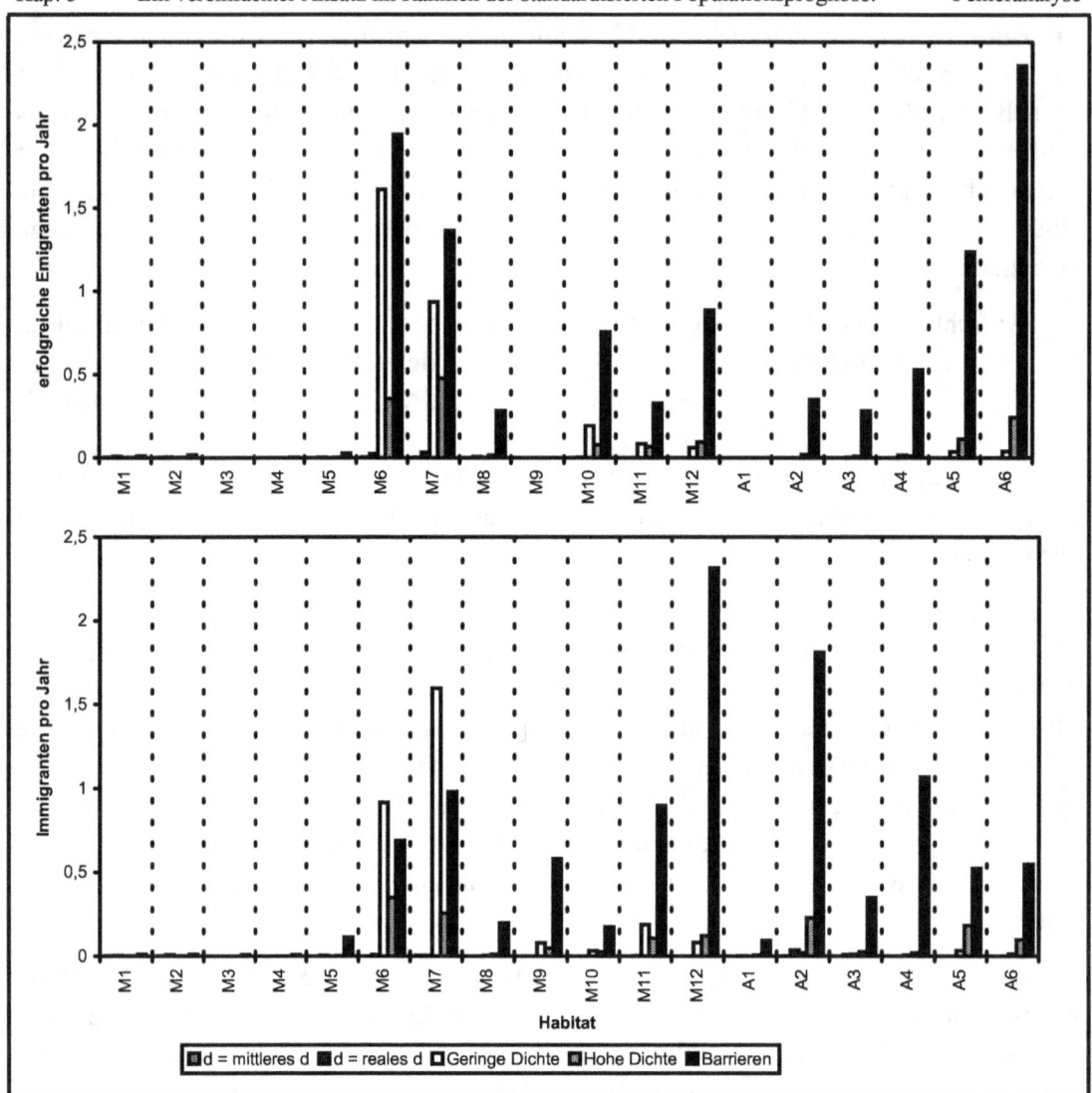

Abbildung 57: Mittlere jährliche Anzahlen erfolgreicher Emigranten (oben) und Immigranten von *S. lineatus* im NSG Leutratal bei Jena, aufgeschlüsselt nach Einzelflächen. Mittelwerte aus je 2000 Simulationsläufen über 100 Jahre mit den Parametern $\lambda = 1{,}67$, $\beta = 1{,}69$, $\sigma^2 = 1{,}54$ und $p_m = 5\%$ für fünf verschiedene Migrationsmodelle.

Die hier gezeigten Abweichungen des Standardmodells und eines detaillierteren Modells zeigen deutlich die Schwächen des Standardmodells auf. Ebenso wie bei der Populationsdynamik gilt hier, daß jedes mit betrachtete Detail zusätzliche Information einbringt, aber auch zusätzliche Eingaben erfordert, die unter Umständen nicht verfügbar sind. Die meisten Untersuchungen zum Schutz einer einzelnen Art basieren jedoch auf flächendeckenden Kartierungen und einem recht guten Wissen darüber, welche Habitate für die Art geeignet sind oder nicht. Damit könnten z.B. geographische Informationssysteme (GIS) dazu genutz werden, alle potentiellen Wege zwischen den Patches zu ermitteln (KUHN & KLEYER 1997). Auch Rastermodelle wie bei SAMIETZ & BERGER (1997) sind datzu geeignet, die räumliche Situation besser abzubilden als das Standardmodell, erfordern allerdings mehr Daten über das kleinräumigs Migrationsverhalten der betrachteten Art.

Wenn solche detaillierten Modelle Migrationsmatrices produzieren können, die als Input für SISP geeignet sind, ist eine Verwendung möglich und führt zu wahrscheinlich realistischeren Ergebnissen. Für eine Weiterentwicklung des Simulationstools sollte also eine Reihe detaillierter Migrationsmodelle unter Verwendung der Migrationsmatrix als Standardschnittstelle entwickelt werden.

5.5 Validierung

Die Validierung der Modellergebnisse, d.h. der Vergleich mit Freilanduntersuchungen, war nicht Teil dieser Arbeit. Dennoch sollen Möglichkeiten und Grenzen der Validierung des verwendeten Modells kurz andiskutiert werden.

Bei den Fehlerbereichen, die in den beiden vorangegangenen Abschnitten aufgedeckt wurden, ist die Validierung des Modells kaum möglich. Bei Abweichungen zwischen Freiland- und Simulationsergebnissen wäre es nur schwer möglich, zwischen Fehlern in der Parameterabschätzung und echten Vorhersagefehlern zu unterscheiden.

Abgesehen von den großen Fehlerbereichen birgt die Validierung des verwendeten Modells eine weitere Schwierigkeit: die prognostizierten Daten sind Wahrscheinlichkeiten, die sich in Freiland nur schwer messen lassen. Auch durch gezielte Experimente lassen sich im Freiland kaum Validierungsdaten gewinnen, da die natürliche Stichprobengröße der beobachteten Aussterbeprozesse (erfreulicherweise !) zu einer statistisch aussagekräftigen Beurteilung nicht ausreicht und eine Manipulation des Aussterbens in statistisch signifikanten Testumgebungen ethisch untragbar ist.. Die Anwendung des Simulationsmodells auf die Situation des Apollofalters in der Fränkischen Schweiz (s. Anhang) beispielsweise ergab für eine der kleinsten Populationen eine Inzidenz von 98%. Laut Beobachtung der Freilandbearbeiter waren im Jahr 1999 dort aber keine Raupen zu finden, d.h. die Population war ausgestorben (DOLEK pers. Mitt.). Dies ist zwar ein Hinweis darauf, daß das Modell die Inzidenz der dortigen Population überschätzen könnte, reicht aber für eine Validierung noch nicht aus. Es könnte sich ja genau um die zwei Prozent Wahrscheinlichkeit handeln, mit der der Patch unbesetzt sein sollte.

Ein Ausweg wäre die Verwendung von Nebenergebnissen, z.B. Migrationsraten oder Populationsgrößen, zur Validierung. Für die exakte Vorhersage von Populationsgrößen oder Migrationsraten müßte das Modell aber wesentlich detaillierter sein, d.h. die exakten Umweltbedinungen eines Jahres abbilden können. Ein Beispiel wäre das auf echten Wetterdaten beruhende populationsdynamische Modell für P. albopunctata (GRIEBELER ET AL. in vorb.). Das hier verwendete Modell ergibt nur mittlere Migrationsraten bzw. Populationsgrößen, die in der Realität von Jahr zu Jahr je nach Umweltbedingungen stark schwanken können. Diese Schwankung wird im Modell nur stochastisch nachgebildet, so daß keine Parallelentwicklung von realer und simulierter Population gegeben ist, auch wenn die mittlere Populationsgröße gleich ist. Liegen allerdings Zeitreihen echter Populationsgrößenschätzungen vor, können diese statistisch mit den Zeitreihen aus den Simulationen verglichen werden. Dafür bietet sich z.B. eine Untersuchung der fraktalen Dimension der Zeitreihe an, wie sie für die Analyse von Epidemien schon erfolgreich verwendet wurde (SUGIHARA & MAY 1990).

Eine weitere Möglichkeit ist die zweistufige Verifikation. Hier erstellt man detaillierte Modelle (unter Berücksichtigung von Wetter, kleinräumiger Dispersion etc.), verifiziert diese mit detaillierten Freilanduntersuchungen, und läßt sie Ergebnisse berechnen, die den Ergebnissen der ‚gröberen' Modelle entsprechen, in diesem Fall Inzidenzen. Diese Modellergebnisse können dann miteinander verglichen werden. Damit lassen sich Probleme mit der Stichprobengröße oder der Unabhängigkeit der Eingangsgrößen meist vermeiden. Allerdings ist diese Kontrolle nur indirekt, da nicht gewährleistet ist, ob die Modelle, die kurzfristiges Verhalten korrekt wiedergeben, auch langfristiges Verhalten richtig zeigen. Dieser Methode entspricht der in Abschnitt 5.4 durchgeführte Vergleich mehrerer Migrationsmodelle.

6 Beispiele praktischer Anwendung

Mit dem oben dargestellten Simulationsmodell wurden insgesamt 27 Szenarien aus 14 Anwendungen berechnet (s. Anhang H). Die Ausgangsdaten für 15 dieser Szenarien stammten aus dem FIFB-Projekt (AMLER et al. 1999), zwölf weitere wurden mit Unterstützung der Bundesstiftung Umwelt (POETHKE et al. in vorb.) durchgeführt. Mit den letztgenannten zwölf Szenarien konnte das Simulationswerkzeug mit Datenbankanbindung getestet werden. Im Rahmen der vorliegenden Arbeit kann auf die einzelnen Anwendungsfälle nur kurz eingegangen werden, mehr Aufmerksamkeit wird den in den Anwendungen ersichtlichen Stärken und Schwächen des Simulationswerkzeugs gewidmet.

Die Anwendungen deckten die gesamte Palette der denkbaren geographischen Gegebenheiten ab, von vier kleinen, recht weit voneinander entfernten Einzelflächen (Bsp. *P. albopunctata* Münsingen, Ist-Szenario, Anhang H3) bis hin zu einem Komplex aus über 50 gut untereinander erreichbaren Habitaten (Bsp. *M. didyma*, Hammelburg, Alle Flächen, Anhang H7). Beide untersuchte Artengruppen sind gut vertreten, 17 der Anwendungen wurden für insgesamt fünf Heuschreckenarten durchgeführt, die restlichen zehn Anwendungen basierten auf Parametern von drei Tagfalterarten.

Angaben zu den einzelnen Anwendungen finden sich im Anhang H.

Im folgenden wird der Verlauf einer typischen Simulationsanwendung erläutert und jeder Schritt an Beispielen aus der Praxis illustriert.

6.1 Ablauf einer Simulationsstudie

Im Ablauf einer Gefährdungsanalyse einer Art unter Verwendung des Simulationsmodells gibt es einige Schritte, die hier näher betrachtet werden sollen:

- die vorbereitende Kartierung
- die Auswahl der Art
- die Populationsgrößenschätzung
- die Auswahl der Modellparameter
- die Auswahl der Modellszenarien
- die Interpretation und Bewertung der Ergebnisse

6.1.1 Vorbereitende Kartierung

Bei jeder Artenschutzmaßnahme findet zunächst eine Kartierung der Vorkommen statt. Für das Simulationsmodell sind dabei vor allem die Vollständigkeit der Flächenerhebungen und die Richtigkeit der Populationsgrößenschätzungen wichtig.

Bei einer Pflegemaßnahme wird in der Regel zunächst eine grobe Biotoptypkartierung erstellt, dann eine Artenliste und schließlich, wenn im Gebiet eine Art von außerordentlicher Bedeutung vorkommt, eine Schätzung der Populationsgröße. Die Populationsgrößenschätzung erfolgt also nach der Artauswahl.

Nur in seltenen Fällen - vorwiegend bei Forschungsarbeiten - werden parallel Populationsgrößenschätzungen zu mehreren Arten durchgeführt, die Auswahl der Art, die durch Simulationen näher untersucht wird, erfolgt im Nachhinein. Beispiel hierfür sind die Untersuchungen in der Märkischen Schweiz und im Diemeltal. Hier lagen aus zwei Forschungsarbeiten (FARTMANN 1997, pers. Mitt.) umfangreiche Daten für mehrere Heuschrecken- und Tagfalterarten vor.

Gerade bei Artenhilfsprogrammen liegt aber vor der eigentlichen Kartierung schon die Zielart fest. Beispiel hierfür sind die Untersuchungen über die Ödlandschrecken (*Oedipoda germanica* und *Oedipoda caerulescens*) im Mittelrheintal (NICKLAS-GOERGEN 1998) oder das Apollo-Hilfsprogramm in der Fränkischen Schweiz (GEYER & DOLEK 1995). Hier ist die Ausgangssituation ideal, da meist auch mehrjährige intensive Kartierungen vorgenommen werden.

In allen Fällen ist es nötig, die Kartierung flächendeckend durchzuführen, da bereits kleine Patches als Stepping Stones den Individuenaustausch zwischen zwei großen Populationen deutlich verbessern, selbst wenn sich dort keine überlebensfähige Population halten kann (GRIEBELER 1997). Mangelnde Flächendeckung der Kartierung kann z.B. den bei *Oedipoda* spp. im Mittelrheintal beobachteten Effekt hervorrufen, daß der mit populationsgenetischen Methoden gemessene Individuenaustausch nur mit extrem unrealistischen Migrationsparametern zu erreichen ist (s. Abschnitt 4.2.1.4).

Weiter zu berücksichtigen ist, daß alle Populationen mit in die Kartierung eingeschlossen werden, die in eine Metapopulationsstruktur mit den kartierten Populationen eingebunden sein könnten. Daher muß bis zur maximalen Wanderdistanz über das Hauptuntersuchungsgebiet oder weitere potentielle Habitate hinaus kartiert werden, um einen wesentlichen Einfluß abseits liegender Populationen auszuschließen.

Am Beispiel *Melitaea didyma* bei Hammelburg (VOGEL 1999) konnte die Auswirkung von zunächst nicht berücksichtigten Nachbarpatches dargestellt werden:

Im Raum Hammelburg, der von K. VOGEL (1996, 1998, 1999) im Rahmen des FIFB-

Projektes bearbeitet wurde, sollte mit den örtlichen Behörden gemeinsam ein Pflegekonzept für die in Abnahme begriffenen Trockenrasenflächen erstellt werden. Dort wurde eine Populationsgefährdungsanalyse für den Feuerroten Scheckenfalter *M. didyma* erstellt (VOGEL 1999), die die Basis für die hier aufgeführte Simulationsanwendung bildet. *M. didyma* kommt im Untersuchungsgebiet auf ca. 50 Flächen vor, von denen ein Kernbereich mit 15 Flächen detailliert populationsökologisch (VOGEL 1996, 1998) und populationsgenetisch (JOHANNESEN & VOGEL 1997) untersucht wurde. Die untersuchten 15 Populationen liegen in der Nähe der Stadt Hammelburg am Südrand der Rhön. Die von *M. didyma* besiedelten Schafweiden und Obstwiesen liegen in mehreren Paralleltälern, die Hügelrücken dazwischen sind mit Laub- und Mischwäldern bestanden (Abbildung 58, aus VOGEL 1998).

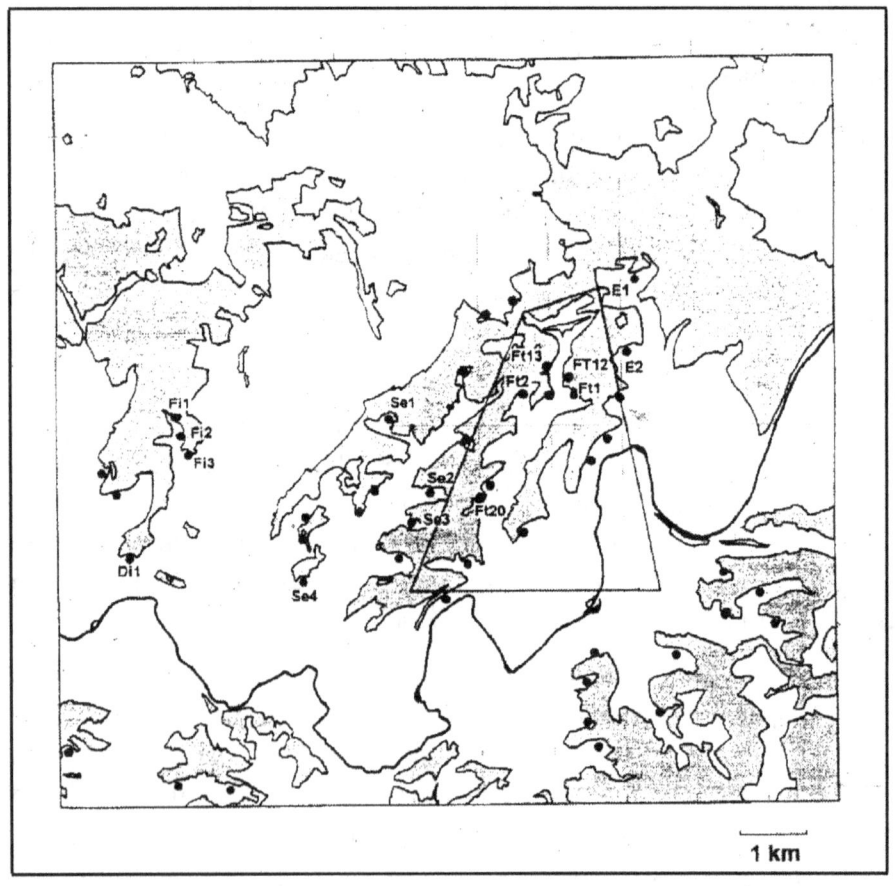

Abbildung 58: TK 5825 Hammelburg, in Ausschnitt aus VOGEL (1996). Grau dargestellt sind Wälder, hell offene Bereiche. Die Punkte sind bekannte Vorkommen vom *M. didyma*. Die benannten Vorkommen wurden von VOGEL (1996, 1998, 1999) detailliert untersucht.

Für die Jahre 1994 und 1995 wurden in Transektbegehungen die Populationsgrößen der Untersuchungsflächen geschätzt (VOGEL 1996, 1998). Für die Simulation wurden aus einer längeren Datenreihe (1992-1995) für eine der Probeflächen mittlere Populationsgrößen für die anderen Flächen extrapoliert, die als Kapazitätsschätzungen (Tabelle 37) verwendet wurden. Da für die restlichen Patches Populationsgrößenschätzungen fehlen, wurden sie aufgrund der gefundenen Abhängigkeit der Populationsgröße von der Flächengröße in zwei Klassen mit den Kapazitäten 50 und 250 Individuen eingeteilt (VOGEL 1998).

Tabelle 37: Koordinaten, Flächengrößen und Habitatkapazitäten für *M. didyma* für die Hauptuntersuchungsflächen bei Hammelburg. Die Habitatkapazitäten wurden aus Abundanzschätzungen der Jahre 1994 und 1995 berechnet und korrigiert durch Langzeitdaten von 1992 - 1995 auf einer Fläche (Ft1)

Name	Größe	Koordinaten[km] X	Y	Geschätzte Kapazität
Ft1	4,5	8,3	4,6	1477,5
Ft12	0,2	8,3	4,4	159,2
Ft13	0,2	7,9	4,2	64,2
Ft20	1	6	6	369,4
Ft2	5,1	6,6	4,6	480,2
Se1	1,2	4,7	4,9	247,1
Se4	2,3	3,5	7,1	284,9
Fi1	1,2	1,7	4,8	365,9
Fi2	0,7	1,7	5,1	206,7
Fi3	1,8	1,8	5,4	241,9
E1	5,7	8,2	3	1265,5
E2	4,7	8,1	4	700,9
Di1	5,3	1	6,8	624,4
Se2	1,5	5,3	5,9	346,5
Se3	4,6	5	6,3	1077,3

Da für M. didyma keine längere Zeitreihe bekannt war, wurden nach Rückfrage mit der Freilandbearbeiterin stellvertretend die populationsdynamischen Parameter von *Melanargia galathea* verwendet. Daraus ergibt sich, daß die geschätzten Kapazitäten alle deutlich unter der MVP (25 Jahre: 5000 Individuen, 100 Jahre: 15000 Individuen) liegen, die Summe aller Kapazitäten aber deutlich über der MVP für 25 Jahre. Bei ausreichendem Individuenaustausch wäre also ein Überleben der Gesamtpopulation über 25 Jahre durchaus zu erwarten, schon wenn sie nur aus den 15 Hauptuntersuchungsflächen bestünde. Die Gesamtpopulation wäre aber bei einem Planungshorizont von 100 Jahren deutlich gefährdet. Im Szenario, bei denen alle 53 vorhandenen Populationen in Klassen mit Kapazitäten von 250 und 50 Individuen eingeteilt sind, wird mit 6450 Individuen ebenfalls eine Kapazität oberhalb der 25-Jahre-MVP erreicht.

In einer ersten Studie wurde nur die erste analysierte Zeitreihe, die kumulierten Daten aus Großbrittanien, verwendet (VOGEL 1999). Hier wird die Untersuchung nachvollzogen mit dem Parametersatz, der sich aus der gepoolten Analyse aller Zeitreihen ergab. Die verwendeten Parameterwerte für das populationsdynamische Modell sind: $\lambda = 1{,}357$, $\beta = 3{,}629$ und der aus der Datenreihe von REICHHOLF (1986) für Deutschland hergeleitete σ^2-Wert von 0,8. Für das Dispersionsmodell wurden aus den für Hammelburg gefundenen populationsgenetischen Daten (JOHANNESEN & VOGEL 1997) die Parameterwerte $p_m = 0{,}173$, $m = 2{,}08$ und $d = 1{,}76$ hergeleitet.

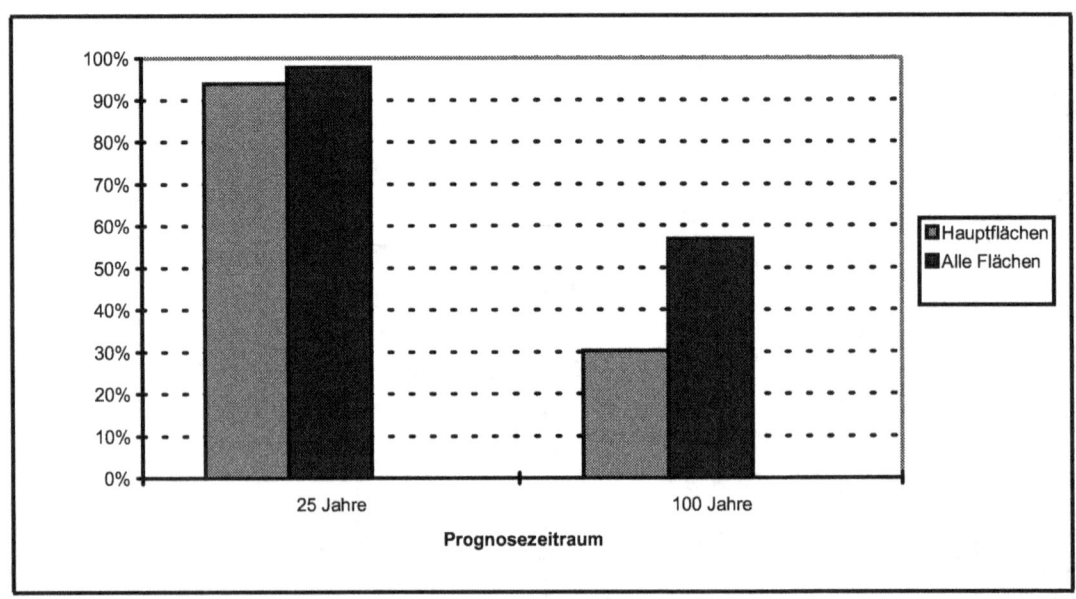

Abbildung 59: Überlebenswahrscheinlichkeit der Gesamtpopulation von *M. didyma* im Untersuchungsgebiet Hammelburg für die zwei Szenarien 'Nur Hauptuntersuchungsflächen' und 'Alle Flächen'. Ergebnisse aus Simulationen mit den Parametern $\lambda = 1{,}357$, $\beta = 3{,}629$, $\sigma^2 = 0{,}8$, $p_m = 0{,}173$, $m = 2{,}08$ und $d = 1{,}76$; Mittelwerte aus je 2000 Replikaten.

In der Prognose für die Gesamtpopulation (Abbildung 59) bringen die zusätzlich betrachteten Populationen kurzfristig einiges, sie erhöhen die Gesamtüberlebenswahrscheinlichkeit von 94 auf knapp 98%, damit muß die

Gesamtpopulation über 25 Jahre als gesichert angesehen werden. Mit einem Prognosehorizont von 100 Jahren zeigt sich ebenfalls ein deutlicher Effekt, die Gesamtüberlebenswahrscheinlichkeit wird von 30 auf 57% gesteigert, also fast auf das Doppelte.

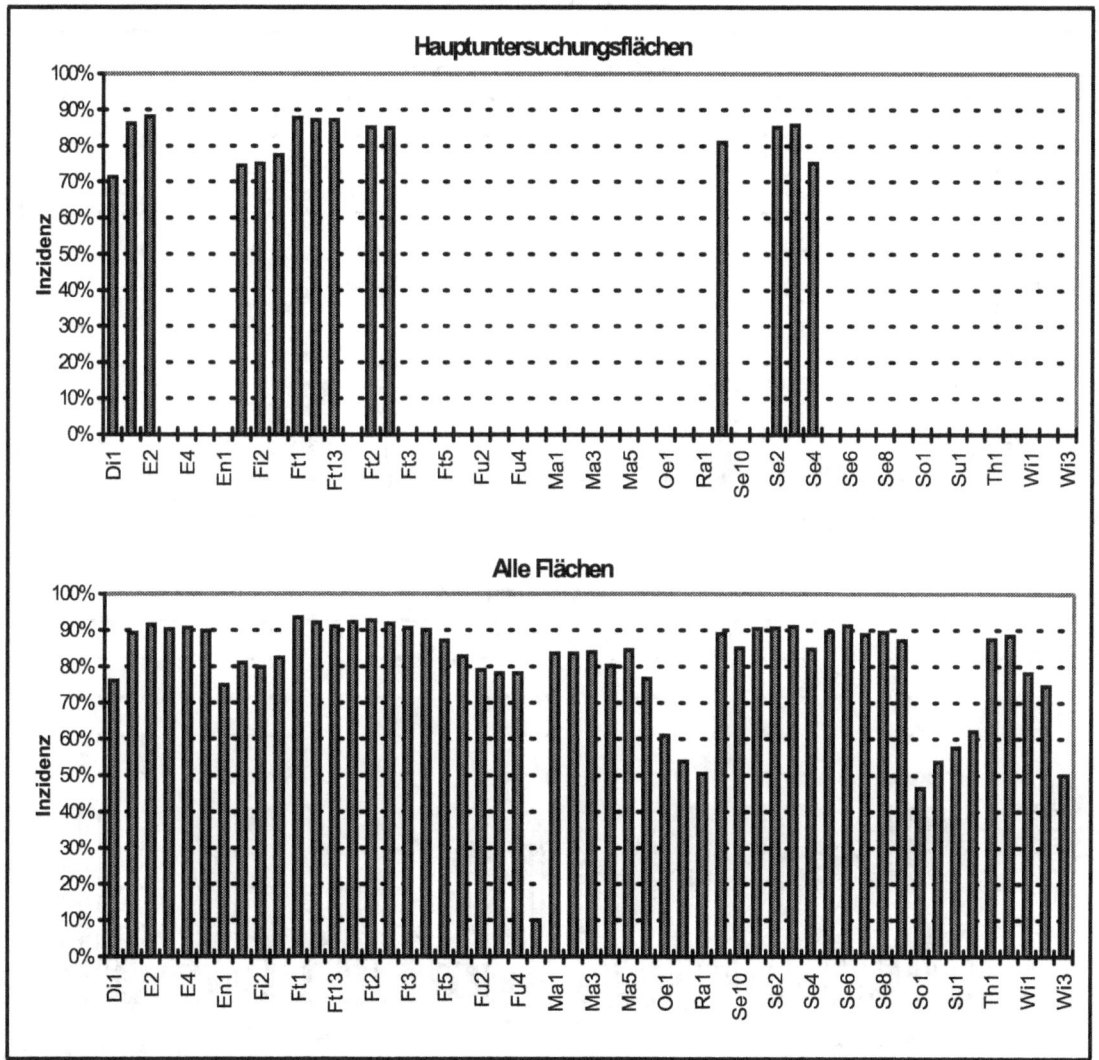

Abbildung 60: Inzidenzprognosen über 25 Jahre für die Lokalpopulationen von *M. didyma* im Untersuchungsgebiet Hammelburg. Oben nur Haupt-Untersuchungsflächen, unten alle Flächen, davon die nicht näher untersuchten in Kapazitätsklassen eingeteilt. Auf der X-Achse sind die Flächennamen aufgetragen, auf der Y-Achse die Inzidenz. Ergebnisse aus Simulationen mit den Parametern $\lambda = 1{,}357$, $\beta = 3{,}629$, $\sigma^2 = 0{,}8$, $p_m = 0{,}173$, $m = 2{,}08$ und $d = 1{,}76$; Mittelwerte aus je 2000 Replikaten.

Beim Vergleich der Inzidenzprognosen der Lokalpopulationen nach 25 Jahren (Abbildung 60) fällt auf, daß die im zweiten Szenario zusätzlich betrachteten Populationen zwar hohe Inzidenzen haben, die Inzidenzen der Hauptuntersuchungsflächen aber nur um maximal fünf Prozentpunkte anheben. Wird der Prognosezeitraum auf 100 Jahre ausgedehnt (Abbildung 61), bringen die zusätzlich betrachteten Habitate einen deutlichen Inzidenzgewinn (bis 20 Prozentpunkte) auch für die Hauptuntersuchungsflächen.

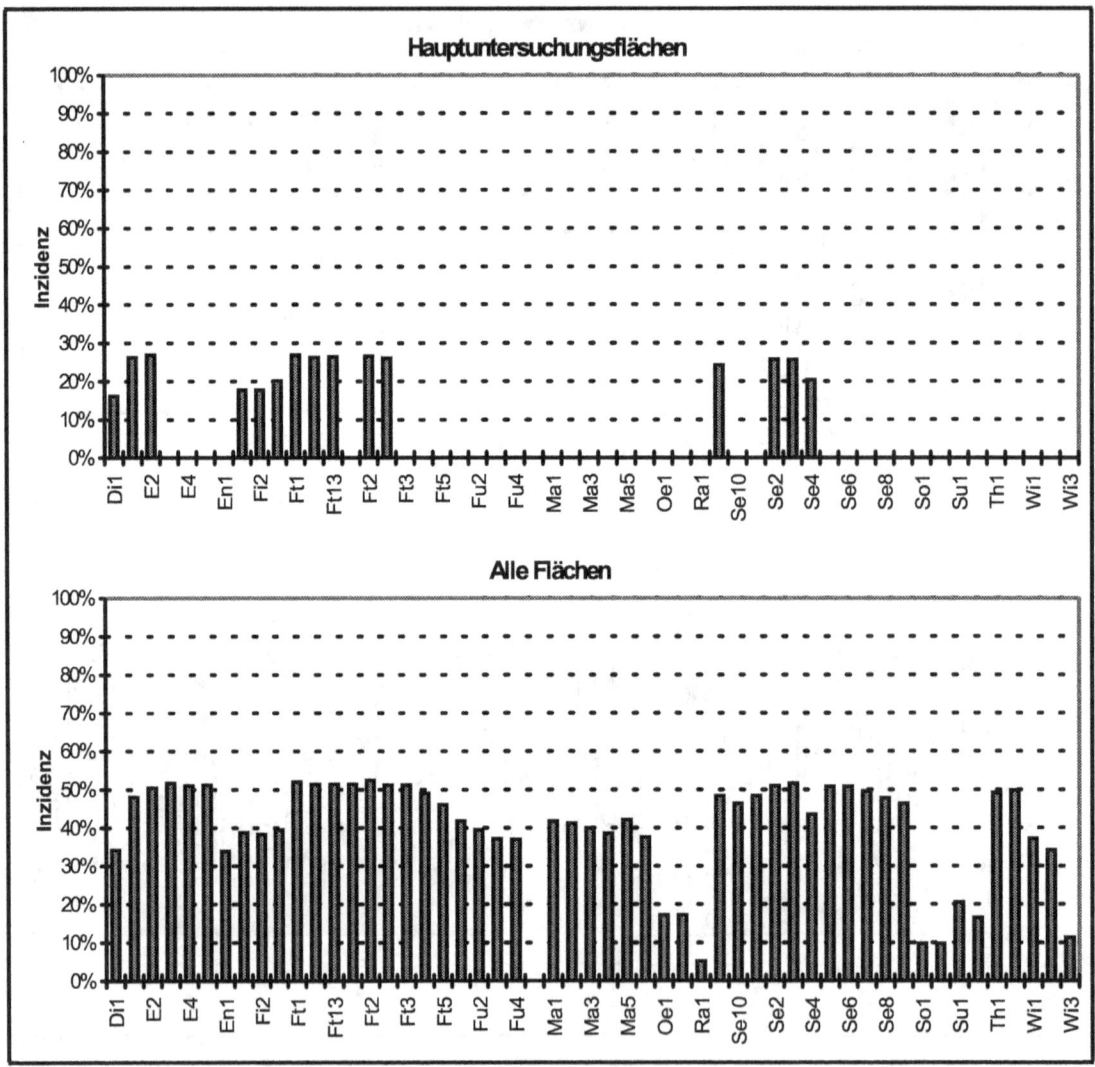

Abbildung 61: Inzidenzprognosen über 100 Jahre für die Lokalpopulationen von *M. didyma* im Untersuchungsgebiet Hammelburg. Oben nur Haupt-Untersuchungsflächen, unten alle Flächen, davon die nicht näher untersuchten in Kapazitätsklassen eingeteilt. Auf der X-Achse sind die Flächennamen aufgetragen, auf der Y-Achse die Inzidenz. Ergebnisse aus Simulationen mit den Parametern $\lambda = 1{,}357$, $\beta = 3{,}627$, $\sigma^2 = 0{,}8$, $p_m = 0{,}173$, $m = 2{,}08$ und $d = 1{,}76$; Mittelwerte aus je 2000 Replikaten.

An diesem Beispiel erkennt man, wie wichtig eine vollständige Kartierung der potentiell miteinander wechselwirkenden Flächen ist. Berücksichtigt man nun noch, daß im Süden des Untersuchungsgebiets ein Truppenübungsplatz liegt, der vermutlich auch geeignete Habitate enthält, aber nicht kartiert werden konnte, erscheint die Population als zumindest mittelfristig gesichert.

Eine vollständige Kartierung ist auch Voraussetzung für ein Gutachten ohne Simulationsanwendung. Das hier angeführte Beispiel zeigt, daß ohne diese Grundlage auch eine Simulationsanwendung wenig oder nichts zur Beurteilung der Situation beitragen kann. In diesem Zusammenhang muß vor der scheinbaren Objektivität gewarnt werden, die eine Simulation auf Basis von unvollständigen Daten vorgaukeln kann.

6.1.2 Auswahl der Art

Die Möglichkeiten, wie Artauswahl und Kartierung zeitlich und thematisch verknüpft sind, wurden oben bereits angesprochen. Wichtig bei der Artauswahl ist, daß die in der Simulation zu betrachtende Art tatsächlich eine Zielart ist. Die Bedeutung wird besser durch den englischen Begriff „umbrella species" verdeutlicht: Die in der Simulation untersuchte Art sollte die Habitatansprüche möglichst vieler anderer Arten abdecken, damit durch den Schutz der Zielart möglichst viele andere Arten mit geschützt werden.

In wie weit so etwas gelingt, soll am Beispiel Leutratal (Abbildung 54, Abschnitt 5.4.1) gezeigt werden. Dort wurden mehrere Heuschreckenarten in einem Naturschutzgebiet flächendeckend kartiert (SCHULZ pers. Mitt.), der Schwerpunkt lag dabei auf *Stenobothrus lineatus* (SAMIETZ 1998).

Naturschutzstrategischer Schwerpunkt der Untersuchungen war ein Konflikt unterschiedlicher Schutzziele (SAMIETZ 1998). Für seinen Orchideenreichtum bekannt, wurde das Gebiet schon früh unter Schutz gestellt, aber auch bei Naturliebhabern bekannt. Da durch Trittschäden und Individuenentnahme die Orchideenpopulation gefährdet wurde, versuchte man, den Zugang zu den einzelnen Flächen durch Hecken zu erschweren. Diese Hecken wirkten allerdings für die Heuschrecken als Barrieren und hatten eine Abnahme der Heuschreckenpopulation zur Folge. Zusätzlich verbuschte das Gelände in den letzten Jahren zusehends. Heute ist das für Heuschrecken nutzbare Habitat durch Hecken und Waldstücke in insgesamt 18 Teilflächen untergliedert (Tabelle 38) und erstreckt sich in west-östlicher Richtung über ca. 1 km, in nord-südlicher Richtung über ca. 200 m. Nun wurden mehrere Szenarien diskutiert, wie einige dieser Barrieren aufgehoben werden könnten, ohne die Gefahr für die Orchideen zu vergrößern. Das Studium der Mobilität der Heuschrecken wurde daher am Beispiel *S. lineatus* näher untersucht und auch mit einem detaillierten Simulationsmodell beleuchtet (SAMIETZ & BERGER 1997). Für die Gefährdungsanalyse wurden neben *S. lineatus* noch *Gomphocerus rufus* und *Euthystira brachyptera* kartiert (Tabelle 38).

Schon anhand der Simulationsparameter erkennt man, daß am ehesten *E. brachyptera* als Zielart geeignet wäre. Die Populationsgrößenschätzungen liegen zwar etwas über denen von *S. lineatus*, aber die Parameter für die Simulation sind deutlich empfindlicher (kleines λ, großes β). *G. rufus* kommt schon aufgrund der hohen Individuenzahlen nicht als gefährdete Zielart in Betracht.

Tabelle 38: Flächennamen, Koordinaten, geschätzte Populationsgrößen (SCHULZ pers. Mitt.) und daraus errechnete Habitatkapazitäten (Schwankungsfaktor = 10) für *S. lineatus, G. rufus* und *E. brachyptera* im NSG Leutratal bei Jena. Wenn im Untersuchungsjahr keine Heuschrecken festgestellt werden konnten, wurde eine minimale Kapazität angenommen, die der Hälfte der kleinsten Population entspricht.

Name	X [km]	Y [km]	S. lineatus		G. rufus		E. brachyptera	
			N	K	N	K	N	K
M1	0,042	0,1	75	42	450	288	120	77
M2	0,088	0,088	60	33	430	277	240	154
M3	0,242	0,1	0	4	2680	1478	840	462
M4	0,3	0,138	15	8	700	235	6	2
M5	0,308	0,1	15	8	775	427	100	55
M6	0,358	0,138	203	112	1485	819	216	119
M7	0,415	0,131	135	74	525	288	124	68
M8	0,477	0,135	75	42	310	171	20	11
M9	0,638	0,177	0	4	705	387	588	323
M10	0,738	0,2	112	62	1635	258	133	21
M11	0,804	0,204	35	17	560	305	46	25
M12	0,869	0,227	75	42	350	192	120	66
A1	0,308	0,069	0	4	25	15	19	11
A2	0,388	0,085	15	8	35	19	20	11
A3	0,469	0,081	45	25	20	7	6	2
A4	0,681	0,127	51	28	250	73	66	19
A5	0,842	0,142	210	116	1360	747	140	77
A6	0,935	0,169	414	228	440	245	92	51

Wenn man die Inzidenzen der Lokalpopulationen genauer betrachtet, bemerkt man aber, daß in den westlichsten Populationen (M1 - M4) *S. lineatus* ohne Pflege sicher ausstirbt, während *E. brachyptera* noch mit fast 5% Wahrscheinlichkeit überlebt (Abbildung 62). Nur in diesem Bereich ist *E. brachyptera* weniger gefährdet als *S. lineatus*. Je nach dem, welche der beiden Arten man als Zielart betrachtet, würden die Pflegemaßnahmen unterschiedlich geplant werden: Für *S. lineatus* wäre es optimal, auf breiter Fläche eine wenig intensive Pflege durchzuführen und eventuell dafür die Flächen M1 - M3 mit hohem Aufwand wiederzubeleben. Für *E. brachyptera* sollte sich die Pflege dagegen eher auf das östliche Areal konzentrieren, damit eine überlebensfähige Kernpopulation geschaffen wird.

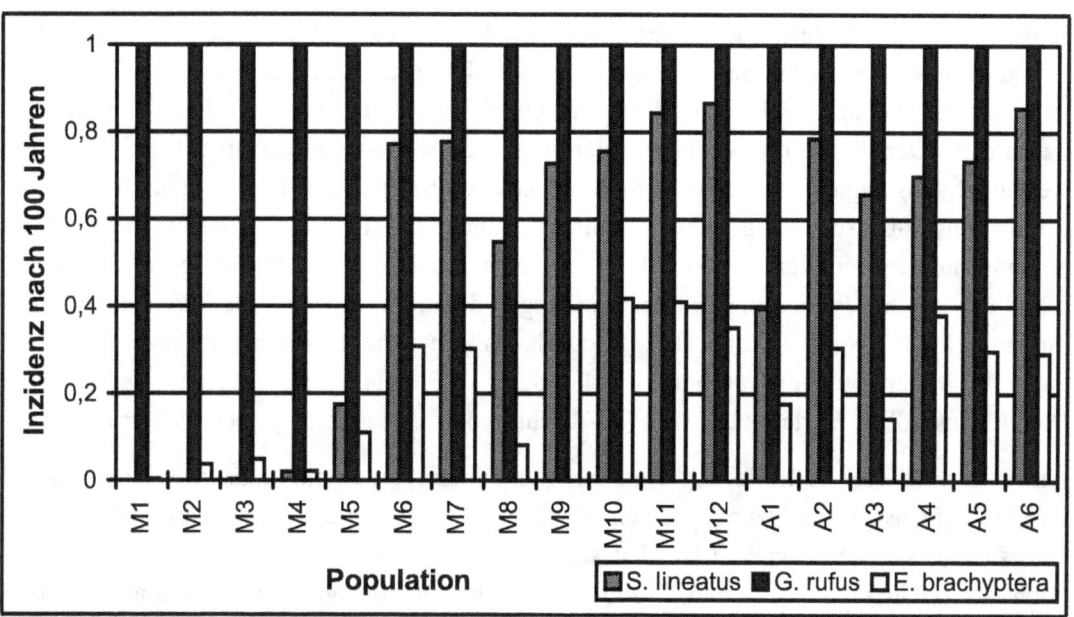

Abbildung 62: Prognostizierte Inzidenzen der Lokalpopulationen von drei Heuschreckenarten im Leutratal bei Jena. Ergebnisse aus je 2000 Replikaten mit den Parametern $\lambda = 1{,}67$, $\beta = 1{,}69$, $\sigma^2 = 1{,}54$ für *S. lineatus*, $\lambda = 2{,}46$, $\beta = 2{,}47$ und $\sigma^2 = 2{,}0$ für *G. rufus* sowie $\lambda = 1{,}40$, $\beta = 4{,}78$ und $\sigma^2 = 0{,}73$ für *E. brachyptera*. Für alle Arten galt $p_m = 0{,}2$ und die von den Freilandbearbeitern erstellte Migrationsmatrix (s. Abschnitt 5.4.1).

Je nach ausgewählter Art sind aus den Simulationsergebnissen also unterschiedliche Schlußfolgerungen zu ziehen, so daß bei Projekten, die nicht von Beginn an dem Schutz einer Art verschrieben sind, sinnvoll ist, Simulationen zu mehreren Arten durchzuführen. Bedingung dafür ist natürlich, daß die quantitative Kartierung mehrerer Arten finanziell leistbar ist.

Bei jeder Studie, die ausschließlich auf den Schutz einer einzelnen Art abgestimmt ist, ist also die Auswahl dieser Art äußerst kritisch. Kriterien zur Artauswahl geben z.B. WALTER et al. 1999. Das Zielartenkonzept wird allerdings auch generell gegenüber der Erfassung desgesamten Artenspektrums kritisch diskutiert (HÄNGGI 1999).

6.1.3 Schätzung der Habitatkapazität

Grundlage der Simulation der Einzelpopulationen ist die Schätzung der Habitatkapazität. Die Kapazität wird aus Schätzungen der Populationsgröße, im Idealfall über mehrere Jahre, ermittelt.

In der Praxis gibt es gewaltige Unterschiede, die von einmaligem Abgehen der Flächen bis hin zu mehrfach jährlichen Schätzungen über viele Jahre reicht (Tabelle 39). Die Palette der angewandten Schätzverfahren umfasst verschiedenste Transekt- und Fang-Wiederfang-Verfahren. Der Schwerpunkt liegt allerdings bei weitem auf Transektverfahren, die wesentlich kostengünstiger durchzuführen sind. Auch wird nur in wenigen Studien die Populationsgrößenschätzung über mehrere Jahre durchgeführt. Wenn mehrjährige Untersuchungen beteiligt sind, wird oft nur eine Fläche über mehrere Jahre untersucht, damit die anderen Populationsgrößenschätzungen daran kalibriert werden können (Bsp. *M. didyma*, Hammelburg, Anhang H6). Dadurch, daß auch nahe beieinanderliegende und in einem Metapopulationsverbund gekoppelte Populationen keine synchronen Populationsgrößen-Verläufe besitzen (s. Abschnitt 4.1.1.4), ist dies jedoch nicht möglich.

Als Ersatz für eine Kalibrierung wird bei nur einjährigen Populationsgrößenschätzungen eine Worst-Case-Abschätzung verwendet. Sie basiert auf dem Gedanken, daß für das untersuchte Jahr angenommen werden sollte, daß die Populationsgröße außergewöhnlich hoch war (Heidenreich & Amler 1999b). Darauf basierend ergibt sich eine angenommene minimale Populationsgröße durch Division mit einem Schwankungsfaktor. Dieser Schwankungsfaktor gibt den Quotionten zwischen maximaler und minimaler Populationsgröße in einer durchschnittlichen Population dieser Art wieder. Er ist artspezifisch und läßt sich in einer Datenbank vorhalten.

Der Mittelwert aus der beobachteten (als maximal angenommenen) und der errechneten minimalen Populationgröße wird als Schätzwert für die Habitatkapazität verwendet.

Die Tatsache, daß die überwiegende Mehrzahl der Populationsgrößenschätzungen mit weniger aufwendigen Transektverfahren durchgeführt wurde, passt dazu, daß bei weniger als 10% der zoologischen Gutachten in Baden-Württemberg überhaupt Populationsgrößenschätzungen durchgeführt wurden (HEIDENREICH & AMLER 1999). Generell ist also die Anforderung, die eine Simulationsuntersuchung mit SISP an die Basisdaten stellt, wesentlich höher als die derzeit übliche Erfassungsmethodik erbringen kann.

Kap. 6 Ein vereinfachter Ansatz im Rahmen der standardisierten Populationsprognose. Praxisanwendung

Tabelle 39: Zur Populationsgrößenschätzung angewendete Verfahren in Praxisbeispielen.

Anwendung	Schätzverfahren
A. hyperantus, Burgenlandkreis	Geeichte Transekte, einmalig
A. hyperantus, Diemeltal	Maximale Individuenzahl aus flächenbezogenen Transektfängen, die alle 2 Wochen wiederholt wurden
A. hyperantus, Kalkberg	Geeichte Transekte, einmalig, Minimal- und Maximalszenario
C. parallelus, Märkische Schweiz	Individuenmaximum aus Isolationsquadratfängen, alle 3 Wochen wiederholt.
E. brachyptera, Leutratal	Geeichte Transekte
G. rufus, Leutratal	Geeichte Transekte
M. didyma, Hammelburg	Raupenzählung, kalibriert durch mehrjährige Fang-Wiederfang-Untersuchungen
M. didyma, Hassberge	Geeichte Transektfänge, einjährig
M. grossus, Rotmaintal	Isolationsquadratfänge, geeicht an Fang-Wiederfang
O. caerulescens, Mittelrheintal	Fang-Wiederfang-Schätzungen mit Bayes, ein Termin, vier Jahre
O. germanica, Mittelrheintal	Fang-Wiederfang-Schätzungen mit Bayes, ein Termin, vier Jahre
P. albopunctata, Hassberge	Geeichte Transektfänge, zweijährig
P. albopunctata, Münsingen	Schleifentransekte
P. apollo, Frankenalb	Transekte, sieben bis zwölf pro Jahr, sieben Jahre, geeicht durch Fang-Wiederfang
P. denticauda, Nordbayern	Mittel aus maximalen Individuenzahlen aus vier aufeinanderfolgenden Jahren. Schätzung durch Verhören
S. lineatus, Burgenlandkreis	Geeichte Transekte, einmalig
S. lineatus, Kalkberg	Geeichte Transekte, einmalig, in Größenklassen
S. lineatus, Leutratal	Geeichte Transekte

Am Beispiel *S. lineatus* am Kalkberg sollen die Fehler dargestellt werden, die aus in Größenklassen eingeteilten Transektschätzungen entstehen können. *S. lineatus* kommt am Kalkberg in insgesamt 10 Populationen mit geschätzten Kapazitäten zwischen 10 und 300 (Maximalschätzung: 600) Individuen vor (Daten von JANSEN, pers. Mitt.). Die Gesamtpopulation wird auf 1040 bis 2235 Individuen geschätzt.

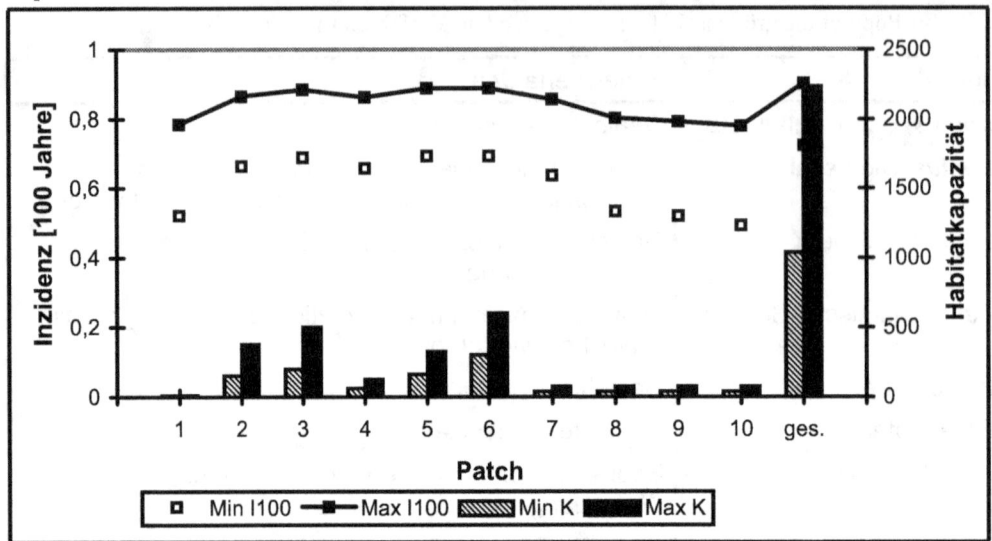

Abbildung 63: Geschätzte Habitatkapazitäten (K) und prognostizierte Inzidenzen (I 100) für Minimal- (Min) und Maximalschätzung (Max) nach 100 Jahren für *S. lineatus*, Kalkberg. 10 Patches und Gesamtpopulation. Mittelwerte aus 2000 Replikaten mit den Parametern $\lambda = 1{,}67$, $\beta = 1{,}69$, $\sigma^2 = 1{,}2$, pm = 0,15, m = 0,5 km, d = 0,3 km

Die Simulation ergab deutliche Unterschiede zwischen Minimal- und Maximalwerten der Transektschätzungen. Während die Gesamtpopulation beim Minimal-Szenario über 100 Jahre nur eine Überlebenswahrscheinlichkeit von 72% hat und die Hälfte ihrer Allele verliert, kommt sie beim Maximal-Szenario auf 90% Überlebenswahrscheinlichkeit und 72% Allelpersistenz. Die einzelnen Populationen erreichen beim Minimal-Szenario Inzidenzen zwischen 50 und 70% (Abbildung 63). Im Maximalszenario liegen die Inzidenzen der Patches zwischen 80 und 90%.

Hier sieht man, daß bereits der Faktor 2, um den Ober- und Untergrenze der Größenklassenschätzung hier maximal auseinanderliegen, zwischen 10 und 20 Prozentpunkte Inzidenzunterschied bedeutet, sowohl für die Lokalpopulationen als auch für die Gesamtpopulation.

Zwischen einzelnen Jahren sind aber Populationsgrößenunterschiede mit Faktor 10 normal. Fehler dieser Größe, die durch die Schätzung der Populationsgröße in nur einem Jahr zustandekommen können, sind für die Simulationsanwendung fatal. Daher kann an dieser Stelle nur dafür plädiert werden, daß mehrjährige Populationsgrößenschätzungen als Basis für die Simulationen verwendet werden müssen. Damit allerdings entfernt sich SISP deutlich von den finanziellen und personellen Vorgaben, die für Ausgleichs- oder Naturschutzplanungen üblich sind.

6.1.4 Auswahl der Modellparameter

Interessant ist auch die Betrachtung des gleichen Szenarios mit unterschiedlichen Modellparametern. Ein besonders krasses Beispiel sind hier die Simulationen für *A. hyperantus*. Die Literaturrecherche erbrachte für diesen Tagfalter die Parameter $\lambda = 2{,}24$, $\beta = 1{,}05$ und $\sigma^2 = 2{,}8$ für die Populationsdynamik und $p_m = 0{,}3$, $m = 0{,}09$ und $d = 0{,}06$ für das Migrationsmodell. Eine mittlere Migrationsdistanz von nur 90 m und ein Detektionsradius von 60 m sind aber im Vergleich zu anderen Parametersätzen für Tagfalter extrem niedrig, daher wurde die Simulation mit den Migrationsparametern für *M. didyma* ($p_m = 0{,}173$, $m = 2{,}08$ und $d = 1{,}76$) wiederholt.

Die Unterschiede im Ergebnis sind erwartetermaßen krass: Mit den für *A. hyperantus* recherchierten Migrationsparametern besteht keinerlei Kontakt zwischen den Lokalpopulationen, die Inzidenz hängt nur von der Habitatkapazität ab. Dagegen spielt mit den Migrationsparametern von *M. didyma*, die deutlich realistischer sind, die lokale Kapazität keine Rolle mehr, alle Populationen sind so stark miteinander verknüpft, daß ein Aussterben praktisch ausgeschlossen ist (Abbildung 64).

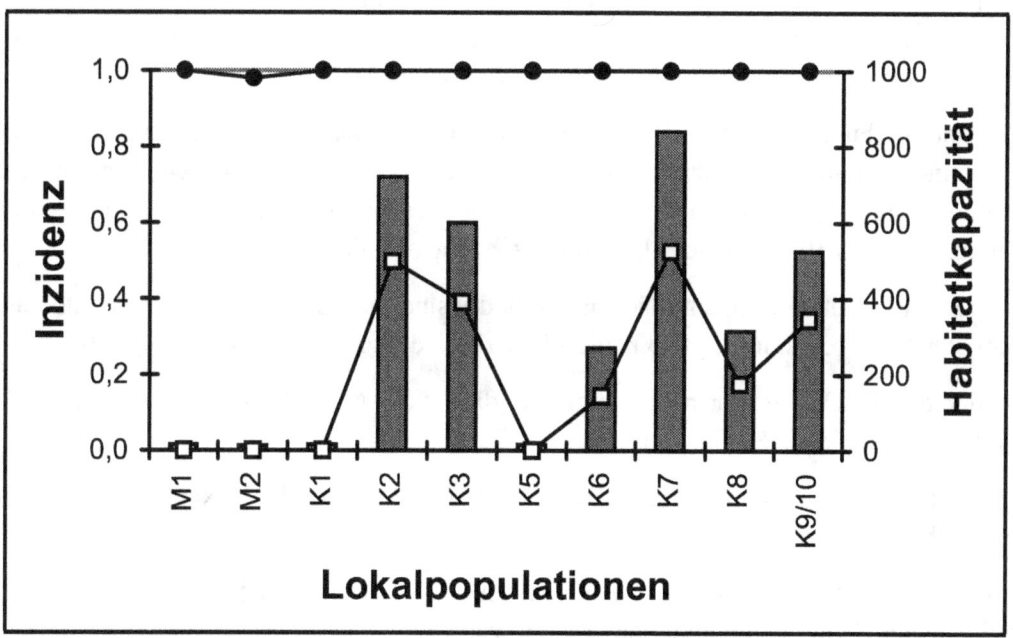

Abbildung 64: Inzidenzen nach 100 Jahren für die Populationen von *A. hyperantus* im Burgenlandkreis. Ergebnisse von Simulationen mit den Migrationsparametern $p_m = 0{,}3$, $m = 0{,}09$ und $d = 0{,}06$ (offene Quadrate) und $p_m = 0{,}173$, $m = 2{,}08$ und $d = 1{,}76$ (gefüllte Kreise). Habitatkapazitäten als Balken im Hintergrund. Parameter Populationsdynamik: $\lambda = 2{,}24$, $\beta = 1{,}05$ und $\sigma^2 = 2{,}8$

Dieses Beispiel zeigt, wie stark die Simulationsergebnisse von den Modellparametern abhängig sind. Zudem wird hier klar, daß die Auswirkungen von sehr unrealistischen oder schlichtweg falschen Parameterschätzungen sich nicht auf graduelle Unterschiede beschränken. Die Metapopulationsdynamik, die hier abhängig von den beiden Parametersätzen entsteht, ist komplett unterschiedlich.

6.1.5 die Auswahl der Modellszenarien

In der Naturschutzpraxis ist es oft von Bedeutung, zwischen mehreren möglichen Alternativen zu unterscheiden. Zu diesem Zweck kann für jede der Alternativen ein Zukunftsszenario gebildet werden, das mit dem Ist-Szenario verglichen wird. Auch solche Fälle wurden mit Erfolg in der Praxis erprobt.

Ein Beispiel dafür ist das Schutzkonzept für Trockenrasen bei Münsingen auf der Schwäbischen Alb. Dort wurde als Zielart die Westliche Beißschrecke *P. albopunctata* gewählt. Das Untersuchungsgebiet (DETZEL pers. Mitt.) umfasst vier sicher besetzte Populationen von *P. albopunctata*, zwei davon ca. 1,5 km westlich von Münsingen auf der Schwäbischen Alb gelegen, zwei ca. 1 km nördlich von Münsingen. Dazwischen liegen drei kleinere Habitate, in denen bei der aktuellen Zählung keine Individuen registriert wurden, aus dem Jahr 1991 sind jedoch Funde bekannt (Abbildung 65).

Für die Untersuchung wurden drei Szenarien entworfen, indem den aktuell unbesiedelten Flächen eine minimale Kapazität zugeordnet wurde, die der kleinsten geschätzten Populationsgröße (30 Individuen auf Fläche 4) entspricht. Mit Einrechnung des Schwankungsfaktors 10 ergibt sich als Habitatkapazität 17 Individuen.

1) Die drei in der Mitte liegenden Flächen 7, 8 und 9 sind inzwischen ausgestorben und das Habitat hat sich so verändert, daß keine Wiederbesiedlung möglich ist (Szenario 0)

2) Von den drei Flächen ist nur noch die größte, die Fläche Nr. 9, besiedelbar (Szenario 9) und hat eine minimale Habitatkapazität von 17 Individuen

3) Alle drei in der Mitte liegenden Flächen sind mit einer Habitatkapazität von 17 besiedelbar (Szenario 789).

Ziel des Szenarienvergleichs war, den Nutzen zu beurteilen, den eine Pflege der Trittsteinhabitate der Gesamtpopulation bringen würde.

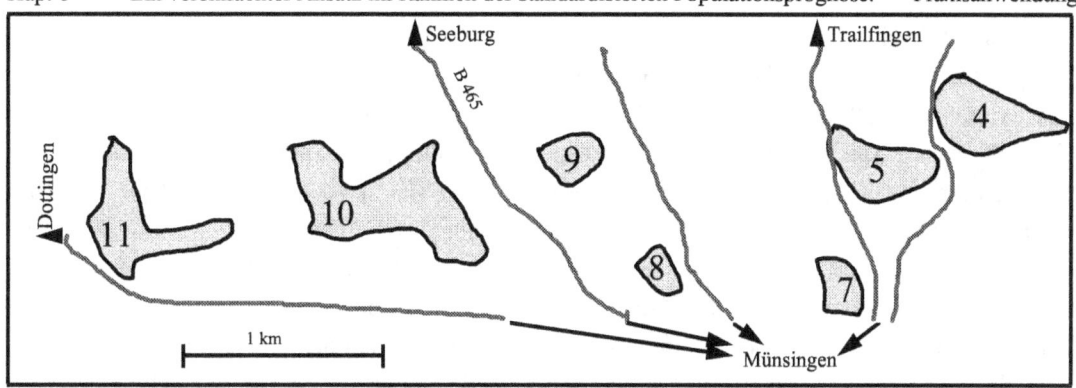

Abbildung 65: Karte des Untersuchungsgebiets bei Münsingen, dargestellt nach den topographischen Karten TK 7522 und TK 7523 und der Kartierung von P. DETZEL. Die grauen Flächen sind die Habitate von *P. albopunctata*, die Linien die das Untersuchungsgebiet querenden größeren Straßen.

Tabelle 40: Tabelle von Rechts-Hochwerten der Teilflächen-Mittelpunkte und die Habitatkapazitäten K (aus Populationsgröße N und Faustregel 2 mit Schwankungsfaktor 10 berechnet) der Einzelflächen. Die Habitatkapazitäten sind für die drei Szenarien 0, 9 und 789 getrennt aufgeführt

Nr.	Rechtswert	Hochwert	N	K (Sz 0)	K (Sz 9)	K (Sz 789)
4	353755	536525	30	17	17	17
5	353706	536504	400	220	220	220
7	353670	536450	0	0	0	17
8	353570	536450	0	0	0	17
9	353517	536537	0	0	17	17
10	353481	536480	181	100	100	100
11	353343	536465	729	401	401	401

Die größte der Populationen, Teilpopulation 11, ist über 25 Jahre mit Sicherheit lebensfähig (MVP über 25 Jahre: 230 Individuen, über 100 Jahre: 890 Individuen) und sinkt erst nach 100 Jahren unter die MVP-Schwelle. Von den anderen Populationen bleibt TP 5 knapp unter der MVP für 25 Jahre, die anderen Populationen sind deutlich zu klein. Von der über 25 Jahre gesicherten Populationen 11 aus könnten der Patch 10 wiederbesiedelt werden, die Patches 4 und 5 könnten gemeinsam eine kleine Metapopulation bilden. Für die dazwischenliegenden Populationen ist die Besiedlungsmöglichkeit fraglich. Um zu prüfen, wie weit die Population 11 bei unterschiedlicher Besetzung der Trittsteine auch zur Erhaltung der Populationen 4 und 5 beitragen kann, wurde eine Simulationsstudie durchgeführt.

In der Simulation zeigte sich, daß die Anwesenheit der Trittsteine die Überlebenswahrscheinlichkeit der Gesamtpopulation nicht beeinflusst, sie liegt in allen Szenarien bei 98% über 25 Jahre und bei 85% über 100 Jahre. Auch die Überlebenswahrscheinlichkeiten der meisten Einzelpopulationen werden durch die Trittsteine nicht erhöht (Abbildung 66). Lediglich der Patch 10 ist häufiger besetzt, wenn der Patch 9 vorhanden ist. Ob das auf Immigration aus den Flächen 4 und 5 zurückzuführen ist, ist allerdings fraglich. Wahrscheinlicher ist, daß der Patch 9 von 11 aus besiedelt wird und dann als Migrantenquelle für den Patch 10 dienen kann. Für eine leichte Trittsteinwirkung spricht die Allelpersistenz, die von 47% (ohne Trittsteine) auf fast 49% (mit allen Trittsteinen) ansteigt. Auch in den Einzelpopulationen steigt die Allelpersistenz leicht an. Der Turnover (zwischen 0,3 und 5,5 Besiedlungs- und Aussterbevorgänge in 100 Jahren) deutet an, daß es sich um eine Metapopulation mit den Mainlands 11 und 5 handelt.

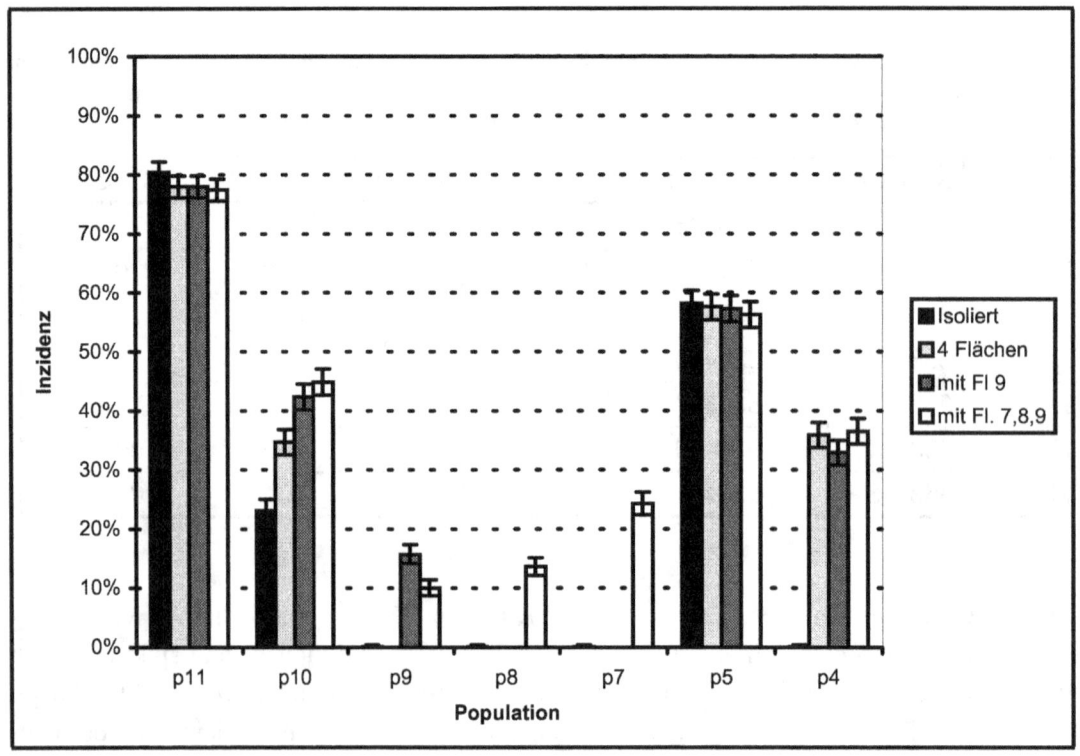

Abbildung 66: Vergleich der Inzidenzen für *P. albopunctata* (mit 95%-Vertrauensintervallen) der drei Szenarien 0, 9 und 789 mit den berechneten Überlebenswahrscheinlichkeiten bei Isolation der Teilpopulationen. Prognosezeitraum: 100 Jahre. Ergebnisse aus je 2000 Replikaten mit den Parametern $\lambda = 1{,}69$, $\beta = 2{,}64$, $\sigma^2 = 1{,}04$, $p_m = 0{,}15$, $m = 0{,}5$ km, $d = 0{,}3$ km.

Die Simulationen haben also gezeigt, daß von solch kleinen Trittsteinen in diesem Fall keine positive Wirkung für die Gesamtpopulation zu erwarten ist. Auch wenn die absoluten Zahlenwerte der Ergebnisse einem hohen Fehlerbereich unterliegen (s. Abschnitt 5.3), kann man die Hoffnung hegen, daß die Ergebnisse qualitativ über den gesamten Vertrauensbereich ähnlich bleiben. Einen Nachweis dafür wird man aber in keinem Fall führen können, ohne den Vertrauensbereich explizit darzustellen und zumindest die Eckpunkte in Simulationen darzustellen. Sonst ist die Möglichkeit, daß sich das untersuchte System bei einer Verschiebung der Modellparameter völlig anders verhält, nie auszuschließen.

6.1.6 Interpretation der Ergebnisse

In den insgesamt 14 Simulationsanwendungen wurden viele der denkbaren Ergebnisse erzielt. In einem Fall erwies sich die untersuchte Population als panmiktisch, in anderen Fällen gab es eine oder mehrere Zentralpopulationen, von denen aus andere Populationen mehr oder weniger erfolgreich wiederbesiedelt wurden und in einigen Fällen ergab sich überhaupt kein Kontakt zwischen den einzelnen Populationen. Auch die Überlebenswahrscheinlichkeiten waren sehr unterschiedlich, mal wurde ein Komplex aus kleinen, isolierten Populationen als gesichert eingestuft, in anderen Fällen wurden Komplexe aus vielen, deutlich größeren Populationen als gefährdet beurteilt.

Für die Interpretation der Ergebnisse stellten sich einige der Ergebnisse als besonders wegweisend heraus. Beispielsweise läßt sich anhand weniger Kriterien feststellen, welche Populationsstruktur vorliegt. Wenn keine Migration zwischen den Lokalpopulationen abläuft, sind die Populationen als isoliert zu betrachten. Gibt es Migranten, kann es sich immer noch um vier verschiedene Typen von Gesamtpopulationen handeln: panmiktische Populationen, Mainland-Island-Populationen, echte Metapopulationen, bei denen alle Patches vom Aussterben bedroht sind oder Populationen, in denen die Lokalpopulationen trotz Migration weitestgehend isoliert sind.

Panmiktische Populationen erkennt man daran, daß die Inzidenz aller Lokalpopulationen gleich hoch ist wie die Überlebenswahrscheinlichkeit der Gesamtpopulation und daß alle noch verbliebenen Allele in allen Populationen zu finden sind. Bei einer Mainland-Island-Population müssen zwei Kriterien zusammenkommen: Bei mindestens einer Population, dem Mainland, ist die Inzidenz in der Simulation so groß wie die Überlebenswahrscheinlichkeit einer gleich großen isolierten Populationen, bei mindestens einer anderen (dem Island) deutlich kleiner. Die Überlebenswahrscheinlichkeit des Mainlands ist dabei so hoch wie die Überlebenswahrscheinlichkeit der Gesamtpopulation. Ist bei keinem der Patches die Inzidenz größer als die Überlebenswahrscheinlichkeit vergleichbarer isolierter Populationen, ist trotz eventuell vorhandener Migration kein

Verbund der Lokalpopulationen erkennbar. Sind mehrere Patches als Mainland zuzuordnen, kann es sein, daß sie keine echten Mainlands sind, sondern eine oder mehrere Einheiten aus panmiktischen Lokalpopulationen. Existiert nur ein Mainland, auch als panmiktische Population auf mehreren Patches, sollte dieses alle Allele der Gesamtpopulation tragen. Existieren mehrere Mainlands, tragen diese jeweils weniger Allele als die Gesamtpopulation.

Eine echte Metapopulation erkennt man daran, daß alle Populationen, wenn auch in unterschiedlichem Maße, Inzidenzen unter der Gesamtüberlebenswahrscheinlichkeit, aber über den Überlebenswahrscheinlichkeiten der vergleichbaren isolierten Populationen haben. Auf der genetischen Ebene sollte die vollständige genetische Vielfalt der Gesamtpopulation in keiner Lokalpopulation zu finden sein.

Anhand dieser Kriterien lassen sich nun die Simulationsergebnisse zuordnen. Eine echte Metapopulation findet sich nur im Raum Hammelburg bei *M. didyma*, die Population von *P. apollo* in der Fränkischen Schweiz ist panmiktisch. Alle andern Anwendungen sind Mainland-Island-Situationen (5 Anwendungen) oder isolierte Lokalpopulationen (7 Anwendungen). Unterschiedliche Szenarien zur gleichen geographischen Situation ergaben dabei immer eine gleiche Beurteilung.

Subjektiv erscheinen auch die meisten Simulationsergebnisse als realistisch. Lediglich die Anwendungen, die auf deutlich unrealistischen Parametern zur Populationsdynamik oder zur Migration basieren, produzierten unrealistische Ergebnisse. Die Population von *S. grossum* im Rotmaintal beispielsweise sind extrem klein und nicht miteinander verknüpft, werden aber trotzdem als gesichert beurteilt. Das liegt mit Sicherheit an den ungewöhnlich niedrigen MVP-Werten von 37 Individuen auf 25 Jahre und 51 Individuen auf 100 Jahre. Bei den Simulationen mit *A. hyperantus* ergibt sich vollständige Isolation der Lokalpopulationen. Wenn man sich die Parameter des Migrationsmodells näher betrachtet, erscheint eine mittlere Migrationsdistanz von 90m aber extrem klein für einen Tagfalter. Werden die selben Anwendungen mit den Migrationsparametern für *M. didyma* berechnet (p_m = 0,173, d = 2,08, m = 1,76), sind die Patches verknüpft und die Überlebenswahrscheinlichkeiten der Gesamtpopulation erhöhen sich deutlich (Abbildung 67)

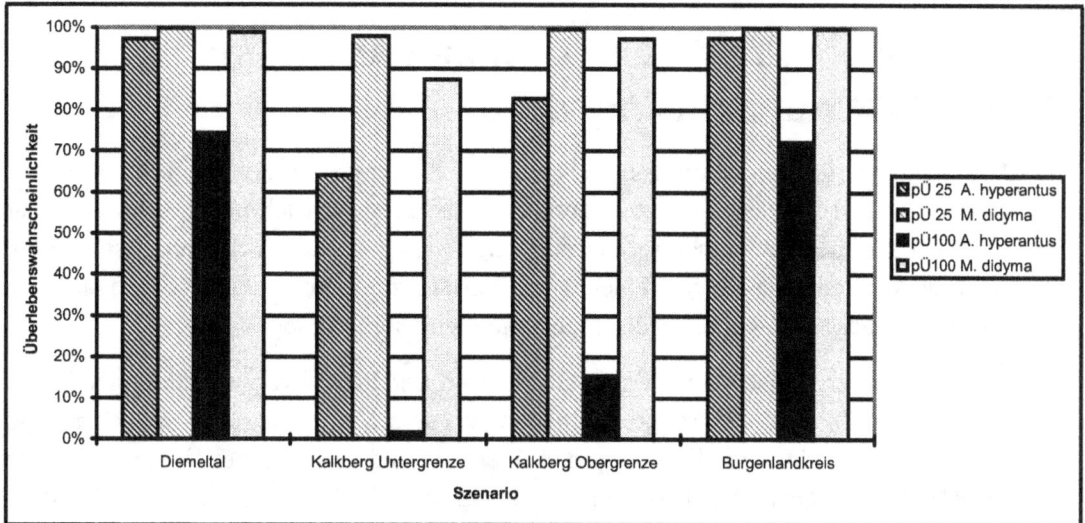

Abbildung 67: Gesamtüberlebenswahrscheinlichkeiten über 25 (schraffiert) und 100 Jahre (gefüllt) für die Szenarien Diemeltal (Abschnitt), Kalkberg Untergrenze und Obergrenze (Abschnitt) sowie Burgenlandkreis (Abschnitt), jeweils *A. hyperantus*. Verwendet wurden die Migrationsparameter für *A. hyperantus* (dunkel: $p_m = 0{,}3$, $m = 0{,}09$ km, $d = 0{,}06$ km) und *M. didyma* (hell, $p_m = 0{,}173$, $m = 2{,}08$, $d = 1{,}76$). Ergebnisse aus je 2000 Replikaten mit den Parametern $\lambda = 2{,}24$, $\beta = 1{,}05$ und $\sigma^2 = 2{,}8$.

Die Anwendungen, zu denen verschiedene Szenarien berechnet wurden, zeigen deutlich, daß es sehr große, aber auch eher kleine Unterschiede in den Szenarien geben kann. Die Szenarien, die unterschiedliche Populationsgrößen für die gleichen Populationen beinhalten, ergeben dabei stärkere Unterschiede als die Szenarien, bei denen einzelne Populationen hinzugefügt wurden. An den Unterschieden dieser Szenarien sieht man auch die Bedeutung der Fehlerbereiche bei der Populationsgrößenschätzung und den Einfluß, den die Landschaftsdynamik auf die Prognosen haben kann.

7 Diskussion: Praktische Anwendbarkeit und Hindernisse auf dem Weg dorthin

Die Anwendungen des Simulationsmodells in der Planungspraxis (Abschnitt 6) haben gezeigt, daß das hier vorgestellte Simulationswerkzeug grundsätzlich planerisch einsetzbar wäre. Vor allem die Fehleranalyse und die Bewertung der Modellergebnisse werfen allerdings starke Bedenken gegen einen Praxiseinsatz zum momentanen Stand auf. Zu vielen dieser Bedenken sind allerdings Lösungsmöglichkeiten in Sicht.

Im Gegensatz zu den meisten für den Naturschutz in der Praxis verwendeten oder in der Forschung entworfenen Modellen ist das hier verwendete Modell stark vereinfachend. So stark vereinfachende Modelle, die analog dem hier verwendeten gestaltet sind, werden von LUDWIG (1999) in Bausch und Bogen abgelehnt, da die Fehlerbereiche der Modellergebnisse immens groß sind (Vgl. Abschnitt 5.3). Allerdings bestehen ähnliche Bedenken auch generell gegen den Einsatz von Modellen in der Planungspraxis (BOYCE 1992). Von den weiter verbreiteten Modellen operiert lediglich VORTEX (LACY et al. 1993) ebenfalls mit logistischem Wachstum, ist aber eher für Unterrichtszwecke gedacht. Für den Naturschutz wird außerdem das noch stärker vereinfachte Inzidenzmodell von HANSKI (1994) angewendet, aber ebenfalls wegen mangelnder Aussagekraft kritisiert (LANGE 1998, in vorb.). Die Entscheidung, wie komplex ein solches Modell sein soll, ist jedoch immer abhängig davon, wie viele Parameter mit welcher Güte geschätzt werden können. Da zu keinem mir bekannten Modell der Populationsdynamik (außer in der vernichtenden Kritik von LUDWIG 1999) detaillierte Aussagen über den Fehlerbereich der Ergebnisse vorliegen, ist auch ein Vergleich der Modellgenauigkeit kaum möglich. Auch eine exakte Validierung fehlt in der Regel, da sie aus den in Abschnitt 5.5 genannten methodischen Gründen für Modelle ab einer gewissen Abstraktionsstufe nicht durchführbar ist.

Die Entscheidung zwischen wenigen, genau abzuschätzenden und vielen, weniger genau bekannten Parametern ist also bislang weitestgehend willkürlich und auf den konkreten Einzelfall bezogen. Der Fehlerbereich der Ergebnisse wird im vorliegenden Modell vorwiegend von der Genauigkeit der Parameterschätzung bestimmt, deren Methodik durchaus noch verbessert werden kann (s. Abschnitt 5.3). In komplexeren Modellen wird der Fehlerbereich zunehmend von der Modellkomplexität selbst bestimmt, die gerade bei nichtlinearen Modellen enorme Auswirkungen geringer Änderungen zuläßt.

Aus der mit diesem Modell gemachten Erfahrung (s. auch Abschnitt 5.1) schätze ich die Komplexität des verwendeten Modells für die Populationsdynamik als ausreichend ein, problematisch ist hier eher die Qualität der Ausgangsdaten für die Schätzung von Wachstumsrate, Dichteabhängigkeit und Habitatkapazität. Das Migrationsmodell ist jedoch deutlich zu stark vereinfacht und zu stark pauschalisiert (Abschnitt 5.4). Wünschenswert wäre hier die Berücksichtigung der Landschaftsinformation, entweder in einem groben Gitter (z.B. SAMIETZ & BERGER 1997) oder mit Hilfe eines GIS (KUHN & KLEYER 1996). Dabei reicht meines Erachtens die Unterscheidung weniger Kategorien (z.B. Habitat, Barriere, durchwanderbares Nichthabitat) völlig aus (SAMIETZ & BERGER 1997, KINDVALL 1999). Die Berücksichtigung der landschaftlichen Information durch ein GIS kann direkt in der an SISP angegliederten Datenbank erfolgen, so daß kein weiterer Übertragungsschritt notwendig ist. Dazu muß lediglich die Datenbank um eine Tabelle erweitert werden, die die vom GIS, z.B. ArcCAD erzeugte Migrationsmatrix aufnimmt. Für die Abbildung von z.B. dichte- oder wetterabhängigem Migrationsverhalten müsste diese Tabelle um eine Spalte mit dem Kriterium, z.B. der Dichte, ergänzt werden. Dazu liegt aber meines Erachtens nur über die wenigsten Arten ausreichende Information vor.

Ein großes Problem der gewählten Modellkomplexität ist, daß die daraus gewonnenen Aussagen lediglich Wahrscheinlichkeitsaussagen sind, die die Modellvalidierung erschweren. Ein detailliertes, auf Tageswetterdaten basierendes Modell kann z.B. Phänologiekurven mit exakten Populationsgrößen produzieren, die im Freiland ebenfalls gemessen werden (GRIEBELER et al. in vorb.). Die von dem hier verwendeten Modell berechneten Inzidenzen können jedoch nur schwer zur Validierung verwendet werden (Abschnitt 5.5). Ist das Aussterben einer Population, für die 95% Inzidenz vorhergesagt wurde (DOLEK pers. Mitt.), ein Beweis für die Falschheit der Vorhersage oder lediglich der erwartete eine Aussterbevorgang in 20 Jahren? Solche Diskrepanzen sind auch nicht dazu geeignet, das Vertrauen der Modellanwender in das Simulationswerkzeug zu erhöhen.

Ebenso subjektiv wie die Entscheidung für die Modellkomplexität war die Entscheidung für die konkreten Modelle zur Abbildung der Populationsdynamik und der Migration. Während andere Produkte mit der Ricker-Formulierung arbeiten (z.B. VORTEX, LACY et al. 1993), die sich eher für die Abbildung mehrjähriger Arten mit mehr als einer Brutsaison eignet (RICKER 1954), wählte POETHKE et al.(1996) die Formulierung nach MAYNARD SMITH & SLATKIN (1973), die BELLOWS (1981) im Vergleich mit anderen als am meisten flexibel und für Insektenpopulationen geeignet empfahl. Genauso verwendbar wären z.B. auch die Formulierung nach HASSELL (1976). Für eine Optimierung der Vorhersagegenauigkeit sollte bei jeder Art geprüft werden, welches Modell die Verhältnisse dieser Art am besten abbildet. Diese Prüfung könnte z.B. auch in ein verbessertes Verfahren zur Parameterabschätzung (s. Abschnitt 5.3) einfließen. Statt die Anpassung an nur eine Formulierung des logistischen Wachstums zu optimieren, könnten zu allen gängigen Formulierungen die Optima gesucht und verglichen werden.

Bei der Wahl des Migrationsmodells dagegen war mit der Entscheidung über die Komplexität auch schon fast die Entscheidung über das Modell gefallen. Die Formulierungen nach HANSKI (1994) und POETHKE et al. (1996) sind äquivalent, lediglich die Parameter sind anders strukturiert. Wichtig ist hierbei, daß die Migrationsmatrix als

Schnittstelle belassen wurde, über die auch komplexere Modelle (Abschnitt 5.4) angegliedert werden können. In einer Ausbaustufe wäre es z.B. möglich, Migrationsmatrices anhand detaillierter Modelle (z.B. SAMIETZ & BERGER 1997) zu erzeugen und für die Simulationen zu verwenden (s. Bsp. dort)

Für die Populationsdynamik wäre eine analoge Konstruktion eine Übergangsmatrix, die zu jeder Populationsgröße eine Wahrscheinlichkeit aufführt, mit der im nächsten Zeitschritt eine andere Populationsgröße erreicht wird. Diese Konstruktion wird in Markovmodellen (z.B. GRIEBELER 1998) verwendet. Im vorliegenden Simulationsprogramm wurde dagegen eine Schnittstelle für ein Funktionsmodul realisiert, die die Angliederung verschiedener Simulationsmodule erlaubt. Allerdings müssen alle hier eingebrachten Module die Modellparameter in identischer Weise verwenden, so daß bei der gegenwärtigen Realisierung eine andere Formulierung des logistischen Wachstums (z.B. RICKER 1954, HASSELL 1976) nicht integrierbar wäre. Wenn die übergebenen Parameter nicht funktionell gebunden wären (Das Modul empfängt z.B. bis zu 10 Parameter und entscheidet selbst, was es damit tut), wäre diese Beschränkung überwindbar, unter der Voraussetzung, daß eine korrekte Zuordnung zwischen dem verwendeten Algorithmus und den übergebenen Parametern existiert. So könnten in SISP je nach Art und Datengrundlage unterschiedliche Modelle aufgerufen werden.

Der verwendete Algorithmus für die Populationsdynamik scheint, was die Rechenzeit betrifft, kaum noch optimierbar zu sein (Abschnitt 3.3). Der Speicherbedarf allerdings kann noch verringert werden, indem auf die Zwischenspeicherung der Juvenilen verzichtet wird. Sie diente hauptsächlich der Korrektheitsprüfung des Modells und der Sicherstellung, daß jedes Individuum nur einmal migriert. Das Problem der Migration läßt sich jedoch mit einem einfachen Flag für jedes Individuum lösen. Das Problem der festen Feldstrukturen, die in manchen Fällen zu wenige Populationen, in anderen Fällen zu wenige Individuen pro Population anbieten, ließt sich über die in Delphi 4.0 realisierten offenen Arrays lösen.

Die Konzeption des Simulationswerkzeugs als automatisierte, im Internet verfügbare Dienstleistung scheint nicht nur wegen der damit verbundenen technischen Schwierigkeiten der Internetanbindung auf weniger Gegenliebe zu stoßen als erwartet (HEIDENREICH et al. 1999). Alle beteiligten Büros nahmen noch umfangreiche Betreuung in Anspruch, so daß meine Empfehlung lautet, das Simulationswerkzeug als Dienstleistung anzubieten. Dabei sollte zwar eine nach Anmeldung frei zugängliche Schnittstelle im Internet angeboten werden, aber es sollte auch jederzeit fachliche Beratung zumindest über E-Mail verfügbar sein.

Mit der Methodik der Anpassung eines Modells der Dichteabhängigkeit an eine Datenreihe beschäftigen sich bereits viele Arbeiten (TANNER 1966, MAELZER 1970, HASSELL 1974, BULMER 1975, POLLARD et al. 1987, HANSKI 1990 und weitere), die hier verwendete

Methodik ist nur eine von vielen und berücksichtigt weder Wettereinflüsse (ROTHERY et al 1997) noch den Fehlerbereich der Populationsgrößenschätzungen für die Eingangszeitreihe (SHENK et al. 1998). Die Methode ist also sicher noch optimierbar, wichtig erscheint mir dabei aber vor allem, daß die Parameterschätzung nicht mehr darauf ausgerichtet wird, welche Parameterkombination den größten Anteil der Populationsdynamik erklärt. Die Populationsdynamik wird durch dichteabhängige und dichteunabhängige Prozesse gesteuert (STRONG 1986), und unter Umständen reicht ein geringer Anteil Dichteabhängigkeit aus, um stabile Regulation der Populationsgröße zu erreichen (HANSKI et al. 1996). Die Kalibrierung des Modells an den Schwankungen der Populationsgröße bietet meines Erachtens hier eine Möglichkeit, die Güte der Parameterschätzung unabhängig vom Anteil der dichtebahängigen Prozesse zu Schätzen. Bei der Ermittlung des Fehlerbereichs der Anpassung des logistischen Wachstums (Abschnitt 5.3.2) wurde für *P. albopunctata* in einem Bereich um die maximale Anpassung der Dichteabhängigkeit die Kalibrierung durchgeführt. Dabei zeigte sich, daß beim 'unteren' Extrem der Parameterschätzungen die σ^2-Kalibrierungen auf Basis des Variationskoeffizienten CV und der Standardabweichung des natürlichen Logarithmus der Populationsgröße Sln um knapp 20% differierten, ihre 95%-Vertrauensintervalle überlappten nicht. Beim 'oberen' Extrem dagegen differierten die Schätzungen nur um knapp 10%, ihre Vertrauensintervalle überlappten um 80%. Eine genauere Parameterschätzung sollte sich also daran festmachen lassen, wie exakt sie die Schwankungen der Populationsgröße nicht nur zwischen zwei Jahren, sondern auch in der Verteilung der Populationsgrößen über die Jahre hinweg abbilden kann. Dazu müssten allerdings neue Werkzeuge entwickelt werden, die mit einer Anpassung der logistischen Wachstums eine Kalibrierung durch simulierte Zeitreihen verbinden, z.B. AMOEBA (APPELT & POETHKE 1997).

Unabhängig von der Methodik der Parameterschätzung ist die Qualität und Quantität der in Deutschland verfügbaren Ausgangsdaten noch zu schlecht, um bei mehr als einer Handvoll Arten glaubwürdige Parameterschätzungen zu ergeben. Bei Schätzungen, die auf Datenreihen aus Holland oder England basieren, wird zu recht kritisiert, daß die Art sich dort unter Umständen ökologisch anders verhält und anderen Umweltfluktuationen unterliegt (THOMAS et al. 1998). Selbst wenn 'gute' Daten vorliegen, ist die Parameterabschätzung problematisch. Wenn schon die Herausnahme eines Datenpunkts aus einer elfjährigen Zeitreihe Schwankungen des MVP-Wertes um den Faktor 100 ergab, kann man auch kaum damit argumentieren, daß man bei der Abschätzung der Varianz σ^2 der Wachstumsrate extrem auf der sicheren Seite liegt. Diese Fehlerursache macht maximal einen Faktor 4 für eine einzelne Zeitreihe aus. Für die weitere Verwendung eines so einfach strukturierten Modells für die Populationsdynamik müssen daher zunächst Kriterien entwickelt werden, denen eine Zeitreihe genügen muß, um aussagekräftige Daten liefern zu können. Zudem muß ein Verfahren entwickelt werden, das automatisiert auch

Simulationsergebnisse von den Grenzen des Vertrauensbereichs der Parameterschätzung liefert. Nur so läßt sich abschätzen, wie fehlerbehaftet die Simulationsergebnisse sind.

Die Gewinnung von Ausgangsdaten für das Migrationsmodell gestaltete sich noch problematischer, da die meist für andere Zwecke erhobenen Angaben aufgrund methodischer Restriktionen nur bedingt verwendbar sind. Hier müßte dringend ebenfalls ein Anforderungsprofil an Migrationsangaben entworfen werden, das bei zukünftigen Untersuchungen als Standard verwendet werden kann und sinnvolle, in einem Modell verwendbare Angaben leifert. Bei der Parameterabschätzung für die Emigrationsrate und die mittlere Migrationsdistanz kann noch nicht einmal eine Leitlinie für eine Worst-Case-Abschätzung gegeben werden, da eine Erhöhung bzw. Senkung je nach Populationsdynamik bzw. Habitatentfernungen unterschiedliche Auswirkungen haben kann.

Auch die in dieser Arbeit als Maxime verwendete Worst-Case-Orientierung bei der Abschätzung ist nicht unproblematisch. Bei einer Eingriffsplanung z.B. muß eine Ausgleichsmaßnahme nur in soweit erfolgen, wie sie den entstandenen Schaden ausgleicht und nicht weiter. Daher wird eine Prognose, die zu stark auf die Vermeidung der Fehler 1. Art (Art stirbt aus, obwohl sie als gesichert angesehen wurde) ausgerichtet ist, vor Gericht angreifbar, wenn zu große Fehler der 2. Art (Art überlebt, obwohl ihr Aussterben prognostiziert wurde) bekannt sind (s. auch MAPSTONE 1995). In manchen Bereichen der Modellparameter ist zudem unklar, ob für eine Worst-Case-Schätzung über- oder unterschätzt werden sollte (Abschnitt 5.1.11).

Wenn man den Anspruch der Praxistauglichkeit und Gerichtsfestigkeit, mit dem das hier dargestellte Modell in die Erprobung ging, mit den Ergebnissen vergleicht, besteht Grund genug, kleinlaut zu sein. Das Modell an sich ist funktional, technisch zufriedenstellend umgesetzt und auf ähnlichem Niveau wie andere wissenschaftliche oder kommerziell erhältliche Simulationsmodelle. Die Betrachtung der Fehlerbereiche der Simulationsergebnisse zeigt jedoch analog der Kritik von LUDWIG (1999) die Untauglichkeit des Modells für die Lieferung aufrechenbarer quantitativer Ergebnisse. Selbst der Datenbedarf, der durch die Datenbankunterstützung und die wenigen Modellparameter deutlich niedriger liegt als bei vergleichbaren Simulationsmodellen, ist noch deutlich zu hoch für den Großteil der Praxisbeispiele. Problematisch ist demnach weniger das Zusammenstellen der artspezifischen Informationen für die Simulation, sondern eher die Schätzung der Populationsgrößen der einzelnen Populationen. Nur in wenigen Fällen wird eine quantitative Kartierung in einem Gutachten bezahlt, und auch Fehler in der Schätzung der Populationsgröße bzw. der Habitatkapazität haben deutliche Auswirkungen auf die Simulationsergebnisse (Abschnitt 6.1.3).

8 Zusammenfassung

In der vorliegenden Arbeit wurde ein Simulationswerkzeug zur Gefährdungsanalyse von räumlich strukturierten Insektenpopulationen, SISP, vorgestellt.

Dieses Modell basiert auf der von POETHKE et al. (1996) vorgeschlagenen Kombination der Formulierung des logistischen Wachstums nach MAYNARD SMITH & SLATKIN (1973) mit dem dne Inzidenzmodellen von HANSKI (1994a, 1994 b) zugrundeliegenden Migrationsmodell. Es wurde individuenbasiert umgesetzt, um auch demographische Stochastizität abzubilden. Da eine Praxisanwendung von SISP bereits im FIFB-Projekt (FIFB 1996) angedacht war, wurde das Simulationswerkzeug mit einem Datenbankhintergrund versehen, in den umfangreiches Recherchematerial zu den Modellparametern für verschiedene Arten einfloß. Zudem wurde eine komfortable Benutzeroberfläche konzipiert, die auch ins Internet portiert wurde (HEIDENREICH et al. in vorb.). Der Datenhintergrund, der für diese Arbeit zusammengetragen wurde, ist leider relativ zu den Anforderungen aus der Planungspraxis sehr mager. Zu den meisten Arten, zu denen überhaupt Angaben vorhanden sind, sind diese lückenhaft. Nur sehr wenige verwendbare Daten zu Migration oder Populationsdynamik sind veröffentlicht. In Deutschland gibt es leider keine Stelle, die Datenerhebungen zu Populationsgrößen koordiniert. Eine detaillierte Fehleruntersuchung des Simulationswerkzeugs umfasste zunächst eine Prüfung der unterschiedlichen Funktionen anhand von Testfällen. Diese Prüfung konnte erfolgreich durchgeführt werden und zeigte deutlich, daß das Simulationsmodell in der Lage ist, eine große Zahl unterschiedlicher Szenarien korrekt abzubilden. Die Untersuchung der Fehlerbereiche, die aus technisch bedingten Ungenauigkeiten und aus der Methodik der Parameterschätzung resultieren, zeigte allerdings, daß die Fehler für einen Praxiseinsatz deutlich zu groß sind. Damit konnte die Kritik von LUDWIG (1999) an der Parametergewinnung aus Zeitreihen bestätigt werden. Ungünstigerweise zeigte eine Sensitivitätsanalyse des populationsdynamischen Modells, daß es Bereiche sehr hoher Sensitivität im Parameterraum gibt.

Die dennoch durchgeführten Praxistests zeigen, daß das Simulationswerkzeug, abgesehen von diesen technischen Problemen, einsetzbar ist. Allerdings ist eine intensive Beratung der Anwender nötig. Die Praxisfälle umfassten einen großen Bereich denkbarer Anwendungen, die zufriedenstellend behandelt werden konnten. Allerdings ist, bedingt durch die Unsicherheit der Modellparameter und die fehlende Validierbarkeit des Modells, unklar, ob die Simulationsergebnisse die praktische Situation treffen.

Als Fazit muß akzeptiert werden, daß ein so geartetes Simulationsmodell zwar einsetzbar ist, aber noch nicht die erforderliche Sicherheit und Genauigkeit erbringen kann.

Danksagung

Stellvertretend für die vielen Menschen, die zum erfolgreichen Zustandekommen dieser Arbeit beigetragen haben, möchte ich nur wenige erwähnen: Meine Betreuer Hr. Prof. Dr. H.-J Poethke und Hr. Prof. Dr. A. Seitz, meine Frau und meine beiden Kinder, Frau Dr. E.-M. Griebeler, die meine Fragen dreieinhalb Jahre geduldig ertrug und A. Dinkelmeyer, der mich bei einem großen Teil der Literaturrecherche unterstützte.

9 Literatur

Akcakaya, H.R. & Ferson, S. (1992): RAMAS/Space: Spatially structured Population models for Conservation Biology, version 1.3 . Applied Biomathematics, New York

Amler, K., Bahl, A., Henle, K., Kaule, G., Poschlod, P. & Settele, S. (Hrsg.) (1999): Isolation, Flächenbedarf und Biotopansprüche von Pflanzen und Tieren. Ulmer, Stuttgart.

Amler, K., Lohrberg, F. & Kaule, G. (1996): Implementation of the FIFB results in environmental planning . In: Settele, J., Margules, C., Poschlod, P. & Henle, K. (eds.): Species survival in fragmented landscapes, Kluwer, Dordrecht, S. 363-372

Appelt, M. & Poethke, H.J. (1997): Metapopulation dynamics in a regional population of the blue-winged grasshopper (*Oedipoda caerulescens*; Linnaeus 1758) . J. Insect Conservation 1: 205-214

Baguette, M. & Neve, G. (1994): Adult movements between populations in the specialist butterfly *Proclossiana eunomia* (Lepidoptera, Nymphalidae). . Ecol. Ent. 19(1): 1-5

Becker, G. (2000): Populationsentwicklung zweier xerotherophiler Heuschreckenarten im Mittelrheintal. Diplomarbeit, Universität Mainz

Begon, M. (1999): Populationsökologie. Spektrum Akademischer Verlag, Heidelberg

Bellows, T. S. Jr. (1981): The descriptive properties of some models for density dependence . J. Anim. Ecol. 50, 139-156

Bertram, D. (1997): Räumliche Struktur und Dynamik syntoper Populationen der beiden Heuschreckenarten *Oedipoda caerulescens* (L., 1758) und *O. germanica* (Latr., 1804) im Mittelrheintal . Diplomarbeit, Universität Mainz

Bonsall, M.B. & Hassell, M.P. (1995): Identifying density-dependent processes: a comment on the regulation of winter moth. J. anim. ecol. 64: 781-784

Böttcher, K. (in vorb.): Diplomarbeit, Universität Mainz

Boyce, M.S. (1992): Population Viability Analysis. Annual Review of Ecology and Systematics 23: 481-506

Buchweitz, M. (1993): Zur Ökologie der Rotflügligen Schnarrschrecke (*Psophus stridulus* L. 1758) unter besonderer Berücksichtigung der Mobilität, Populationsstruktur und Habitatwahl. Articulata 8(2): 39-62

Bulmer, M.G. (1975): The statistical analysis of density dependence. Biometrics, 31, 901-911.

Cyr, H. (1997): Does inter-annual variability in population density increase with time?. Oikos 79: 549-558

DeAngelis, D. & Gross, L. (Eds.) (1992): Individual-based models and approaches in ecology. Chapman & Hall, New York / London

Dennis, B., Kemp, W.P. & Taper, M.L. (1998): Joint density dependence. Ecology 79(2): 426-441

Detzel, P. (1999): Die Heuschrecken Baden-Württembergs. Ulmer, Stuttgart.

Doebeli, M. & Ruxton, G.D. (1997): Evolution of dispersal rates in metapopulation models: branching and cyclic dynamics in phenotype space. Evolution 51(6): 1730-1741

Dorda, D. (1998): Arealexpansion und Zunahme des Weinhähnchens. Naturschutz und Landschaftsplanung 30(3): 89-93

Ebert, G. & Rennwald, E. (Hrsg.) (1991): Die Schmetterlinge Baden-Württembergs. Ulmer, Stuttgart

Ehrlinger, M. (1991): Kleinräumige Wanderungen der Feldheuschrecke *Stenobothrus lineatus* zwischen unterschiedlich exponierten Halbtrockenrasen. Diplomarbeit, Universität Würzburg

Fartmann, T. (1997): Biozönologische Untersuchungen zur Heuschreckenfauna auf Magerrasen im Naturpark Märkische Schweiz (Ostbrandenburg). In : Mattes, H. (Hrsg.): Ökologische Untersuchungen zur Heuschreckenfauna in Brandenburg und Westfalen. Arbeiten aus dem Institut für Landschaftsökologie der Westfälischen Wilhelms-Universität Münster, 3: 1-62

Geißler, S. & Settele, J. (1990): Zur Ökologie und zum Ausbreitungsverhalten von *Maculinea nausithous*, Bergsträsser 1779 (Lepidoptera, Lycaenidae). Verh. Westd. Entom. Tag 1989, Düsseldorf: 187-193

Geyer, A. & Dolek, M. (1995): Ökologie und Schutz des Apollofalters (*Parnassius apollo*) in der Frankenalb. Dtsch Ges. Allg. Angew. Ent. 10: 333-336

Gottschalk, E. (1993): Sukzession auf neu angelegten Rebböschungen im Kaiserstuhl am Beispiel der Heuschrecken. Diplomarbeit an der Fakultät für Biologie der Albert-Ludwigs-Universität Freiburg i.Br.

Griebeler, E.M. (1998): Aspekte der Modellierung des Extinktionsrisikos von Metapopulationen. Dissertation, Johannes-Gutenberg-Universität Mainz

Griebeler, E.M., Pauler, R. & Poethke, H.-J. (1995): *Maculinea arion* (Lepidoptera: Lycaenidae): Ein Beispiel für die Deduktion von Naturschutzmaßnahmen aus einem Modell. Verh. der Ges. f. Ökologie 24: 201-206

Haldane, J.B.S. (1949): Disease and evolution. Symposium sui fattori ecologici e genetici della speciazone negli animali. Ricerca Scientifica 19(Suppl.): 3-11

Hanski, I. (1990): Density dependence, regulation, and variability in animal populations. Philosophical Transactions of the Royal Society of London (B), 330, 141-150.

Hanski, I. (1991): Single-species metapopulation dynamics: concepts, models and observations. Biol. J. Linn. Soc. 42: 17-38.

Hanski, I. (1992): Interferences from ecological incidence functions. Am. Nat. 139: 657-662.

Hanski, I. (1994a): A practical model of metapopulation dynamics. J. Anim. Ecol. 63, 151-162

Hanski, I. (1994b): Patch-occupancy dynamics in fragmented landscapes. Tree 9(4), 131-135

Hanski, I. & Simberloff, D. (1997): The metapopulation approach, its history, conceptual domain, and application to conservation. In: Hanski, I. & Gilpin, M. (Eds.): Metapopulation biology, S. 5 - 26

Hanski, I. & Thomas, C.D. (1994): Metapopulation dynamics and conservation: a spatially explicit model applied to butterflies. Biol. Cons. 68: 167-180

Hanski, I., Foley, P. & Hassell, M. (1996): Random Walks in a metapopulation: how much density dependence is necessary for long-term persistence?. J. anim Ecol. 65: 274-282

Hanski, I., Kuussaari, M. & Nieminen, M. (1994): Metapopulation structure and migration in the butterfly *Melitaea cinxia*. Ecology 75(3), 747-762

Hardy, P.B., Hind, S.H. & Dennis, R.L.H. (1993): Range extension and distribution-infilling among selected butterfly species in north-west England: evidence for inter-habitat movements. Entomologist's gazette 44(4): 247-255

Hassell, M.P. (1974): Density dependence in single-species populations. J. anim. ecol. 44: 283-296

Hassell, M.P., Lawton, J.H. & May, R.M. (1976): Patterns of dynamical behaviour in single-species populations. J. Anim. Ecol. 45: 471-486

Heidenreich, A. & Amler, K. (1998): Gefährdungsprognosen für Zielarten in fragmentierten Landschaften. Laufener Seminarbeiträge 8/98, S. 95 - 108

Heidenreich, A. & Amler, K. (1999): Ein vereinfachtes Prognoseverfahren für die Naturschutzpraxis - Die Standardisierte Populationsprognose (SPP) . NNA-Berichte 2/99, 3-11

Heidenreich, A., Dinkelmeyer, A. & Poethke, H.-J. (1999): Enbericht für die Bundesstiftung Umwelt. unveröff.

Henle, K. (1993): Bedeutung von Isolation, Flächengröße und Biotopqualität für das Überleben von Tier- und Pflanzenpopulationen in der Kulturlandschaft am Beispiel von Trockenstandorten. ZÖN 2, 58-60

Hill, J.K., Thomas, C.D. & Lewis, O.T. (1996): Effects of habitat patch size and isolation on dispersal by *Hesperia comma* butterflies: Implications for metapopulation structure. J. anim. Ecol. 65(6): 725-735

Hochberg, M.E., Clarke, R.T., Elmes, G.W. & Thomas, J.A. (1994): Population dynamics consequences of direct and indirect interaction involving a large blue butterfly and its plant and red ant hosts. J. anim. ecol. 63, 375-391

Hochberg, M.E., Elmes, G.W., Thomas, J.A. & Clarke, R.T. (1996): Mechanisms of local persistence in coupled host-parasitoid associations: the case model of *Maculinea rebeli* and Ichneumon eumerus. Phil. Trans. Royal Soc. London 351: 1713-1724

Hochberg, M.E., Thomas, J.A. & Elmes, G.W. (1992): A modelling study of the population dynamics of a large blue butterfly, *Maculinea rebelli*, a parasite of red ant nests. J. Anim. Ecol. 61, 397-409

Hovestadt, T, Roeser, J & Mühlenberg, M. (1991): Flächenbedarf von Tierpopulationen. Forschungszentrum Jülich GmbH, Jülich

Ims, R. & Yoccoz, N. (1997): Studying Transfer processes in metapopulations: Emigration, migration, and colonization. In: Hanski, I. & Gilpin, M. (Eds.): Metapopulation biology, S. 247 - 266

Ingrisch, S. & Köhler, G. (1998): Die Heuschrecken Mitteleuropas. Die neue Brehm-Bücherei Bd. 629, Westarp Wissenschaften, Magdeburg, 460 S.

Jansen, S. (1996): Praxistest zur „Biologischen Schnellprognose der Populationsgefährdung" (BSP) am Beispiel der Arten *Platycleis albopunctata* und *Melitaea didyma*. Unveröff. Gutachten im Auftrag der Universität Stuttgart, Inst. f. Landschaftsplanung und Ökologie.

Johannesen, J.; Veith, M. & Seitz, A. (1996): Population genetic structure of the butterfly *Melitaea didyma* (Nymphalidae) along a northern distribution range border. Molecular ecology 5: 259-267

Jürgens, K. & Rehding, G. (1992): Xerothermophile Heuschrecken (Saltatoria) im Hegau - Bestandsaufnahme von *Oedipoda germanica* und *Calliptamus italicus*. Articulata 7: 19-38

Kaiser, H. (1975): Populationsdynamik und Eigenschaften einzelner Individuen. Verh. GfÖ 4, 25-38

Kareiva, P. (1990): Population dynamics in spatially complex environments: theory and data. Phil. trans. R. soc. London B 330, 175-190

Kindvall, O. (1999): Dispersal in a metapopulation of the bush cricket, *Metrioptera bicolor* (Orthoptera: Tettigoniidae). J anim ecol. 68: 172-185

Kleyer, M. (1995): Biological traits of vascular plants. A database. Arbeitsberichte Inst. f. Landsschaftplanung und Ökologie, Univ. Stuttgart, N.F. 2: 1-23.

Köhler, G. (1996): The ecological background of population vulnerability in Central European grasshoppers and bush crickets: a brief review. In: Settele, J., Margules, C.R., Poschlod, P. & Henle, K. (eds.): Species survival in fragmented landscapes. Kluwer, Dordrecht, 290-298

Kolb, K.-H. & Fischer, K. (1994): Populationsgröße und Habitatnutzung der rotflügligen Schnarrschrecke (*Psophus stridulus*) im NSG "Steinberg und Wein-Berg"/Bayrische Rhön . Articulata 9(2): 25-36

Kuhn, W. & Kleyer, M. (1996): Mapping and Assessing Habitat Models on the Landscape Level. In: Settele, J., Margules, C.R., Poschlod, P. & Henle, K. (eds.): Species survival in fragmented landscapes. Kluwer, Dordrecht, 290-298

Kuussaari, M., Nieminen, M. & Hanski, I. (1996): An experimental study of migration in the Glanville fritillary butterfly *Melitaea cinxia*. J. anim. Ecol. 65 (6) : 791-801

Lacy, R.C., Hughes, K.A. & Miller, P.S. (1995): VORTEX: A stochastic simulation of the extinction process. Version 7. Users Manual (und Programm). IUCN/SSC Conservation breeding specialist group, Apple Valley, MN, USA

LaHaye, W.S., Gutiérrez, R.J. & Akcakaya, H.R. (1994): Spotted owl metapopulation dynamics in Southern California. Journal of Animal Ecology, 63, 775-785.

Lamberson, R.H., McKeyley, R., Noon, B. & Voss, C. (1992): A dynamic analysis of northern spotted owl viability in a fragmented landscape. Conservation biology, 6(4), 505-512

Lande, R. & Barrowclough, G.F. (1987): Effective population size, genetic variation, and their use in population management. In: Soulé, M.E. (Hrsg): Viable populations for conservation, CUP, 87-124

Lange, O. (1998): Durchführung einer Monte-Carlo-Simulation zur Bewertung von Inzidenzmodellen in der Metapopulationstheorie. Diplomarbeit, Universität Mainz

Laußmann H. (1993): Die Besiedlung neu entstandener Windwurfflächen durch Heuschrecken. Articulata 8(1): 53-59

Leisi, C. (1992): Die Bedeutung von Grünbrücken als Vernetzungselement für Heuschrecken - untersucht am Beispiel der Grünbrücke "Hohereute" bei Radolfzell. Diplomarbeit, Universität Hannover

Levin, S.A. (1974): Dispersion and population interactions. Am. Nat. 108: 207-228

Levins, R.A. (1969): Some demographic and genetic consequences of environmental heterogeneity for biological control. Bulletin of the Entomological Society of America, 15, 237-240

Levins, R.A. (1970): Extinction. In: Gerstenhaber, M. (Ed.): Some Mathematical Questions in Biology. Lectures on Mathematics in the Life Sciences, 2, 75-107

Lewis, O.T., Thomas, C.D., Hill, J.K., Brookes, M.I., Crane, T.P.R., Graneau, Y.A., Mallet, J.L.B. & O.C. Rose (1997): Dispersal and Habitat tracking in Metapopulations of a sedentary butterfly, *Plebejus argus*. Ecological Entomology.

Lindenmayer,D.B., Burgman, M.A., Akcakaya, H.R., Lacy, R.C., Possingham, H.P. (1995): A Review of the generic computer programs ALEX, RAMAS/Space, and VORTEX for modelling the viability of wildlife metapopulations. Ecol. modelling 82: 161-174

MacArthur, R.H.; Wilson, E.O. (1967): The Theory of Island Biogeography. Princeton University Press

Maelzer, D.A. (1970): The regression of log N(t + 1) on log N(t) as a test of density dependence: an exercise with computer-constructed density-dependent populations. Ecology, 51, 810-820.

Malkus, J. (1995): Mobilität und Ausbreitungsdynamik von *Mecostethus grossus* (LINNE, 1758) (Saltatoria, Acrididae) im Talraum der Salzböde (Mittelhessen) in Abhängigkeit von der Nutzung. Diplomarbeit, Universität Marburg

Manzke, U. (1995): Freilandbeobachtungen zum Abflugverhalten makropterer *Chorthippus parallelus* (Zetterstedt) (Acrididae: Gomphocerinae). Articulata 10(1): 61-72

Mapstone, B.D. (1995): Scalable decision rules for environmental impact studies: Effect size, Type I and Type II Errors. Ecological Applications 5(2): 401-410

Marchi, A., Addis, G., Hermosa, V.E. & Crnjar, R. (1996): Genetic divergence and evolution of *Polyommatus coridon gennargenti* (Lepidoptera, Lycaenidae) in Sardinia. Heredity 77(1): 16-22

Marzelli, M. (1995): Habitatansprüche, Populationsdynamik und Ausbreitungsfähigkeit der Sumpfschrecke (Mecostethus grossus) auf einer Renaturierungsfläche. Dissertation, Universität Würzburg.

May, R.M. (1981): Models for single populations. May, R.M. (Hrsg): Theoretical Ecology, 5-29

May, R.M. & Oster, G.F. (1976): Bifurcations and dynamic complexity in simple ecological models. Am. Nat. 110: 573-599

Maynard Smith J. & Slatkin, M. (1973): The stability of predator-prey systems. Ecology 54: 384-391

Molenaar, W. (1970): Approximations to the Poisson, Binomial, and Hypergeometric Distribution Functions. Mathematisch Centrum, Amsterdam

Neve, G, B. Barascud, R. Huges, J. Aubert, H. Descimon, P. Lebrun & M. Baguette (1996): Dispersal, colonisation power and metapopulation structure in the vulnerable butterfly Proclossiana eunomia (Lepidoptera, Nymphalidae). J. Appl. Ecol. 33(1): 14-22

Nicklas-Görgen, B. (1998): Vergleich der genetischen Variabilität und Differenzierung von Populationen der beiden Heuschreckenarten Oedipoda caerulescens und O. germanica (Orthoptera, Acrididae) in unterschiedlichen Kulturlandschaften. Dissertation Universität Mainz

Pauler-Fürste, R., Kaule, G. & Settele, J. (1996): Aspects on the population vulnerability of Glaucopsyche (Maculinea) arion L. 1758 (Lepidoptera: Lycaenidae) in south-west germany. In: Settele et al (Hrsg.): Species Survival in Fragmented Landscapes, Kluwer, Dordrecht

Poethke, H.-J. (1994): Analysieren, Verstehen und Prognostizieren. Habilitationsschrift, Universität Mainz

Poethke, H.-J., Gottschalk, E. & Seitz, A. (1996): Gefährdungsgradanalyse einer räumlich strukturierten Population der westlichen Beißschrecke (Platycleis albopunctata): Ein Beispiel für den Einsatz des Metapopulationskonzeptes im Artenschutz. ZÖN 5: 229-242

Poethke, H.-J., Griebeler, E. & Pauler, R. (1994): Individuenbasiere Modelle als Entscheidungshilfen im Artenschutz. ZÖN 3, 197-206

Pollard, E. & Yates, T.J. (1993): Monitoring butterflies for ecology and conservation. The british butterfly monitoring scheme. Chapman & Hall, London

Pollard, E., Lakhani, K.L. & Rothery, P. (1987): The detection of density dependence from a series of annual censuses. Ecology 68: 2046-2055

Pollard, E., Moss, D. & Yates, T.J. (1995): Population trends of common British butterflies at monitored sites. J. anim. ecol. 32(1): 9-16

Pollard, E., Rothery, P. & Yates, T.J. (1996): Annual growth rates in newly established populations of the butterfly Pararge aegeria. Ecol. Ent. 21(4): 365-369

Poschlod, P. (1996): Das Metapopulationskonzept - eine Betrachtung aus pflanzenökologischer Sicht. ZÖN 5: 161-185

Possingham, H., Davies, I. & Noble, I. (1995): ALEX 2.2. Ecosystem Dynamics Group, Dept. of Applied Mathematics, University of Adelaide, Australia.

Pulliam, H.R. & Dunning, J.B. (1995): Spatially explicit population models. Ecol. Appl. 5(1):1

Reich, M. & Grimm, V. (1996): Das Metapopulationskonzept in Ökologie und Naturschutz: Eine kritische Bestandsaufnahme. ZÖN 5(3-4): 123-139

Reichholf, J. (1986): Tagfalter: Indikatoren für Umweltveränderungen. Ber. ANL 10: 159-169

Ricker, W.E. (1954): Stock and recruitment. J. Fish. Res. Bd. Can. 11, 559-623

Rietze, J. (1994): Zum Ausbreitungsverhalten von Feldheuschrecken. Erfahrungen, Methoden und Ergebnisse. Articulata 9(1): 43-58

Roland, J. (1995): Response to Bonsall & Hassell 'Identifying density-dependent processes: a comment on the regulation of winter moth. J. anim. ecol. 64: 785-786

Rothaupt, G. (1994): Die Situation der Wanstschrecke *Polysarcus denticauda* in Bayern und Thüringen. Articulata 9(2): 79-87

Rothery, P., Newton, I., Dale, L. & Wesolowski, T. (1997): Testing for density dependence allowing for weather effects. Oecologia 112(4): 518-523

Sacchieri, I., Kuussaari, M., Kankare, M., Vikman, P., Fortelius, W. & Hanski, I. (1998): Inbreeding and extinction in a butterfly metapopulation. Nature 392: 491-494

Samietz, J. (1998): Populationsgefährdungsanalyse an einer Heuschreckenart - Methoden, empirische Grundlagen und Modellbildung bei *Stenobothrus lineatus* (Panzer). Cuvillier, Göttingen, 146 S.

Samietz, J. & Berger, U. (1997): Evaluation of movement parameters in insects - bias and robustness with regard to resight numbers. Oecologia 110: 40-49

Sander, U. (1995): Beziehungen zwischen Habitatparametern und Struktur und Größe von Populationen der Heuschreckenarten *Oedipoda caerulescens* (L. 1758) und *Oedipoda germanica* (Latr. 1804) im Mittelrheintal. Diplomarbeit, Universität Bonn/Mainz

Settele, J. & Poethke, H.-J. (1996): Towards demographic population vulnerability categories of butterflies: requirements of and species selection for future population ecological research. In: Settele, J., Margules, C.R., Poschlod, P. & Henle, K. (eds.): Species survival in fragmented landscapes. Kluwer, Dordrecht, 290-298

Shaffer, M.L. (1981): Minimum population sizes for species conservation. Bioscience 31: 131-134

Shaffer, M.L. (1987): Minimum viable populations: coping with uncertainty. In: Soulé, M.E. (Hrsg): Viable populations for conservation, CUP, 69-86

Shenk, T.M., White, G.C. & Burnham, K.P. (1998): Sampling-Variance effects on detecting density dependence from temporal trends in natural populations. Ecological monographs 68(3): 445-463

Shreeve, T.G. (1992): Monitoring butterfly movements. In: Dennis, R.L.H. [Ed.]. The ecology of butterflies in Britain. Oxford University Press, Oxford, New York etc. 1992: i-xi, 1-354. Chapter pagination: 120-138, illustr.

Shreeve, T.G. (1995): Butterfly mobility. In: Pullin, A.S. (ed.): Ecology and conservation of butterflies. Chapman&Hall, London, pp. 37-45.

Sinclair, A.R.E. & Pech, R.P. (1996): Density dependence, stochasticity, compensation and predator regulation. Oikos 75: 164-173.

Spoerle, Y. (1998): Zur Bedeutung unterschiedlicher Dispersionsstrategien in räumlich strukturierten Insektenpopulationen. Diplomarbeit, Universität Mainz, 101 S.

Stelter, C. (1997): Persistenz von kleinen Schmetterlingspopulationen in dynamischer Landschaft - ein Populationsdynamik-Modell. Cuvilier, Göttingen, 182 S.

Strong, D.R. (1986): Density-vague population change. TREE, 1(2), 39-42.

Sugihara, G. & May, R.M. (1990): Nonlinear forecasting as a way of distinguishing chaos from measurement error in time-series. Nature (London), 344, 734-741.

Sutcliffe, O.L. & Thomas, C.D. (1996): Open corridors appear to facilitate dispersal by ringlet butterflies (*Aphantopus hyperantus*) between woodland clearings. Conservation Biology 10(5): 1359-1365

Sutcliffe, O.L., Thomas, C.D. & Peggie, D. (1997): Area-dependent migration by ringlet butterflies generates a mixture of patchy population and metapopulation attributes. Oecologia (Berlin) 109(2): 229-234

Tanner, J.T. (1966): Effects of population density on growth rates of animal populations. Ecology 47: 733-745.

Thomas, C.D. (1985): Specializations and polyphagy of *Plebejus argus* (Lepidoptera: Lycaenidae) in North Wales. Ecol. Ent. 10: 325-340

Thomas, C.D. & Harrison, S. (1992): Spatial dynamics of a patchily distributed butterfly species. J. Anim. Ecol. 61, 437-446

Thomas, C.D. & Jones, T.M. (1993): Partial recovery of a skipper butterfly (*Hesperia comma*) from population refuges: lessons for conservation in a fragmented landscape. J. Anim. ecol. 62, 472-481

Thomas, C.D., Thomas, J.A. & Warren, M.S. (1992): Distributions of occupied and vacant butterfly habitats in fragmented landscapes. Oecologia 92, 563-567

Thomas, J.A., Clarke, R.T., Elmes, G.W. & Hochberg, M.E. (1998): Population dynamics in the genus *Maculinea* (Lepidoptera: Lycaenidae). In: Dempster et al. (eds.): Insect Populations in theory and practice. Symposion of the royal entomological Society, in Press

Thomas, J.A., Moss, D. & Pollard, E. (1994): Increased fluctuations of butterfly populations towards the northern edges of species' ranges. Ecography 17: 215-220

Travis, J.M.J. & Dytham, C. (1998): The evolution of dispersal in a metapopulation: a spatially explicit, individual-based model. Proc. R. Soc. Lond. B 265: 17-23

Varley, G.C. & Gradwell, G.R. (1960): Key factors in population studies. J. anim. Ecol. 29: 399-401

Vogel, K. (1996): Zur Verbreitung, Populationsökologie und Mobilität von *Melitaea didyma* (ESPER 1779) im Raum Hammelburg, Unterfranken. Oedippus 13: 1-26

Vogel, K. (1998): Sonne, Ziest und Flockenblumen: Was braucht eine überlebensfähige Population des Roten Scheckenfalters (*Melitaea didyma*)? Dissertation, Universität Göttingen

Vogel, K. (1999): Sind Computersimulationen für Populationsprognosen notwendig? NNA-Berichte 12(2), S. 13-21.

Vogel, K. & Johannesen, J. (1996): Research on population viability of *Melitaea didyma* (Lepidoptera, Nymphalidae). In: Settele, J., Margules, C., Poschlod, P. & Henle, K. (eds.): Species survival in fragmented landscapes, Kluwer, Dordrecht, S. 262-267

Wagner, G. (1995): Populationsökologische Untersuchungen an der rotflügeligen Ödlandschrecke, *Oedipoda germanica*. Verh. GfÖ 24: 227-230

Wagner, G. & Berger, U. (1996): A population vulnerability analysis of the red-winged grasshopper, *Oedipoda germanica* (Caelifera: Acrididae). In: Settele, J., Margules, C., Poschlod, P. & Henle, K. (eds.): Species survival in fragmented landscapes, Kluwer, Dordrecht, S. 312-319

Warren, M.S. (1987): The Ecology and Conservation of the heath fritillary butterfly *Mellicta athalia*, II: Adult Population Structure and Mobility. J. appl. Ecol. 24: 483-498

Warren, M.S. (1992): Butterfly populations. In: Dennis, R.H.L. (ed.): The ecology of butterflies in Brittain. Oxford University press, pp. 73-92

Whitlock, M.C. & McCauley, D.E. (1999): Indirect measures of gene flow and migration: Fst ≠ 1/(4Nm+1). Heredity 82: 117-125

Wissel, C. (1989): Theoretische Ökologie. Springer, Berlin

Wynhoff, I., Oostermeijer, J.G.B., Scheper, M. & van der Made, J.G. (1996): Effects of habitat fragmentation on the butterfly *Maculinea alcon* in the Netherlands. In: Settele, J., Margules, C., Poschlod, P. & Henle, K. (eds.): Species survival in fragmented landscapes, Kluwer, Dordrecht, S. 15-23

Yaffee, S.L. (1994): The Wisdom of the Spotted Owl - Policy Lessons for a New Century. Island Press, Washington D.C. and Covelo, California, 430 S.

Zehlius-Eckert, W. (1998): Arten als Indikatoren in der Naturschutz- und Landschaftsplanung - Definitionen, Anwendungsbedingungen und Einsatz von Arten als Bewertungsindikatoren. In: Zielarten - Leitarten - Indikatorarten, Laufener Seminarbeiträge 8/98: 9-32.

Zöller, S. (1995): Untersuchungen zur Ökologie von *Oedipoda germanica* unter besonderer Berücksichtigung der Populationsstruktur, der Habitatbindung und der Mobilität. Articulata 19(1): 21-59

Anhang

Modellierung räumlich stark strukturierter Insektenpopulationen.
Ein vereinfachter Ansatz im Rahmen der standardisierten Populationsprognose.

Anhang A: Abkürzungsverzeichnis

β	Intensität der Dichteregulation im Populationsdynamik-Modell
CV	Variationskoeffizient
d	effektiver Flächendurchmesser, den mittleren Einzugsbereich einer Zielfläche
$f_{(K)}'$	Ableitung der Funktion des logistischen Wachstums $N_{t+1} = f(N_t)$ am Schnittpunkt mit der Diagonalen $N_{t+1} = N_t$
ΔN	Absolute Änderung der Populationsgröße von einem Jahr zum anderen. $\Delta N = N_{t+1} - N_t$
δr	geringste in einer Fang-Wiederfang-Untersuchung wiedergegebene Entfernungskategorie
K	Habitatkapazität
λ	Wachstumsrate der Population
μ	Mortalitätsrate
m	mittlere Migrationsdistanz
MVP	Minimum Viable Population = Mindestgröße einer überlebensfähigen Population
v	Steigung des natürlichen Logarithmus der MVP mit σ^2.
N_{adult}	Adult-Populationsgröße
N_em	Anzahl genetisch effektiver Migranten zwischen zwei Populationen, mit populationsgenetischen Methoden ermittelt.
$p_{i,j}$	Wahrscheinlichkeit für ein Individuum, von Patch i nach Patch j zu gelangen
p_m	Emigrationsrate
$p_{(r)}$	Wahrscheinlichkeit, daß ein Individuum in der Distanz r vom Ausgangspunkt seine Migration beendet.
PVA	Population Viability Analysis (Populationsgefährdungsanalyse)
RAPD	Random Amplified Polymorphic DNA
r	Steigung von v mit β bei konstantem λ
$r_{i,j}$	Distanz zwischen den Mittelpunkten der Patches i und j
s	Exponent von λ beim Einfluß auf v
σ^2	Varianz der Lognormalverteilung der Populations-Wachstumsrate
SF	Schwankungsfaktor: Maximale durch minimale Populationsgröße in einem Beobachtungszeitraum
SISP	Simulation von Insekten in Strukturierten Populationen: Das in der vorliegenden Arbeit dokumentierte Simulationswerkzeug.
Sln	Standardabweichung des natürlichen Logarithmus der Populationsgröße
σ_N^2	Varianz der Populationsgröße
T_K	mittlere Überlebensdauer einer Population mit Kapazität K
u	Parameter für die Steigung der MVP abhängig von $(f_{(K)}')^2$

Anhang

Modellierung räumlich stark strukturierter Insektenpopulationen.
Ein vereinfachter Ansatz im Rahmen der standardisierten Populationsprognose.

Anhang B: Abbildungen

Abbildung 1: Typen der Abbildung der geographischen Lage der Patches in Metapopulationsmodellen. Geographisch implizite Metapopulationsmodelle betrachten nur die Anzahl der Patches, alle Patches sind untereinander gleich gut erreichbar. Geographisch explizite Modelle betrachten zusätzlich die relative Lage der Patches zueinander, kontinuierliche Modelle berücksichtigen auch die Form und Größe der Patches sowie die dazwischenliegende Matrix. _____10

Abbildung 2: Schematisierter Lebenszyklus, der dem Modell SISP zugrundeliegt. Gezeigt sind die beiden betrachteten Lebensstadien und die grundlegenden Prozesse der Mortalität, Paarung, Eiablage und Migration. Detaillierte Erklärung im Text. _____14

Abbildung 3: Datenstruktur für den Zugriff auf die Individuen im individuenbasierten Modell einer Metapopulation. Erklärung der Bezeichner im Text _____20

Abbildung 4: Ablauf einer Simulationsstudie mit SISP mit WWW-Kontakt. Erläuterung der einzelnen Schritte siehe Text. _____24

Abbildung 5: ER-Strukturmodell der Datenbank SISP_DB. Die Modell-Eingabeparameter sind hell unterlegt, die Ausgabeparameter dunkler. _____25

Abbildung 6: Schema des Bewertungsalgorithmus für das automatisierte Ausgabeprotokoll von SISP. Erklärung im Text. pÜ = Überlebenswahrscheinlichkeit der Gesamtpopulation, I = Inzidenz, die Zahl dahinter gibt den Prognosezeitraum (25 oder 100 Jahre) an. Die Bewertungsstichpunkte entsprechen in der Datenbank ganzen Sätzen. _____27

Abbildung 7: Vergleich der Inzidenzen der vier getesteten Modellrealisierungen bei den Szenarien Random Walk (oben), MVP P. albopunctata (mitte) und M. didyma, Hassberge (unten). Prognosezeitraum 100 Jahre, gemittelt über 2000 Replikate. Die Fehlerbalken geben den 95%-Vertrauensbereich wieder. _____30

Abbildung 8: Phänologiekurven für P. apollo auf der Fläche Wallersberg für die Jahre 1990 bis 1998. 7 bis 12 Transektbegehungen pro Jahr, dazwischenliegende Werte linear interpoliert. Berechnet aus Daten von M. DOLEK (pers. Mitt.). _____33

Abbildung 9: Geschätzte Populationsgrößen von P. apollo bei Transektzählungen auf der Fläche Wallersberg in der Frankenalb in den Jahren 1990-1998. _____34

Abbildung 10: Datenpunkte der Zeitreihe von P. apollo am Wallersberg, aufgetragen $N_{(t+1)}$ gegen $N_{(t)}$. Diagonale: Gleichgewichtszustand $N_{(t+1)} = N_{(t)}$ _____35

Abbildung 11: Datenpunkte der Zeitreihe von P. apollo am Wallersberg. Aufgetragen ist der Populationsgrößen-zuwachs gegen Populationsgröße. Waagrecht ist die Nullinie dargestellt, die Kurve ist die bestangepasste Form des logistischen Wachstums nach Gleichung 6 und erklärt 45% der gefundenen Abweichung vom Nullmodell (Populationsgröße bleibt immer konstant). Die Parameter der Kurve sind: $\lambda = 1,53$, $\beta = 3,55$ und $K = 73$. _____36

Abbildung 12: Variationskoeffizient CV (rechts) und Standardabweichung Sln der logarithmierten Populationsgröße (links) von Zeitreihen aus Simulationsergebnissen mit verschiedenen Varianzen σ^2. Parameter: $\lambda = 1,53$, $\beta = 3,55$, $K = 240, 320, 480, 640$ und 960. Diagonal eingezeichnet: lineare Regression mit 95% Vertrauensbereich. Senkrechte Linien: Fluktuationsmaße der Freiland-Zeitreihe (CV = 0,53 , Sln = 0,72). _____37

Abbildung 13: Verteilung der für P. apollo geeigneten Habitate im Untersuchungsgebiet

Anhang
Modellierung räumlich stark strukturierter Insektenpopulationen.
Ein vereinfachter Ansatz im Rahmen der standardisierten Populationsprognose.

'Kleinziegenfelder Tal' in der Frankenalb. Verändert nach STELTER (1997). Schwarz sind die Habitate markiert, in denen im Zeitraum 1992 - 1998 durchgehend Transektschätzungen durchgeführt wurden, hell die weiteren im Untersuchungsgebiet vorhandenen Habitate. _____ 41

Abbildung 14: Populationsgrößenschätzungen für diejenigen sechs Populationen im Apollo-Hilfsprogramm Frankenalb, die im Zeitraum 1992 - 1998 sicher besetzt waren (Daten von M. DOLEK, pers. Mitt.). _____ 41

Abbildung 15: Abhängigkeit des Gegenläufigkeitsindex (links) und des paarweisen Korrelationskoeffizienten der Populationsgrößenänderungen (rechts) von der geographischen Distanz zwischen Populationen von P. apollo im Untersuchungsgebiet 'Kleinziegenfelder Tal'. Dargestellt sind die Datenpunkte und die Regressionsgerade mit 95%-Vertrauensbändern. _____ 44

Abbildung 16: Fundorte im Mittelrheintal für O. caerulescens (hell) und O. germanica (dunkel). Übereinandergedruckt sind syntope Populationen. Aus NICKLAS-GÖRGEN (1998). _____ 45

Abbildung 17: Populationsgrößen-Zeitreihen für O. caerulescens aus dem Mittelrheintal. Schätzungen aus Fang-Wiederfang, ausgewertet mit sequentiellem Bayes-Algorithmus (SANDER 1995, NICKLAS-GÖRGEN 1998, BECKER in Vorb., BÖTTCHER in Vorb.). Nummerierung wie Abbildung 16, Indices a und b für Teilflächen. _____ 46

Abbildung 18: Datenpunkte der Beobachtungsreihen für O. caerulescens (Abbildung 17) mit Anpassung des logistischen Wachstums. $\lambda = 1,92$, $\beta = 1,62$, $r^2 = 0,522$. _____ 47

Abbildung 19: Überlebenswahrscheinlichkeit isolierter Populationen von P. apollo bei unterschiedlicher Kapazität für die Prognosehorizonte 25 Jahre (Kreise) und 100 Jahre (Dreiecke). Simulationsergebnisse mit den Parametern der Zeitreihe Wallersberg ($\lambda = 1,53$, $\beta = 3,55$, $\sigma^2 = 0,93$, $p_m = 0,15$), je 2000 Replikate. Die Kurven sind die nach Gleichung 11 angepassten Funktionen für 25 (gestrichelt, $a = 0,830$, $b = 0,363$) und 100 Jahre (durchgezogen, $a = 1,317$, $b = 0,252$). Bestimmtheitsmaß: 99,9% in beiden Fällen. Waagrechte Linie: Überlebenswahrscheinlichkeit = 95%. Die Schnittpunkte (MVP-Schätzwerte) liegen bei einer Kapazität von 250 Individuen für 25 Jahre und 1040 Individuen für 100 Jahre. _____ 52

Abbildung 20: Überlebenswahrscheinlichkeit isolierter Populationen von O. caerulescens bei unterschiedlicher Kapazität für die Prognosehorizonte 25 Jahre (Kreise) und 100 Jahre (Dreiecke). Simulationsergebnisse mit den Parametern der gepoolten Anpassung an die Populationsgrößenschätzungen im Mittelrheintal ($\lambda = 1,92$, $\beta = 1,62$, $\sigma^2 = 1,0$, $p_m = 0,25$), je 2000 Replikate. Die Kurven sind die nach Gleichung 11 angepassten Funktionen für 25 (gestrichelt, $a = 0,566$, $b = 0,585$) und 100 Jahre (durchgezogen, $a = 0,769$, $b = 0,488$). Bestimmtheitsmaß: 99,9% in beiden Fällen. Waagrechte Linie: Überlebenswahrscheinlichkeit = 95%. Die Schnittpunkte (MVP-Schätzwerte) liegen bei einer Kapazität von 340 Individuen für 25 Jahre und 1350 Individuen für 100 Jahre. _____ 53

Abbildung 21: Abhängigkeit der Ankunftswahrscheinlichkeit $p_{(r)}$ von der zurückzulegenden Distanz r für verschiedene mittlere Migrationsdistanzen m. Berechnet nach Gleichung 13. _____ 60

Abbildung 22: Abhängigkeit der Wahrscheinlichkeit, 700m oder mehr zu wandern, von der mittleren Migrationsdistanz m (ansteigende Kurve). Die waagrechte Gerade zeigt die von ROTHHAUPT (1994) gefundene Wahrscheinlichkeit. _____ 60

Abbildung 23: Relative Häufigkeiten von beobachten Flächenwechseln bei P. apollo im Untersuchungsgebiet 'Kleinziegenfelder Tal' 1995 (links) und 1996 (rechts), aufgetragen gegen die überwundene Luftliniendistanz. Daran angepasst ist das Migrationsmodell (Gleichung 5)

Anhang   Modellierung räumlich stark strukturierter Insektenpopulationen.
Ein vereinfachter Ansatz im Rahmen der standardisierten Populationsprognose.

unter Verwendung der Emigrationsraten 23,4% für 1995 und 10,3% für 1996. Die Parameteranpassung ergab für 1995 m = 1,5 ± 1,1 km und d = 2,7 ± 1,2 km mit r^2 = 0,38, für 1996 m = 0,9 ± 0,7 km und d = 3,1 ± 1,3 km mit r^2 = 0,16. Die Angaben sind jeweils Schätzwert ± Standardfehler. _____ 62

Abbildung 24: *Anpassung (Linie) des Migrationsmodells (Gleichung 5) an die Migrationsraten aus genetischen Daten für M. didyma (Punkte: Paarweise geschätzte Migrationsraten zwischen 10 Populationen). Effektive Migrantenzahlen aus JOHANNESEN et al (1996), Populationsgrößenschätzungen und Distanzen aus VOGEL (1998). Parameter der Anpassungskurve: p_m = 0,174 (aus VOGEL 1998), m = 84,9 km, d = 30,7 km.* _____ 63

Abbildung 25: *Anpassung des Migrationsmodells (Gleichung 5, Linie) an die von BERTRAM (1997) gefundenen Migrationsdistanzen bei O. caerulescens. Die Migrationsdistanzen sind in Klassen zu 50 m eingeteilt und dazu jeweils die beobachtete relative Migrationshäufigkeit (Kreise) aufgetragen. Die maximale beobachtete Migrationsdistanz war 2150m (Pfeil). Die Parameter für die Kurve sind m = 73m und d = 120m.* _____ 65

Abbildung 26: *Ergebnisse von Simulationsläufen zur Gesamtpopulation von O. caerulescens im Mittelrheintal. 2000 Replikate mit je 100 Jahren. Ein Locus mit 10 Allelen, keine Mutation, Startzustand der Allelverteilung gleichverteilt. Habitatkapazitäten = Mittelwerte der Populationsgrößen 1994-1998. Verändert wurden die mittlere Migrationsdistanz m und der effektive Flächendurchmesser d (Gefüllte Rauten: 0,1 km, Kreuze: 1 km, gefüllte Dreiecke: 2 km, offene Rauten: 3 km, gefüllte Quadrate: 4 km). Links die nach WRIGHT (1951) berechneten genetisch effektiven Migrantenzahlen $N_e m$, rechts die mittlere beobachtete Migrationsrate M. Parameter für das Populationsdynamik-Modell: λ = 1,92, β = 1,63, σ^2 = 1.* _____ 66

Abbildung 27: *Verlauf von fünf verschiedenen Zeitreihen unterschiedlicher Kapazität bei λ = 1, β = 0 und σ^2 = 0. Die Populationskürzel geben die Kapazität in Anzahl Individuen an.* _____ 71

Abbildung 28: *Auftragung überlebender Adulte gegen Juvenile von drei der in Abbildung 27 gezeigten Zeitreihen mit den dort genannten Parameterwerten. Alle Datenpunkte liegen auf der Diagonalen, es ergibt sich keine Juvenilmortalität.* _____ 72

Abbildung 29: *Nachkommen F1 aufgetragen gegen Adulte von drei der in Abbildung 27 gezeigten Populationen mit den dort genannten Parameterwerten. Die Datenpunkte sind mit geringer Abweichung um die Diagonale gestreut.* _____ 73

Abbildung 30: *Verlauf der Zeitreihen bei exponentieller Abnahme (λ = 0,95) und verschiedenen Kapazitäten. Keine Dichteabhängigkeit und keine Umweltstochastizität.* _____ 74

Abbildung 31: *Regression Nachkommen F1 gegen Adulte bei exponentieller Abnahme der Populationsgröße (λ = 0,95) und K = 480, Zeitreihe aus Abbildung 30.* _____ 75

Abbildung 32: *Mortalitäten bei verschiedenen Werten für β. Datenpunkte der in Abbildung 33 gezeigten Zeitreihen mit Anpassung des logistischen Wachstums.* _____ 76

Abbildung 33: *Zeitreihen von Populationen mit gleicher Kapazität (K = 960), aber verschiedenem β bei gleicher Wachstumsrate λ = 5 und ohne Umweltfluktuation.* _____ 77

Abbildung 34: *Verteilung der realisierten Wachstumsrate bei drei verschiedenen Parameterwerten für Varianz σ^2.* _____ 79

Abbildung 35: *Zusammenhang zwischen T_K und K für verschiedene Varianzen σ^2 zur Abbildung verschiedener Arten von Umweltfluktuation. Modellparameter von Oedipoda caerulescens,*

Kaiserstuhl ($\lambda = 1,67$, $\beta = 1,86$). Kreise: Simulationsergebnisse; Linien: daran bestangepasste Funktion der Gleichung 15 a oder b, als freie Variable wurde σ_N^2 verwendet. Die Zahlen an den Kurven sind die jeweiligen Varianzen σ^2 der Wachstumsrate, die für die Simulationen verwendet wurden. Die Varianzen kleiner als 3,0 zeigen demographische Stochastizität, $\sigma^2 = 3,6$ zeigt Katastrophen. _____ 80

Abbildung 36: Verlauf von zwei Zeitreihen im Random Walk ($\lambda = 1$, $\beta = 0$, $\sigma^2 = 0$) mit Emigrationsrate $p_m = 5\%$, Ankunftswahrscheinlichkeit 0%, Kapazität $K = 960$ (dünn, durchgezogen). Zum Vergleich dargestellt ist eine Zeitreihe mit $\lambda = 0,95$ (gestrichelt) und die erwartete exponentielle Abnahme mit Exponent 0,95 (dick, grau). _____ 82

Abbildung 37: Überlebenswahrscheinlichkeiten nach 100 Jahren für verschieden große isolierte Populationen (K in der Legende) bei unterschiedlichen Emigrationsraten. Modellparameter Populationsdynamik $\lambda = 5$, $\beta = 4$, $\sigma^2 = 0$, gemittelt über 2000 Replikate je Parametersatz. Daten aus Tabelle 17. _____ 83

Abbildung 38: Entwicklung der Überlebenswahrscheinlichkeit bzw. Inzidenz (links) und der Allelzahl (rechts) in einer Metapopulation aus 2 Patches á 60 Individuen Kapazität bei Erhöhung der Migrationsrate. Die Rauten zeigen die Überlebenswahrscheinlichkeit bzw. Allelzahl der Gesamtpopulation, die Quadrate die mittlere Inzidenz bzw. mittlere Allelzahl der Einzelpopulationen an. Die gestrichelten Linien sind die Grenzen für die für eine Einzelpopulation erwarteten Ergebnisse bei völliger Isolation (unten) und bei völligem Zusammenschluß (oben). _____ 85

Abbildung 39: Überlebenswahrscheinlichkeiten über 100 Jahre für eine Metapopulation aus zwei Patches mit $K = 60$ bei verschiedenen Migrationswahrscheinlichkeiten und verschieden starker umweltbedingter Stochastizität. Die Werte für p_m siehe Legende. Zum Vergleich ist die Überlebenswahrscheinlichkeit einer isolierten Population mit $K = 120$ (offene Kreise) aufgetragen. Links korrelierte, rechts unkorrelierte Umweltstochastizität. Mittelwerte aus je 2000 Replikaten, Wachstumsrate $\lambda = 5$, Dichteabhängigkeit $\beta = 4$, kein Verlust bei der Migration. _ 87

Abbildung 40: Mittlere Allelzahlen pro Patch nach 100 Jahren, abhängig von der umweltbedingten Stochastizität σ^2 und der Migrationsrate p_m. Werte für p_m siehe Legende.. Zum Vergleich eingezeichnet ist die Allelzahl einer Population mit $K = 120$ (offene Kreise). Links korrelierte, rechts unkorrelierte Umweltstochastizität. Zwei Patches à $K = 60$, kein Verlust bei der Migration, $\lambda = 5$, $\beta = 4$. Mittelwerte aus je 2000 Simulationen. _____ 88

Abbildung 41: Überlebenswahrscheinlichkeiten nach 100 Jahren für verschieden große isolierte Populationen (K in der Legende) bei unterschiedlichen Emigrationsraten. Modellparameter Populationsdynamik $\lambda = 2$, $\beta = 2$, $\sigma^2 = 0$, gemittelt über 2000 Replikate je Parametersatz. ___ 89

Abbildung 42: Entwicklung der Überlebenswahrscheinlichkeit bzw. Inzidenz (links) und der Allelzahl (rechts) in einer Metapopulation aus 2 Patches á 20 Individuen Kapazität bei Erhöhung der Migrationsrate. Die Rauten zeigen die Überlebenswahrscheinlichkeit bzw. Allelzahl der Gesamtpopulation, die Quadrate die mittlere Inzidenz bzw. mittlere Allelzahl der Einzelpopulationen an. Die gestrichelten Linien sind die Grenzen für die für eine Einzelpopulation erwarteten Ergebnisse bei völliger Isolation (unten) und bei völligem Zusammenschluß (oben). Modellparameter Populationsdynamik $\lambda = 2$, $\beta = 2$, $\sigma^2 = 0$, gemittelt über 2000 Replikate je Parametersatz. _____ 90

Abbildung 43: Inzidenz (links) und Allelzahl (rechts) der Einzelpopulationen in einer Metapopulation aus 2 Patches á 20 Individuen Kapazität und einer Entfernung von 1 km bei

Änderung des effektiven Flächendurchmessers d (Legende) und der mittleren Wanderdistanz m. Mittelwerte aus 2000 Replikaten, Simulationsdauer 100 Jahre. Parameter des Populationsdynamik-Modells: $\lambda = 2$, $\beta = 2$, $\sigma^2 = 0$, Emigrationsrate $p_m = 20\%$. _____90

Abbildung 44: Überlebenswahrscheinlichkeit der Gesamtpopulation (gefüllte Rauten) und mittlere Inzidenz der Einzelpopulationen (offene Quadrate) in Abhängigkeit von der Wahrscheinlichkeit, mit der ein emigrierendes Individuum beim Nachbarpatch ankommt. Die waagrechten Linien sind die erwartete Inzidenz der Einzelpopulationen bei völliger Isolation (unten) und optimaler Verbindung (oben). Die Datenpunkte resultieren aus verschiedenen Kombinationen der Modellparameter m und d. Parameter: $\lambda = 2$, $\beta = 2$, $\sigma^2 = 0$, $p_m = 20\%$. _____91

Abbildung 45: Ankunftswahrscheinlichkeit für verschieden angeordnete Patchpaare in einem quadratischen Gitter abhängig von der mittleren Migrationsdistanz m. Effektiver Flächendurchmesser d = 1,5 km, Entfernung zwischen zwei direkt benachbarten Patches = 1 km. Die Pfeile zeigen die für die jeweilige Anordnung optimale Migrationsdistanz. _____93

Abbildung 46: Mortalität bei der Migration, resultierend aus Kombinationen der Parameter m und d in einem quadratischen Gitter mit 3 x 3 Patches mit 1 km Entfernung zwischen direkt benachbarten Patches. Kombinationen mit niedrigem m und hohem d konnten nicht realisiert werden, da die Mortalität der aus der Zentralfläche emigrierenden Individuen sonst negative Werte angenommen hätte. _____93

Abbildung 47: Überlebenswahrscheinlichkeit der Gesamtpopulation bei Simulationen des o.g. Szenarios mit verschiedenen Kombinationen der Parameter für das Migrationsmodell, aufgetragen gegen die Mortalität bei der Migration. Unterschiedliche mittlere Migrationsdistanzen m sind durch unterschiedliche Symbole gekennzeichnet (Legende). Simulationen über 100 Jahre, je 2000 Replikate. Parameter: $\lambda = 2$, $\beta = 2$, $\sigma^2 = 0$, $p_m = 0,2$. Die für die weitere Analyse verwendeten Parameterkombinationen liegen innerhalb der eingezeichneten Ellipse. _____94

Abbildung 48: Inzidenzen unterschiedlich angeordneter Patches bei Kombinationen der Modellparameter m und d, die annähernd die gleiche migrationsbedingte Mortalität von 74% verursachen. Unterschieden werden die Patches, die an den Ecken des 3 x 3-Gitters liegen, diejenigen in der Mitte der Kanten und die Zentralpopulation. Die Fehlerbalken geben die Standardabweichung aus der Mittelung der jeweils vier Eck- und Kanten-Patches wieder. Simulationen über 100 Jahre, je 2000 Replikate. Parameter: $\lambda = 2$, $\beta = 2$, $\sigma^2 = 0$, $p_m = 0,2$. __95

Abbildung 49: Allelzahlen der Gesamtpopulation und unterschiedlich angeordneter Einzelpatches im oben beschriebenen 3x3-Gitter. Vergleich von Kombinationen der Modellparameter m und d, die annähernd die gleiche migrationsbedingte Mortalität von 74% verursachen. Die Fehlerbalken geben die Standardabweichung aus der Mittelung der jeweils vier Eck- und Kanten-Patches wieder. Simulationen über 100 Jahre, je 2000 Replikate. Parameter: $\lambda = 2$, $\beta = 2$, $\sigma^2 = 0$, $p_m = 0,2$._____95

Abbildung 50: Abhängigkeit der MVP (95% Überlebenswahrscheinlichkeit über 100 Jahre) von $f_{(K)}$', der Steigung des logistischen Wachstums bei der Habitatkapazität K. Anpassung der Gleichung 17 an 92 MVP-Werte aus Simulationen mit unterschiedlichen Parameterkombinationen von λ und β. Keine umweltbedingte Stochastizität und keine Emigration. _____99

Abbildung 51: Steigung v des natürlichen Logarithmus der MVP mit Zunahme der Umweltstochastizität σ^2 in Abhängigkeit von den Modellparametern λ und β. Die angepasste Funktion (Gleichung 17) erreicht mit den Parametern $v_0 = 2,794$, $r = 4,026$ und $s = 2,976$ ein

Abbildung 52: Zeitreihe von Bodenfallenfängen von P. albopunctata an einer Weinbergsböschung am Kaiserstuhl. Daten aus (GOTTSCHALK 1993). _____ 110

Abbildung 53: Datenpunkte und resultierende Parameteranpassung bei Auslassen des Wertes für das Jahr 1982 in der Zeitreihe für P. albopunctata (GOTTSCHALK 1993). Gefüllte Kreise: genutzte Datenpunkte, gefüllte Dreiecke: ungenutzte Datenpunkte. Durchgezogen: Anpassung des logistischen Wachstums an die verkürzte Zeitreihe; gestrichelt: Anpassung an die Original-Zeitreihe. _____ 113

Abbildung 54: Untersuchungsgebiet Leutratal bei Jena, Karte erstellt aus einem Luftbild aus SAMIETZ (1998). Die beschrifteten Flächen sind die Habitate, die Barrieren dazwischen bestehen aus Hecken oder zum größten Teil verbuschten Runsen. Die restliche Fläche nordwestlich der Habitate ist Wald, südöstlich grenzen flache, landwirtschaftlich genutzte Flächen an. _____ 120

Abbildung 55: Inzidenzen der Einzelpopulationen von S. lineatus im NSG Leutratal nach 100 Jahren. Mittelwerte aus je 2000 Replikaten mit fünf verschiedenen Migrationsmatrices. Parameter: $\lambda = 1{,}67$, $\beta = 1{,}69$, $\sigma^2 = 1{,}54$ und $p_m = 5\%$. _____ 122

Abbildung 56: Verteilung der Anzahlen von nach 100 Jahren besetzten Patches für S. lineatus, NSG Leutratal. Balken, die zum gleichen Migrationsmodell gehören, sind durch Linien verbunden. Resultate aus je 2000 Simulationsläufen mit den Parametern $\lambda = 1{,}67$, $\beta = 1{,}69$, $\sigma^2 = 1{,}54$ und $p_m = 5\%$. _____ 122

Abbildung 57: Mittlere jährliche Anzahlen erfolgreicher Emigranten (oben) und Immigranten von S. lineatus im NSG Leutratal bei Jena, aufgeschlüsselt nach Einzelflächen. Mittelwerte aus je 2000 Simulationsläufen über 100 Jahre mit den Parametern $\lambda = 1{,}67$, $\beta = 1{,}69$, $\sigma^2 = 1{,}54$ und $p_m = 5\%$ für fünf verschiedene Migrationsmodelle. _____ 124

Abbildung 58: TK 5825 Hammelburg, in Ausschnitt aus VOGEL (1996). Grau dargestellt sind Wälder, hell offene Bereiche. Die Punkte sind bekannte Vorkommen vom M. didyma. Die benannten Vorkommen wurden von VOGEL (1996, 1998, 1999) detailliert untersucht. _____ 130

Abbildung 59: Überlebenswahrscheinlichkeit der Gesamtpopulation von M. didyma im Untersuchungsgebiet Hammelburg für die zwei Szenarien 'Nur Hauptuntersuchungsflächen' und 'Alle Flächen'. Ergebnisse aus Simulationen mit den Parametern $\lambda = 1{,}357$, $\beta = 3{,}629$, $\sigma^2 = 0{,}8$, $p_m = 0{,}173$, $m = 2{,}08$ und $d = 1{,}76$; Mittelwerte aus je 2000 Replikaten. _____ 132

Abbildung 60: Inzidenzprognosen über 25 Jahre für die Lokalpopulationen von M. didyma im Untersuchungsgebiet Hammelburg. Oben nur Haupt-Untersuchungsflächen, unten alle Flächen, davon die nicht näher untersuchten in Kapazitätsklassen eingeteilt. Auf der X-Achse sind die Flächennamen aufgetragen, auf der Y-Achse die Inzidenz. Ergebnisse aus Simulationen mit den Parametern $\lambda = 1{,}357$, $\beta = 3{,}629$, $\sigma^2 = 0{,}8$, $p_m = 0{,}173$, $m = 2{,}08$ und $d = 1{,}76$; Mittelwerte aus je 2000 Replikaten. _____ 133

Abbildung 61: Inzidenzprognosen über 100 Jahre für die Lokalpopulationen von M. didyma im Untersuchungsgebiet Hammelburg. Oben nur Haupt-Untersuchungsflächen, unten alle Flächen, davon die nicht näher untersuchten in Kapazitätsklassen eingeteilt. Auf der X-Achse sind die Flächennamen aufgetragen, auf der Y-Achse die Inzidenz. Ergebnisse aus Simulationen mit den Parametern $\lambda = 1{,}357$, $\beta = 3{,}627$, $\sigma^2 = 0{,}8$, $p_m = 0{,}173$, $m = 2{,}08$ und $d = 1{,}76$; Mittelwerte aus je 2000 Replikaten. _____ 134

Anhang Modellierung räumlich stark strukturierter Insektenpopulationen.
Ein vereinfachter Ansatz im Rahmen der standardisierten Populationsprognose.

Abbildung 62*: Prognostizierte Inzidenzen der Lokalpopulationen von drei Heuschreckenarten im Leutratal bei Jena. Ergebnisse aus je 2000 Replikaten mit den Parametern $\lambda = 1{,}67$, $\beta = 1{,}69$, $\sigma^2 = 1{,}54$ für S. lineatus, $\lambda = 2{,}46$, $\beta = 2{,}47$ und $\sigma^2 = 2{,}0$ für G. rufus sowie $\lambda = 1{,}40$, $\beta = 4{,}78$ und $\sigma^2 = 0{,}73$ für E. brachyptera. Für alle Arten galt $p_m = 0{,}2$ und die von den Freilandbearbeitern erstellte Migrationsmatrix (s. Abschnitt 5.4.1).* _____137

Abbildung 63*: Geschätzte Habitatkapazitäten (K) und prognostizierte Inzidenzen (I 100) für Minimal- (Min) und Maximalschätzung (Max) nach 100 Jahren für S. lineatus, Kalkberg. 10 Patches und Gesamtpopulation. Mittelwerte aus 2000 Replikaten mit den Parametern $\lambda = 1{,}67$, $\beta = 1{,}69$, $\sigma^2 = 1{,}2$, pm = 0,15, m = 0,5 km, d = 0,3 km* _____140

Abbildung 64*: Inzidenzen nach 100 Jahren für die Populationen von A. hyperantus im Burgenlandkreis. Ergebnisse von Simulationen mit den Migrationsparametern $p_m = 0{,}3$, m = 0,09 und d = 0,06 (offene Quadrate) und $p_m = 0{,}173$, m = 2,08 und d = 1,76 (gefüllte Kreise). Habitatkapazitäten als Balken im Hintergrund. Parameter Populationsdynamik: $\lambda = 2{,}24$, $\beta = 1{,}05$ und $\sigma^2 = 2{,}8$* _____141

Abbildung 65*: Karte des Untersuchungsgebiets bei Münsingen, dargestellt nach den topographischen Karten TK 7522 und TK 7523 und der Kartierung von P. DETZEL. Die grauen Flächen sind die Habitate von P. albopunctata, die Linien die das Untersuchungsgebiet querenden größeren Straßen.* _____143

Abbildung 66*: Vergleich der Inzidenzen für P. albopunctata (mit 95%-Vertrauensintervallen) der drei Szenarien 0, 9 und 789 mit den berechneten Überlebenswahrscheinlichkeiten bei Isolation der Teilpopulationen. Prognosezeitraum: 100 Jahre. Ergebnisse aus je 2000 Replikaten mit den Parametern $\lambda = 1{,}69$, $\beta = 2{,}64$, $\sigma^2 = 1{,}04$, $p_m = 0{,}15$, m = 0,5 km, d = 0,3 km.* _____144

Abbildung 67*: Gesamtüberlebenswahrscheinlichkeiten über 25 (schraffiert) und 100 Jahre (gefüllt) für die Szenarien Diemeltal (Abschnitt), Kalkberg Untergrenze und Obergrenze (Abschnitt) sowie Burgenlandkreis (Abschnitt), jeweils A. hyperantus. Verwendet wurden die Migrationsparameter für A. hyperantus (dunkel, $p_m = 0{,}3$, m = 0,09 km, d = 0,06 km) und M. didyma (hell, $p_m = 0{,}173$, m = 2,08, d = 1,76). Ergebnisse aus je 2000 Replikaten mit den Parametern $\lambda = 2{,}24$, $\beta = 1{,}05$ und $\sigma^2 = 2{,}8$.* _____147

Anhang C: Tabellen

Tabelle 1: Dateitypen für die externe Speicherung von Eingabedaten für SISP _____ 22

Tabelle 2: Ausgabe-Dateitypen in SISP _____ 23

Tabelle 3: Simulationsdauer für drei Szenarien bei vier verschiedenen Modellrealisierungen. Das Modell 2-Schritt ist das als Standard verwendete, das Modell 2-Prozess faßt Fertilität und Mortalität in einem Schritt, aber mit zwei getrennten Prozessen zusammen und das Modell 1-Prozess faßt Fertilität und Mortalität zu einem einzigen Prozess zusammen. Das Genotypmodell (SPOERLE 1998) ist ein I-State-Distribution-Modell, das die Population in Klassen entsprechend dem Genotyp aufteilt. Die Szenarien werden im Text erklärt. Alle Zeitangaben in hh:mm. _____ 29

Tabelle 4: Parameterschätzungen für das logistische Wachstum und dazugehörende Bestimmtheitsmaße (r^2 einzeln) von verschiedenen Zeitreihen einzeln und gepoolt für Aphantopus hyperantus, mit Bestimmtheitsmaß der gepoolten Schätzung gegenüber den Einzelzeitreihen (r^2 gepoolt). _____ 39

Tabelle 5: Paarweise Korrelationskoeffizienten (oberhalb der Diagonalen) und Gegenläufigkeitsindices (unterhalb der Diagonalen) zwischen den jährlichen Populationsgrößenveränderungen im Zeitraum 1992 - 1998 für die in Abbildung 13 schwarz markierten Populationen von P. apollo in der Frankenalb. Auf dem 95%-Niveau signifikante Korrelationen sind mit * markiert. Die Berechnung des Gegenläufigkeitsindex wird im Text erklärt. _____ 42

Tabelle 6: Berechnung des Gegenläufigkeitsindex für die Populationspaare W / A (oben) und WH / T (unten) im Untersuchungsgebiet Kleinziegenfelder Tal (Abbildung 13). N = geschätzte Populationsgröße, DN = Populationsgrößenänderung zum Folgejahr ($N_{(t+1)} - N_{(t)}$), Gegen = Gegenläufigkeit in einem Jahr. Der Gegenläufigkeitsindex ist in dieser Spalte fettgedruckt in der untersten Zeile jedes Populationspaars angegeben. _____ 43

Tabelle 7: Paarweise Korrelationskoeffizienten (oberhalb der Diagonalen) und Gegenläufigkeitsindices (unterhalb der Diagonalen) zwischen den jährlichen Populationsgrößenveränderungen im Zeitraum 1994 - 1998 für die über alle fünf Jahre persistenten Populationen von O. caerulescens im Mittelrheintal. Auf dem 95%-Niveau signifikante Korrelationen sind mit * markiert. _____ 46

Tabelle 8: Bestimmtheitsmaß r^2 der Zeitreihen aus Abbildung 17 an die gemeinsam optimal angepasste Funktion für das logistische Wachstum mit den Parametern $\lambda = 1,92$ und $\beta = 1,62$ 47

Tabelle 9: Zusammenstellung der Schwankungsparameter der einzelnen Datenreihen für O. caerulescens im Mittelrheintal. Flächennummerierung wie in Abbildung 16. CV = Variationskoeffizient, Sln = Standardabweichung des natürlichen Logarithmus der Populationsgröße, SF = Schwankungsfaktor. _____ 48

Tabelle 10: Schätzungen für σ^2 aus der Kalibrierung mit Simulationen isolierter Populationen mit den Parametern $\lambda = 1,92$ und $\beta = 1,62$. Basis waren Variationskoeffizient (CV), Standardabweichung des natürlichen Logarithmus der Populationsgröße (Sln) und Schwankungsfaktor (SF) für alle betrachteten Zeitreihen für O. caerulescens im Mittelrheintal sowie die Mittel- und Maximalwerte dieser Schwankungsmaße. In Klammern angegeben ist der 95%-Vertrauensbereich der σ^2-Schätzung. _____ 49

Tabelle 11: Migrationsereignisse 1995 (unterhalb der Diagonalen) und 1996 (oberhalb der

Anhang Modellierung räumlich stark strukturierter Insektenpopulationen.
Ein vereinfachter Ansatz im Rahmen der standardisierten Populationsprognose.

Diagonalen) zwischen sechs Flächen des Apollo-Hilfsprogramms Frankenalb, aus STELTER 1997. Benennung der Flächen wie in Abbildung 13. _____ 62

Tabelle 12: *Korrelations- und Regressionskoeffizienten der Regression Nachkommen gegen Adulte abhängig von der Kapazität.* _____ 72

Tabelle 13: *Korrelations- und Regressionskoeffizienten Nachkommen F1 gegen Adulte für die Zeitreihen aus Abbildung 30.* _____ 74

Tabelle 14: *Verwendete Werte für die Intensität der Dichteabhängigkeit β, um bestimmte Verhaltensweisen des logistischen Modells zu induzieren* _____ 76

Tabelle 15: *Korrelationskoeffizienten für Mortalität und Fertilität sowie Regressionskoeffizient der Fertilität für die in Abbildung 33 gezeigten Zeitreihen mit unterschiedlichem β.* _____ 78

Tabelle 16: *Realisierte Wachstumsraten, deren Varianzen, Minima und Maxima der Populationsgröße nach 100 Jahren sowie Überlebenswahrscheinlichkeiten nach 25, 50 und 100 Jahren für eine Population im Random Walk bei verschiedenen Werten für den Parameter σ^2 mit Start bei 960 Individuen, je 1000 Replikate.* _____ 79

Tabelle 17: *Überlebenswahrscheinlichkeiten von isolierten Populationen bei verschiedenen Kapazitäten (Zeilen) und verschiedenen Emigrationsraten (Spalten). Aufgeführt sind auch die nach der Emigration resultierende Wachstumsrate λ (real) und die Steigung c bei K, die sich damit im logistischen Wachstum ergibt. Modellparameter Populationsdynamik: λ = 5, β = 4, σ^2 = 0, gemittelt über 2000 Replikate je Parametersatz.* _____ 84

Tabelle 18: *Überlebenswahrscheinlichkeiten (pÜ) und Allelzahlen (AZ) nach 100 Jahren für isolierte Populationen mit den Kapazitäten K = 60 und K = 120 bei unterschiedlichen Werten für σ^2. Modellparameter λ = 5, β = 4.* _____ 87

Tabelle 19: *Ergebnisse der Vierfeldertests von Vergleichen der Inzidenzen bei insgesamt 46 verschiedenen Kombinationen der Modellparameter für das Migrationsmodell. Verglichen wurden je zwei Patches der gleichen geographischen Kategorie (Ecken / Ecken bzw. Kanten / Kanten) und die mittleren Inzidenzen der Kategorien (Ecken / Kanten, Ecken / Zentrum, Kanten / Zentrum). Simulationen über 100 Jahre, je 2000 Replikate. Parameter: λ = 2, β = 2, σ^2 = 0, p_m = 0,2, d und m variabel.* _____ 96

Tabelle 20: *X^2-Werte des Vierfeldertest beim Vergleich von Inzidenzen unterschiedlicher Patchkategorieen. Simulationen mit Parameterkombinationen, die ca. 74% migrationsbedingte Mortalität verursachen. Je 2000 Replikate auf 100 Jahre. Auf 99%-Niveau signifikante Werte sind mit ** markiert, 90% Signifikanz mit *.* _____ 97

Tabelle 21: *Parameterkombinationen, bei denen die exponentielle Korrelation zwischen MVP und σ^2 getestet wurde, mit der Anzahl simulierter Stützstellen (n) und den Korrelationskoeffizienten r^2. Auf dem 95%-Niveau signifikante Korrelationen sind mit * markiert.* _____ 100

Tabelle 22: *Bewertungsstufen für die fünf Bewertungskriterien der Parameter für das Populationsdynamik-Modell.* _____ 103

Tabelle 23: *Bewertungsskala für die Migrationsparameter für Heuschrecken und Tagfalter. Alle Distanzangaben in km.* _____ 104

Tabelle 24: *Überlebenswahrscheinlichkeiten pÜ nach 25 und 100 Jahren und deren Vertrauensintervalle (Annäherung nach MOLENAAR 1970) für verschieden große isolierte Populationen von P. albopunctata. Aufgeführt sind die MVP-Größen für die mittleren*

Anhang

Modellierung räumlich stark strukturierter Insektenpopulationen.
Ein vereinfachter Ansatz im Rahmen der standardisierten Populationsprognose.

*Wahrscheinlichkeiten sowie die Ober- und Untergrenzen des 95%-Vertrauensintervalls. Parameter für das populationsdynamische Modell: $\lambda = 2,64$, $\beta = 1,69$, $\sigma^2 = 0,8$, Emigrationswahrscheinlichkeit 15%. Populationen, in denen die Binomialverteilung signifikant abgelehnt wird, sind mit * (95%) oder ** (99%) markiert. 100 Simulationen mit je 2000 Replikaten.* 106

Tabelle 25: *Eintrittswahrscheinlichkeit (beobachtet) und p-Werte des X^2-Tests auf Binomialverteilung für verschiedene Ergebnisparameter des Szenarios M. didyma, Hassberge. Fett gedruckte Werte zeigen signifikante Ablehnung der Binomialverteilung auf dem 95%-Niveau. pÜ 25 und pÜ 100: Überlebenswahrscheinlichkeit über 25 bzw. 100 Jahre, I25 und I100: Inzidenz der dahinter bezeichneten Populationen nach 25 bzw. 100 Jahren. R = Replikate* ___ 108

Tabelle 26: *Anzahl Replikate und daraus resultierende Ober- und Untergrenzen des 95%-Vertrauensintervalls (nach MOLENAAR 1970) für eine Überlebenswahrscheinlichkeit von 95% sowie die sich ergebende Breite des Vertrauensintervalls.* 108

Tabelle 27: *Anzahl der Parametersätze (n) für Platycleis albopunctata, Zeitreihe Kaiserstuhl (Gottschalk 1993) in einem Raster mit $\Delta\lambda = 0,02$, $\Delta\beta = 0,04$ und $\Delta K = 0,5$ bei angegebener Fehlertoleranz gegenüber der summierten quadratischen Abweichung (Abw^2, in %) und dem Bestimmtheitsmaß der Anpassung (r^2, in Prozentpunkten). Die summierte quadratische Abweichung des optimal angepassten Parametersatzes beträgt 8430, $r^2 = 46,25\%$. Angegeben sind die Parametersätze mit der höchsten ('Oberes' Extrem) und niedrigsten ('Unteres' Extrem) MVP mit den für diese Parameterkombinationen geschätzten Werten für σ^2. Zum Vergleich angegeben werden die MVP-Werte für 100 Jahre und die Überlebenswahrscheinlichkeit pÜ einer isolierten Population mit K = 500 bei 15% Emigrationsrate.* 110

Tabelle 28: *Parameterschätzungen aus Zeitreihen, die um einen Datenpunkt gegenüber der Original-Zeitreihe (GOTTSCHALK 1993) verkürzt wurden. Angegeben sind die Parameterschätzungen, das Bestimmtheitsmaß und die aus Simulationen isolierter Populationen berechneten MVP-Schätzwerte nach 25 und 100 Jahren ohne und mit 15% Emigration. Zusätzlich angegeben ist die Überlebenswahrscheinlichkeit einer isolierten Population mit einer Kapazität von 500 Individuen nach 25 und 100 Jahren bei Emigration.* 112

Tabelle 29: *Optimale Parametersätze für die gepoolte Analyse der Mittelrhein-Zeitreihen von O. caerulescens bei Herauslassen je einer Zeitreihe. Flächenbenennung wie in Abschnitt 4.1.1.5. Aufgeführt sind die Parameterwerte, das Bestimmtheitsmaß, die für diese Parameterschätzung ermittelte Varianz σ^2, die MVP-Schätzwerte mit 25% Emigrationsrate für 100 Jahre Prognosehorizont sowie die Überlebenswahrscheinlichkeit pÜ einer Population mit K = 500 über 100 Jahre.* 114

Tabelle 30: *Schätzwerte und Grenzen der 95%-Vertrauensbereiche für die σ^2-Schätzung für P. apollo am Wallersberg (Abschnitt 4.1.1.2, Abbildung 9). Kalibrierung auf Basis des Variationskoeffizienten (CV), der Standardabweichung der logarithmierten Populationsgrößen (Sln) und des Schwankungsfaktors (SF).* 115

Tabelle 31: *MVP-Schätzwerte und Überlebenswahrscheinlichkeiten (pÜ) einer 500 Individuen großen Population für den Fehlerbereich der σ^2-Schätzung für P. apollo, Wallersberg. Resultate von Simulationen mit $\lambda = 1,64$, $\beta = 3,25$ und $p_m = 0,15$, je 2000 Replikate. Prognosezeitraum 100 Jahre.* 116

Tabelle 32: *Schwankungsmaße der einzelnen Zeitreihen für O. caerulescens aus dem Mittelrheintal. Aufgeführt sind die Standardabweichung des natürlichen Logarithmus der Populationsgröße*

(Sln) und der Variationskoeffizient (CV). Aufgrund der Kürze der Zeitreihen ist der Schwankungsfaktor als Maß nicht verwendbar. Flächenbenennung wie in Abschnitt 4.1.1.5 ___ 116

Tabelle 33: *MVP-Schätzwerte und Überlebenswahrscheinlichkeiten (pÜ) einer 500 Individuen großen Population für den Fehlerbereich der σ^2-Schätzung für O. caerulsecens im Mittelrheintal. Aufgeführt sind die Fehlergrenzen für den Mittelwert der Schwankungsmaße und für die Extremwerte. Resultate von Simulationen mit $\lambda = 1{,}92$, $\beta = 1{,}62$ und $p_m = 0{,}25$, je 2000 Replikate. Prognosezeitraum 100 Jahre.* ___ 117

Tabelle 34: *Fehlerbereich der Anpassung von λ und β an Zeitreihen aus der Simulation, die mit einem künstlichen Messfehler versehen wurden. Aufgeführt sind für verschiedene „Messfehler" die optimal angepassten Parameter λ, β und K sowie die Anzahl Parameterkombinationen innerhalb einer angegebenen Toleranz zum Abweichungsquadrat. Die Genauigkeiten sind bei λ 0,02, bei β 0,04 und bei K 0,5, die Anzahl Parameterkombinationen wurde auf 3 Ziffern gerundet.* ___ 118

Tabelle 35: *Habitatkapazitäten für S. lineatus auf den Einzelflächen im NSG Leutratal bei Jena, die für den Vergleich der Migrationsmodelle verwendet wurden. Daten aus Populationsgrößenschätzungen von W. SCHULZ (pers. Mitt.).* ___ 121

Tabelle 36: *Überlebenswahrscheinlichkeiten über 100 Jahre (p(Überleben)), Allelzahlen nach 100 Jahren und mittlere Anzahl erfolgreicher Migranten pro Jahr für die sechs verglichenen Migrationsszenarien. Mittelwerte aus je 2000 Simulationsläufen mit den Parametern $\lambda = 1{,}67$, $\beta = 1{,}69$, $\sigma^2 = 1{,}54$ und $p_m = 5\%$. Beim Standardmodell wurde eine mittlere Migrationsdistanz m von 10 m (SAMIETZ 1998) angenommen.* ___ 121

Tabelle 37: *Koordinaten, Flächengrößen und Habitatkapazitäten für M. didyma für die Hauptuntersuchungsflächen bei Hammelburg. Die Habitatkapazitäten wurden aus Abundanzschätzungen der Jahre 1994 und 1995 berechnet und korrigiert durch Langzeitdaten von 1992 - 1995 auf einer Fläche (Ft1)* ___ 131

Tabelle 38: *Flächennamen, Koordinaten, geschätzte Populationsgrößen (SCHULZ pers. Mitt.) und daraus errechnete Habitatkapazitäten (Schwankungsfaktor = 10) für S. lineatus, G. rufus und E. brachyptera im NSG Leutratal bei Jena. Wenn im Untersuchungsjahr keine Heuschrecken festgestellt werden konnten, wurde eine minimale Kapazität angenommen, die der Hälfte der kleinsten Population entspricht.* ___ 136

Tabelle 39: *Zur Populationsgrößenschätzung angewendete Verfahren in Praxisbeispielen.* ___ 139

Tabelle 40: *Tabelle von Rechts-Hochwerten der Teilflächen-Mittelpunkte und die Habitatkapazitäten K (aus Populationsgröße N und Faustregel 2 mit Schwankungsfaktor 10 berechnet) der Einzelflächen. Die Habitatkapazitäten sind für die drei Szenarien 0, 9 und 789 getrennt aufgeführt* ___ 143

Anhang D: Gleichungen

[1] $N_{adult(t+1)} = N_{adult(t)} * \dfrac{\lambda}{1 + (\lambda - 1) * \left(N_{adult(t)}/K\right)^{\beta}}$

[2] $N_{juv(t+1)} = N_{adult(t)} * \lambda$

[3] $N_{adult(t+1)} = N_{juv(t+1)} * (1 - \mu)$

[4] $\mu = 1 - \dfrac{1}{1 + (\lambda - 1) * \left(N_{adult(t)}/K\right)^{\beta}}$

[5] $p_{i,j} = p_m * \dfrac{d^2}{2 * m^2} * e^{-2*(r_{i,j}/m)}$ mit $\sum_{x=1}^{j} p_{i,x} < p_m$ für alle i

[6] $\Delta N = N_{(t+1)} - N_{(t)} = N_{(t)} * \left[\lambda / \left(1 + (\lambda - 1) * \left(N_{(t)}/K\right)^{\beta}\right) - 1\right]$

[7] $\lambda_{(t)} = \dfrac{N_{(t+1)}}{N_{(t)}} * \left[1 + (\lambda - 1) * \left(\dfrac{N}{K}\right)^{\beta}\right]$

[8] $E = e_0 / K^x$ für $K > e_0^{1/x}$

[9] $E = e^{-a*K^b}$

[10] $p_{s(T)} = \left(1 - e^{-a*K^b}\right)^T$

[11] $K = \left(\dfrac{\ln\left(1 - p_{s(T)}^{1/T}\right)}{-a}\right)^{1/b}$

[12] $N_{norm(t)} = \dfrac{N_{(t)}}{\sum_{i=1}^{n} N_i / n} = \dfrac{x * F_{(t)}}{\sum_{i=1}^{n}(x * F_{(i)}) / n} = \dfrac{x * F_{(t)}}{x * \sum_{i=1}^{n} F_i / n} = \dfrac{F_{(t)}}{\sum_{i=1}^{n} F_i / n}$

Anhang

[13] $$\rho_{(r)} = \frac{4*r*\delta r}{m^2} * e^{-2*r/m}$$

[14] $$f_{(K)}' = 1 - \beta * \frac{\lambda - 1}{\lambda}$$

[15] $$T_K = \frac{-\lambda}{\ln(p\ddot{U}_{(t)})}$$

[15a] $T_K = c*K^{\alpha-1}$ bei $\alpha > 1$

[15b] $T_K = c*\ln(K)$ bei $\alpha < 1$

[15c] mit $\alpha = 2\lambda/\sigma_N^2$

[16] $$MVP = MVP_0 + u * \left(f_{(K)}'\right)^2 = MVP_0 + u * \left(1 - \beta * \frac{\lambda-1}{\lambda}\right)^2$$

[17] $$v = \frac{v_0 + r*\beta}{\lambda^s}$$

[18a] $$p_{oben} = \frac{x + 1{,}95 + 1{,}96 * \sqrt{\frac{(x+1-0{,}18)*(n-x-0{,}18)}{n+11*0{,}18-4}}}{n + 2*1{,}95 - 1}$$

[18b] $$p_{unten} = \frac{x - 1 + 1{,}95 - 1{,}96 * \sqrt{\frac{(x-0{,}18)*(n+1-x-0{,}18)}{n+11*0{,}18-4}}}{n + 2*1{,}95 - 1}$$

Anhang   Modellierung räumlich stark strukturierter Insektenpopulationen.
Ein vereinfachter Ansatz im Rahmen der standardisierten Populationsprognose.

Anhang E: Beispiel für ein Ergebnisprotokoll von SISP.

SISP-Ergebnisdokument

-2147483371

Bearbeitete Art: *Parnassius apollo*

Gebiet: Frankenalb

Szenario: Apollo-Hilfsprogramm, Ist-Zustand

Auftraggeber:

Tel.:   Fax:

E-Mail:

Habitatinformation und Modellparameter

Hier werden die von Ihnen gemachten Angaben wiederholt. Bitte Kontrollieren Sie die Kapazitätsschätzwerte und die Koordinaten. Die Kapazitätsschätzungen stammen aus mehrjährigen Transektschätzungen, Habitate ohne Nachweis: K = 10.

Vorhandene Habitate			
Populationsname	*Kapazität*	*x-Koord.*	*Y-Koord.*
Wallersberg/Stützhang	187	4443,650	5545,655
Oberhalb Weihersmühle	178	4444,200	5545,540
Arnstein	202	4443,580	5545,220
Schrepfersmühle	56	4443,350	5545,060
Trittstein	10	4444,590	5545,850
Weidener Hang	10	4445,130	5545,700
Hühnerberg	10	4442,800	5543,130
Köttel	10	4440,460	5549,110
Pflegefläche 3	10	4445,260	5546,380

Bewertung

Die Beurteilung basiert auf der vorgegebenen Modellstruktur mit logistischem Wachstum (S.3.) und Verteilung ausdehnungsloser Habitatflecken in homogener Matrix (S.4).

Erstes Kriterium ist die Überlebenswahrscheinlichkeit der Gesamtpopulation über 100 Jahre. Beträgt sie über 95%, ist die Gesamtpopulation gesichert. In diesem Fall wird die populationsgenetische Gefährdung beurteilt. Dazu wird der Verlust von ursprünglich gleichverteilten Allelen an einem Locus mit der zu erwartenden Bildung neuer Allele durch Mutation verglichen.

Ist die Gesamtpopulation über 100 Jahre nicht gesichert, wird die Überlebenswahrscheinlichkeit nach 25 Jahren geprüft. Beträgt sie ebenfalls weniger als 95%, ist die Population auch kurzfristig gefährdet, ansonsten hat sie kurzfristig sicheren Bestand. Nach der Bewertung der Gesamtpopulation wird für die einzelnen Lokalpopulationen geprüft, wie stark sie das Überleben der Gesamtpopulation stützen und wie sehr ihre Existenz von Immigranten aus anderen Populationen beeinflußt wird.

Die Gesamtpopulation erscheint langfristig nicht vom Aussterben bedroht

Die Gesamtpopulation verliert allerdings an genetischer Information. Die Art ist in diesem Gebiet also langfristig genetisch gefährdet. Nach 100 Jahren waren im Mittel nur noch 62% der ursprünglich 10 Allele vorhanden.

Mehrere der Lokalpopulationen sind langfristig ebenfalls gesichert.

Die Lokalpopulation Köttel ist langfristig (100 Jahre) bedroht. Wenn der Rückzug von *Parnassius apollo* aus dem Gebiet aufgehalten werden soll, sind dort Pflege- und Vernetzungsmaßnahmen nötig.

Modellparameter Populationsdynamik

Die Dynamik der einzelnen Lokalpopulationen wird mit Hilfe des logistischen Wachstums in seiner von Maynard Smith & Slatkin (1973: The stability of predator-prey systems. Ecology 54: 384-391) modifizierten Form simuliert:

$$N_{adult(t+1)} = N_{adult(t)} * \lambda_{(t)} * \frac{1}{1+(\overline{\lambda}-1)*\left(N_{adult(t)}/K\right)^{\beta}}$$

Die Parameter für dieses Modell sind die Wachstumsrate λ, die Regulationsintensität β und die patchspezifische Kapazität K. Umweltbedingte Variabilität wird dadurch berücksichtigt, daß $\lambda_{(t)}$ für jedes Jahr aus einer Lognormalverteilung mit Mittelwert λ und Varianz σ^2 gezogen wird. Die Schätzung der Parameter λ und β erfolgt durch Anpassung des logistischen Wachstums an die Datenpunkte einer Zeitreihe, wobei bekannte Daten aus der Literatur, z.B. über Eizahlen oder Larvalmortalitäten, als Eckwerte verwendet werden. Die Herleitung der Varianz σ^2 erfolgt durch Kalibrierung. Dabei wird aus den Populationsgrößenschwankungen, die bei Simulationen mit unterschiedlichen Werten für die Varianz σ^2 resultieren, derjenige Wert von σ^2 interpoliert, der die im Freiland beobachteten Populationsgrößenschwankungen am besten abbildet.

Für die Simulation werden folgende Parameterwerte verwendet:

λ = 1,64
β = 3,25
σ^2 = 0,93

Eine isolierte Population mit dieser Dynamik muß, um mit 95% Wahrscheinlichkeit den Prognosezeitraum zu überstehen, folgende Habitatkapazität (adulte Individuen) haben:

Prognosezeitraum 25 Jahre: 254
Prognosezeitraum 100 Jahre: 1040

Dieser Parametersatz wird im Vergleich mit anderen folgendermaßen bewertet:

Die Wachstumsrate λ ist niedrig. Die Art wächst nach Zusammenbrüchen nur langsam, aber schnell genug, um auch eine Folge schlechter Jahre zu überstehen.

Die Dichteregulation β ist hoch. Die Art nimmt bei Überschreiten der Habitatkapazität drastisch ab, Scrambling competition existiert.

Im deterministischen Modell verhält sich der Parametersatz sehr stabil. Die Art strebt nach Störungen in wenigen Generationen monoton die Habitatkapazität an und zeigt kein Überschießen.

Der Einfluß der Umweltvariabilität ist mittel. Die umweltbedingte Variabilität hat einen deutlichen Einfluß auf die Überlebenswahrscheinlichkeit, die Mindestgröße eine überlebensfähigen Population ist 10- bis 20-fach höher als ohne Umwelteinfluß.

Die Mindestgröße einer isolierten, überlebensfäghigen Population ist hoch. Die Art ist eher sensibel und benötigt große Populationen für langfristiges Überleben.

Die Parameterschätzung beruht auf folgenden Literaturstellen:

Dolek, M. & Geyer, A. (1999): Transektzählungen 1990 – 1998 aus dem Untersuchungsgebiet ‚Kleinziegenfelder Tal'. Pers. Mitt.

Modellparameter Migration

Das für die Simulation verwendete Migrationsmodell basiert auf dem Metapopulationsmodell von Hanski (1994: A practical model of metapopulation dynamics. J. Anim. Ecol. 63: 151-162). Dabei werden die einzelnen Populationen vereinfachend als Habitatflecken (Patches) abgebildet, die ohne räumliche Ausdehnung in einer unbewohnbaren Matrix liegen. Die Erreichbarkeit eines Habitats von einem anderen aus nimmt exponentiell mit der Entfernung zwischen den beiden Habitaten ab. Die Migrationswahrscheinlichkeit ist konstant und die Individuen zeigen keine Präferenz für eine bestimmte Richtung. Unter diesen Annahmen kann die Wahrscheinlichkeit, daß ein aus Patch i emigrierendes Individuum in Patch j ankommt, folgendermaßen formuliert werden: (Poehtke, Gottschalk & Seitz (1996): Gefährdungsgradanalyse einer räumlich strukturierten Population der westlichen Beißschrecke (*Platycleis albopunctata*): Ein Beispiele für den Einsatz des Metapopulationskonzeptes im Artenschutz. Zeitschrift für Ökologie und Naturschutz 5: 229-242):

$$p_{i,j} = p_m * \frac{d^2}{2*m^2} * e^{-2*\left(r_{i,j}/m\right)} \quad \text{mit} \sum_{x=1}^{j} p_{i,x} < p_m \quad \text{für alle } i$$

Dieses Modell benötigt neben den paarweisen Distanzen $r_{(i,j)}$ zwischen den einzelnen Habitaten Angaben über die mittlere Emigrationsrate p_m, die mittlere Wanderdistanz m und den mittleren effektiven Flächendurchmesser d. In diesem Parameter gehen der mittlere Flächendurchmesser, die Wahrnehmungsfähigkeit und das Fortbewegungsmuster der migrierenden Individuen ein.

Die Modellparameter werden aus verschiedenartigen Literaturstellen ermittelt, meist aus Fang-Wiederfang-Experimenten, zum Teil auch durch die Analyse populationsgenetischer Daten (nach Nei (1972): Genetic distance between populations. Am. Nat. 106: 283-293; Slatkin (1981): Estimating levels of gene-flow in natural populations. Genetics 99: 323-335; Ein Beispiel s. in Appelt & Poethke (1997): Metapopulation dynamics in a regional population of the blue-winged grasshopper (*Oedipoda caerulescens* Linnaeus 1758). J. Insect Cons. 1: 205-214).

Aus den Habitatkoordinaten und den untenstehenden Parameterwerten wurde eine Migrationsmatrix berechnet, die die Migrationswahrscheinlichkeiten für jedes Paar von Habitaten aufführt.

p_m = 0,15
m = 1,23
d = 1,22

Dieser Parametersatz wird im Vergleich mit anderen folgendermaßen beurteilt:

Die Emigrationsrate ist mittel. Die Chancen für die Kolonisierung neuer Habitate sind nicht schlecht, die Population verliert auch nicht zu viele Migranten.

Die mittlere Migrationsdistanz ist hoch. Die Individuen haben eine hohe Migrationsfähigkeit, Kolonisierung ist auch über weite Strecken möglich.

Der effektive Flächendurchmesser ist hoch. Migrierende Individuen haben eine hohe Orientierungsfähigkeit und finden geeignete Habitate auch in größerer Entfernung.

Diese Parameterschätzung beruht auf folgenden Literaturstellen:
Stelter, C. (1997): Persistenz von kleinen Schmetterlingspopulationen in dynamischer Landschaft – ein Populationsdynamik-Modell. Cuvilier, Göttingen: 182 S.

Anhang Modellierung räumlich stark strukturierter Insektenpopulationen.
Ein vereinfachter Ansatz im Rahmen der standardisierten Populationsprognose.

Ergebnisse

Besetztheit der Lokalpopulationen

Vom Simulationsmodell wird für jede Lokalpopulation die Wahrscheinlichkeit berechnet, mit der sie nach 25 bzw. 100 Jahren besetzt ist, ausgehend vom Ist-Zustand.

Zum Vergleich werden den Besetztheitswahrscheinlichkeiten (Inzidenzen) im Verbund die Wahrscheinlichkeiten gegenübergestellt, mit der eine gleich große, isolierte Population mit gleicher Emigrationsrate erhalten bleiben würde. Die Differenz zwischen beiden Beträgen zeigt den Vorteil, den die Lokalpopulation von der Einbindung in die Metapopulation erhält.

In Klammern unter den jeweiligen Werten: 95%-Vertrauensintervall

Populationsname	Kapazität	nach 25 Jahren: im Verbund	isoliert	nach 100 Jahren: im Verbund	isoliert
Wallersberg/Stützhang	187	99,3% (98,8 – 99,6%)	88,7% (87,2 – 90,0%)	97,3% (96,4 – 97,9%)	61,9% (59,7 – 64,0%)
Oberhalb Weihersmühle	178	99,2% (98,7 – 99,5%)	87,8% (86,3 – 89,2%)	97,4% (96,5 – 98,0%)	59,5% (57,3 – 61,6%)
Arnstein	202	99,4% (99,0 – 99,7%)	89,9% (88,5 – 91,2%)	97,5% (96,7 – 98,1%)	65,5% (63,3 – 67,5%)
Schrepfersmühle	56	99,3% (98,8 – 99,6%)	54,6% (52,4 – 56,8%)	97,2% (96,3 – 97,8%)	8,9% (7,6 – 10,2%)
Trittstein	10	98,4% (97,6 – 98,8%)	6,0% (4,9 – 7,0%)	96,0% (94,9 – 96,7%)	0,0% (0,0 – 0,1%)
Weidener Hang	10	96,2% (95,3 – 97,0%)	6,0% (4,9 – 7,0%)	94,6% (93,5 – 95,5%)	0,0% (0,0 – 0,1%)
Hühnerberg	10	72,4% (70,3 – 74,3%)	6,0% (4,9 – 7,0%)	70,9% (68,8 – 72,8%)	0,0% (0,0 – 0,1%)
Köttel	10	5,4% (4,4 – 6,5%)	6,0% (4,9 – 7,0%)	3,8% (2,9 – 4,6%)	0,0% (0,0 – 0,1%)
Pflegefläche 3	10	92,8% (91,5 – 93,8%)	6,0% (4,9 – 7,0%)	91,4% (90,0 – 92,5%)	0,0% (0,0 – 0,1%)

Anhang Modellierung räumlich stark strukturierter Insektenpopulationen.
Ein vereinfachter Ansatz im Rahmen der standardisierten Populationsprognose.

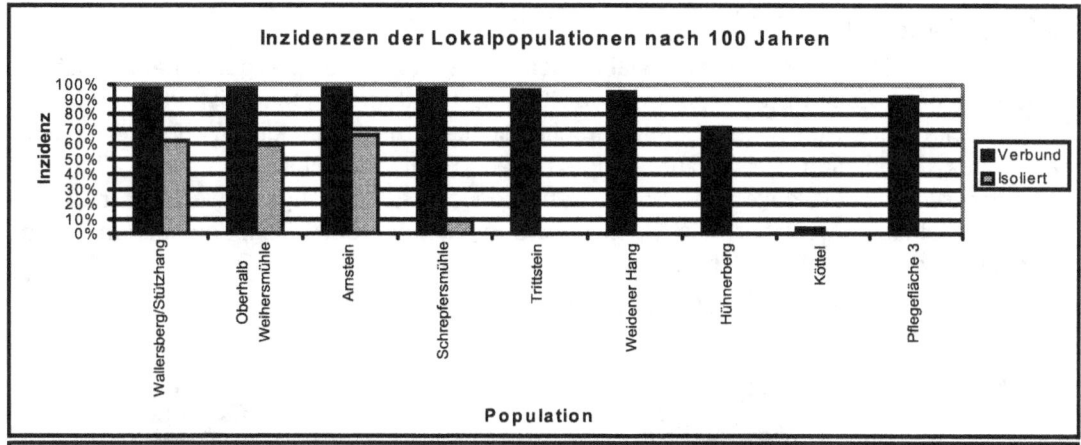

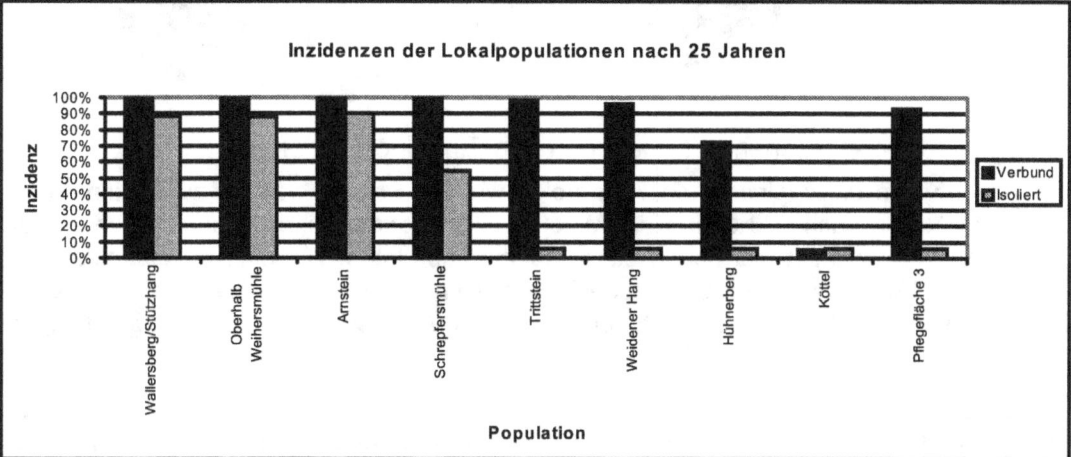

Anzahl Populations-Lebenszyklen (Turnover)

Die untenstehenden Zahlen geben für jedes Habitat an, wie hoch die Wahrscheinlichkeit ist, nach einem Aussterben wiederbesiedelt zu werden.

Lokalpopulation	Turnover
Wallersberg/Stützhang	0,08
Oberhalb Weihersmühle	0,10
Arnstein	0,08
Schrepfersmühle	0,13
Trittstein	0,55
Weidener Hang	1,34
Hühnerberg	7,90
Köttel	1,29
Pflegefläche 3	2,72

Anhang Modellierung räumlich stark strukturierter Insektenpopulationen.
Ein vereinfachter Ansatz im Rahmen der standardisierten Populationsprognose.

Überlebenswahrscheinlichkeit der Gesamtpopulation

Die folgenden Daten zeigen, wie wahrscheinlich es ist, daß die gesamte betrachtete Population ohne Zustrom von Außen nach 25 bzw. 100 Jahren noch existiert. Die dunklen Tortenstücke zeigen die Überlebenswahrscheinlichkeit, die hellen die Wahrscheinlichkeit, daß die Population bis zur angezeigten Zeit ausgestorben ist. Ist die Überlebenswahrscheinlichkeit > 95%, kann davon ausgegangen werden, daß die Gesamtpopulation gesichert ist, auch wenn keine der Teilpopulationen diese Besetzungswahrscheinlichkeit hat.

In Klammern unter den Werten: 95%-Vertrauensbereich.

25 Jahre:

99,7 %

(99,2 – 99,8%)

100 Jahre

98,0 %

(97,2 – 98,5%)

Erhaltung der genetischen Information in den Einzelpopulationen

Angegeben wird die Allelpersistenz. Sie zeigt, wie viel Prozent von 10 zu Beginn gleicht verteilten Allelen nach 100 Jahren im Mittel noch vorhanden sind. Dabei werden nur die Replikate berücksichtigt, bei denen die Population überlebte. Hat eine Lokalpopulation in keinem Replikat das 100te Simulationsjahr erreicht, wurde ihre Allelpersistenz auf 0 gesetzt. In der Grafik für die Gesamtpopulation ist die Allelpersistenz dunkel dargestellt, der Prozentsatz verlorener Allele hell.

Bezeichnung	Kapazität	Allelpersistenz [%]
Wallersberg/Stützhang	187	59,2
Oberhalb Weihersmühle	178	59,0
Arnstein	202	59,4
Schrepfersmühle	56	57,0
Trittstein	10	48,8
Weidener Hang	10	43,7
Hühnerberg	10	28,7
Köttel	10	18,9
Pflegefläche 3	10	38,4

Allelpersistenz der Gesamtpopulation: 61,6 %

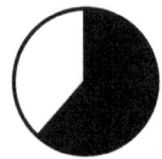

Anhang — Modellierung räumlich stark strukturierter Insektenpopulationen. Ein vereinfachter Ansatz im Rahmen der standardisierten Populationsprognose.

Anzahl nach 100 Jahren gleichzeitig besetzter Populationen

Dieses Ergebnis zeigt die Verteilung, wie viele der lokalen Populationen nach 100 Jahren besetzt waren.

Besetzt	*in N Replikaten (von 2000)*
0	40
1	0
2	3
3	3
4	10
5	15
6	61
7	500
8	1297
9	71

Anhang F: Parameterschätzungen Populationsdynamik-Modell

Die durch die Zeitreihenauswertung gewonnenen Parametersätze sind in den folgenden Tabellen mit ihrer MVP aufgeführt. Bei den Parametersätzen, für die die Bestimmung von σ^2 noch nicht durchgeführt wurde, fehlt die MVP-Angabe. Für gepoolte Analysen sind σ^2 und MVP entweder bei der Art oder bei den einzelnen Quellenangaben angeordnet. Ersteres ist eine Schätzung aus dem Maximum der Schwankungsmaße aller analysierten Zeitreihen, dies ist dann sinnvoll, wenn wie im Mittelrheintal die Zeitreihen kurz und die Probeflächen nahe benachbart liegen. Die Schätzung von σ^2 für einzelne Quellen erfolgte, wenn die Schwankungsmaße der einzelnen Zeitreihen stark voneinander abwichen und daher sehr unterschiedliche Umwelteinflüsse zu vermuten waren.

Tabelle A F1: Modellparameter Populationsdynamik für Heuschrecken aus Einzelzeitreihen

Art	Datenherkunft	Quelle	λ	β	σ^2	MVP
Chorthippus biguttulus	Bliesgau: Badstube	DORDA 1998	2,23	3,28		
Chorthippus biguttulus	Bliesgau: Lohe	DORDA 1998	2,1	0,57		
Euthystira brachyptera	Jena: Interpoliert	KÖHLER & PERNER pers. Mitt.	1,4	4,77	0,6	>> 10000
Gomphocerus rufus	Jena: Interpoliert	KÖHLER & PERNER pers. Mitt.	2,46	2,46	2	121
Oedipoda caerulescens	Kaiserstuhl	GOTTSCHALK 1993	1,67	1,86	2,4	>> 10000
Platycleis albopunctata	Kaiserstuhl	GOTTSCHALK 1993	1,69	2,64	1,04	885
Stenobothrus lineatus	Jena: Fragment	KÖHLER pers. Mitt.	3,61	3,35	5	343
Stethophyma grossum	Würzburg	MARZELLI (1995)	2,5	1,6	1,2	51

Anhang Modellierung räumlich stark strukturierter Insektenpopulationen.
Ein vereinfachter Ansatz im Rahmen der standardisierten Populationsprognose.

Tabelle A F2: Parametersätze des Populationsdynamik-Modells für Heuschrecken aus gepoolten Daten mit Angabe der MVP über 100 Jahre. Angegeben ist auch das Bestimmtheitsmaß der optimalen Anpassung und Abweichung der Anpassungsgüte gegenüber der optimalen Anpassung an die Einzelzeitreihen. Die Angaben zu den *Oedipoda*-Arten stammen aus dem in der Abteilung Ökologie der Universität Mainz durchgeführten Mittelrhein-Projekt, wenn nicht anders angegeben.

Art / Quelle	λ	β	σ^2	MVP	r^2 gemeinsam	r^2 einzeln	r^2 gesamt
Chorthippus biguttulus	2,10	3,67					0,577
Dorda (1998): Badstube 1	2,23	3,28			0,765	0,846	
Dorda (1998): Lohe	2,10	0,58			0,469	0,725	
Chorthippus parallelus	5,32	3,88	5,00	438			0,740
Dorda (1998): Badstube 2	-	-			0,657	-	
Dorda (1998): Zwiebelberg	-	-			0,775	-	
Oedipoda caerulescens	1,92	1,63	1,41	1350			0,522
Karstel,Kuppe	-	-			0,359	-	
Boppard,Brache	-	-			0,385	-	
Boppard,Schutz	-	-			0,347	-	
Boppard,Elfenlei	-	-			0,586	-	
Wellmich,Weinberg	-	-			0,649	-	
Kaub,Hang	-	-			0,365	-	
Renns.Platz	-	-			0,851	-	
Baccharach	-	-			0,488	-	
Langscheid	-	-			0,840	-	
Oedipoda germanica	2,89	1,42	3,00	127			0,528
Leutesdorf	-	-			0,631	-	
Boppard,Stein	-	-			0,613	-	
Boppard,Schutz	-	-			0,300	-	
Burg Sterrenberg	-	-			0,721	-	
Kestert	-	-			0,631	-	
Wellmich,Schüttung	-	-			0,299	-	
Urbachtal	-	-			0,004	-	
Kaub,Weinberg	-	-			0,670	-	
Renns,Halde	-	-			0,393	-	
Stenobothrus lineatus	1,67	1,69	1,20	640			0,351
Köhler pers. Mitt.	3,61	3,35			0,396	0,669	
Dorda (1998): Badstube 1	-	-			0,392	-	
Dorda (1998): Russtal	-	-			0,449	-	
Samietz (1998)	-	-			0,710	-	

Anhang

Modellierung räumlich stark strukturierter Insektenpopulationen.
Ein vereinfachter Ansatz im Rahmen der standardisierten Populationsprognose.

Tabelle A F3: Simulationsparameter für das Populationsdynamik-Modell für verschiedene Tagfalterarten mit Quellenangabe und resultierender MVP über 100 Jahre.

Art	Datenherkunft	Quelle	λ	β	σ^2	MVP
Aglais urticae	Unteres Inntal	REICHHOLF (1986)	1,76	5,71		
Anthocharis cardamines	Kumulierter Index	HOLLAND	1,93	4,03		
Anthocharis cardamines	Unteres Inntal	REICHHOLF (1986)	13,5	1,43		
Apatura iris	Unteres Inntal	REICHHOLF (1986)	2,94	2,94		
Aphantopus hyperantus	Unteres Inntal	REICHHOLF (1986)	2,24	1,05	2,8	4381
Aphantopus hyperantus	Südengland 2	POLLARD et al. (1995)	2,22	2,18	4	3522
Aphantopus hyperantus	Südengland 2, σ^2 ab 1984	POLLARD et al. (1995)	2,22	2,18	1,4	278
Aphantopus hyperantus	Kumulierter Index	POLLARD & YATES (1993)	1,46	4,16	0,7	8000
Aphantopus hyperantus	Kumulierter Index	HOLLAND	1,88	5,26	0,15	90
Araschnia levana	Unteres Inntal	REICHHOLF (1986)	4,19	7,19		
Aricia agestis	Kumulierter Index	HOLLAND	2,07	23,2		
Callophrys rubi	Kumulierter Index	HOLLAND	3,26	1,74		
Carterocephalus palaemon	Unteres Inntal	REICHHOLF (1986)	5,67	6,43		
Celastrina argiolus	Gait Barrows	POLLARD & YATES (1993)	2,24	2,01		
Celastrina argiolus	Leighton Moss	POLLARD & YATES (1993)	2,86	2,68		
Celastrina argiolus	Kumulierter Index	HOLLAND	2,06	6,32		
Colias hyale / australis	Unteres Inntal	REICHHOLF (1986)	20,2	1,54		
Cynthia cardui	Kumulierter Index	HOLLAND	17,5	1,59		
Cynthia cardui	Unteres Inntal	REICHHOLF (1986)	2,44	2,76		
Fabriciana niobe	Kumulierter Index	HOLLAND	1,77	7,83		
Gonepteryx rhamni	Leighton Moss	POLLARD & YATES (1993)	1,94	1,63		
Gonepteryx rhamni	Gait Barrows	POLLARD & YATES (1993)	1,65	1,63		
Hesperia comma	Unteres Inntal	REICHHOLF (1986)	7,26	2,13		
Hipparchia semele	Kumulierter Index	HOLLAND	1,49	2,11		
Lasiommata megera	Kumulierter Index	HOLLAND	1,35	7,33		
Limenitis camilla	Unteres Inntal	REICHHOLF (1986)	14	1,27		
Maculinea arion	Simulationen 29/1	GRIEBELER pers. Mitt.	1,13	12,2		
Maculinea arion	Simulationen 29/2	GRIEBELER pers. Mitt.	1,23	6,68	0,3	>> 10000

Anhang

Modellierung räumlich stark strukturierter Insektenpopulationen.
Ein vereinfachter Ansatz im Rahmen der standardisierten Populationsprognose.

Art	Datenherkunft	Quelle	λ	β	σ^2	MVP
Maniola jurtina	Südengland 1	POLLARD et al. (1995)	4,12	1,01		
Maniola jurtina	Südengland 2	POLLARD et al. (1995)	1,81	1,73		
Maniola jurtina	Südengland 3	POLLARD et al. (1995)	1,94	1,88		
Maniola jurtina	St. Osyth	POLLARD & YATES (1993)	4,97	1,08		
Maniola jurtina	Kumulierter Index	HOLLAND	1,46	14,2		
Melanargia galathea	All Sites	POLLARD & YATES (1993)	1,2	2,69		
Melanargia galathea	Wye	POLLARD & YATES (1993)	1,28	12,5		
Melanargia galathea	Unteres Inntal	REICHHOLF (1986)	1,78	3,12		
Papilio machaon	Unteres Inntal	REICHHOLF (1986)	3,73	1,71		
Pararge aegeria	Südengland 1	POLLARD et al. (1995)	1,59	2,68		
Pararge aegeria	Südengland 2	POLLARD et al. (1995)	1,86	4,68		
Pararge aegeria	Chippenham Fen	POLLARD & YATES (1993)	2,26	2,84		
Parnassius apollo	Wallersberg	DOLEK pers. Mitt.	1,64	3,25	0,93	1040
Parnassius apollo	oberhalb Weihersmühle	DOLEK pers Mitt.	1,61	9,38	0,2	1153
Pieris brassicae	Unteres Inntal	REICHHOLF (1986)	37,6	0,47		
Pieris brassicae	Kumulierter Index	HOLLAND	8,24	1,41		
Pieris napi	Kumulierter Index	HOLLAND	2,58	3,61		
Pieris rapae	Kumulierter Index	HOLLAND	2,39	2,34		
Polygonia c-album	Südengland	POLLARD et al. (1995)	1,87	2,41		
Polygonia c-album	Kumulierter Index	HOLLAND	1,28	3,44		
Polyommatus corridon	Kumulierter Index	HOLLAND	2,28	2,77		
Pyrgus malvae	Kumulierter Index	HOLLAND	1,135	3,25		
Thymelicus sylvestris	Kumulierter Index	HOLLAND	2,93	2,72		
Vanessa atalanta	Unteres Inntal	REICHHOLF (1986)	13	2,15		

Anhang Modellierung räumlich stark strukturierter Insektenpopulationen.
Ein vereinfachter Ansatz im Rahmen der standardisierten Populationsprognose.

Tabelle A F4: Parametersätze des Populationsdynamik-Modells für Tagfalter aus gepoolten Daten mit Angabe der MVP über 100 Jahre. Angegeben ist auch das Bestimmtheitsmaß der optimalen Anpassung und Abweichung der Anpassungsgüte gegenüber der optimalen Anpassung an die Einzelzeitreihen.

Art / Quelle	λ	β	σ^2	MVP	r^2 gemeinsam	r^2 einzeln	r^2 gesamt
Anthocharis cardamines	3,59	2,02					0,666
REICHHOLF (1986)					0,678	0,730	
HOLLAND: kumulierter Index					0,664	0,670	
Aphantopus hyperantus	1,94	1,45					0,289
REICHHOLF (1986)			1,65	7397	0,251	0,243	
POLLARD et al. (1995): Südengland 1			2,2	32586	0,411	0,264	
POLLARD et al. (1995): Südengland 2			1,9		0,445	0,391	
POLLARD & YATES (1993): kumuliert			1,3	2597	0,441	0,200	
HOLLAND: kumulierter Index			0,85	716	0,836	0,234	
Celastrina argiolus	2,29	3,19					0,649
POLLARD & YATES (1993): Gait Barrows					0,382	0,286	
POLLARD & YATES (1993): Leighton Moss					0,644	0,623	
HOLLAND: kumulierter Index					0,962	0,905	
Cynthia cardui	2,26	3,13					0,633
REICHHOLF (1986)					0,72116	0,714	
HOLLAND: kumulierter Index					0,64207	0,579	
Gonepteryx rhamni	1,81	1,58					0,331
POLLARD & YATES (1993): Gait Barrows							
POLLARD & YATES (1993): Leighton Moss							

Anhang Modellierung räumlich stark strukturierter Insektenpopulationen.
Ein vereinfachter Ansatz im Rahmen der standardisierten Populationsprognose.

Art / Quelle	λ	β	σ^2	MVP	r^2 gemeinsam	r^2 einzeln	r^2 gesamt
Maniola jurtina	2,57	1,15					0,309
POLLARD et al. (1995): Südengland 1					0,301	0,363	
POLLARD et al. (1995): Südengland 2					0,283	0,290	
POLLARD et al. (1995): Südengland 3					0,343	0,398	
POLLARD & YATES (1993): St. Osyth					0,345	0,379	
HOLLAND: kumulierter Index					0,180	0,868	
Melanargia galathea	1,36	3,63					0,412
POLLARD & YATES (1993): Wye			0,4	5250	0,542	0,557	
REICHHOLF (1986)			0,8	15000	0,475	0,486	
Pararge aegeria	1,23	6,86					0,301
POLLARD et al. (1995): Südengland 1					0,263	0,39577	
POLLARD et al. (1995): Südengland 2					0,553	0,72830	
POLLARD et al. (1995): Südengland 3					0,319	-	
Parnassius apollo	1,59	5,37					0,618
DOLEK (pers. Mitt.): Wallersberg							
DOLEK (pers. Mitt.): oberh. Weihersmühle							
Pieris brassicae	3,61	0,92					0,300
REICHHOLF (1986)					0,173	0,198	
HOLLAND: kumulierter Index					0,457	0,556	

Anhang G: Parameterschätzungen für das Migrationsmodell

Tabelle A G1: Parameterschätzungen für das Migrationsmodell für Heuschrecken inclusive Angabe der maximalen Dispersionsdistanz (*maxdist*).

Art	p_m	m	d	maxdist	Quelle
Bryodema tuberculata				0,9	INGRISCH & KÖHLER 1998
Calliptamus italicus				0,13	JÜRGENS & REHDING 1992
Chorthippus albomarginatus		0,015		0,1	INGRISCH & KÖHLER 1998
Chorthippus albomarginatus				0,5	LAUSSMANN 1993
Chorthippus biguttulus		0,01		0,05	INGRISCH & KÖHLER 1998
Chorthippus biguttulus				0,3	LAUSSMANN 1993
Chorthippus brunneus		0,02		0,12	INGRISCH & KÖHLER 1998
Chorthippus brunneus				1	LAUSSMANN 1993
Chorthippus dorsatus		0,015		0,105	INGRISCH & KÖHLER 1998
Chorthippus parallelus	0,1	0,078	0,039	0,05	RIETZE 1994
Chorthippus parallelus		0,01		0,1	LEISI 1992
Chorthippus parallelus				0,2	LAUSSMANN 1993
Chorthippus parallelus				0,4	MANZKE 1995
Euthystira brachyptera		0,04		0,12	INGRISCH & KÖHLER 1998
Euthystira brachyptera				0,2	LAUSSMANN 1993
Gomphocerus rufus		0,012			INGRISCH & KÖHLER 1998
Gomphocerus rufus				0,22	LAUSSMANN 1993
Metrioptera bicolor		0,01		0,3	INGRISCH & KÖHLER 1998
Metrioptera bicolor	0,17	0,04		0,2	KINDVALL 1999
Nemobius sylvestris		0,01			INGRISCH & KÖHLER 1998
Oecanthus pellucens				0,2	SANDER 1995
Oedipoda caerulescens	0,25	0,05		0,45	BERTRAM 1998 direkt
Oedipoda caerulescens		0,4	0,07		BERTRAM 1998 nur Emigranten
Oedipoda caerulescens				0,35	APPELT & POETHKE 1997
Oedipoda germanica	0,2	0,07		0,13	BERTRAM 1998
Oedipoda germanica		0,07		0,3	ZÖLLER 1995
Oedipoda germanica		0,04		0,08	WAGNER 1995
Oedipoda germanica				0,2	WAGNER & BERGER 1996

Anhang
Modellierung räumlich stark strukturierter Insektenpopulationen.
Ein vereinfachter Ansatz im Rahmen der standardisierten Populationsprognose.

Art	p_m	m	d	maxdist	Quelle
Omocestes viridulus				0,22	LAUßMANN 1993
Phaneroptera falcata		0,02		0,044	INGRISCH & KÖHLER 1998
Pholidoptera griseoaptera				0,1	LAUßMANN 1993
Platycleis albopunctata	0,15	0,5	0,3		POETHKE et al. 1996
Podisma pedestris		0,02		0,05	INGRISCH & KÖHLER 1998
Polysarcus denticauda	0,1	0,2	0,11	0,7	ROTHAUPT 1994
Psophus stridulus		0,03		0,7	BUCHWEITZ 1993
Psophus stridulus		0,03		0,09	KOLB & FISCHER 1994
Stenobothrus lineatus	0,05	0,015			SAMIETZ 1998
Stenobothrus lineatus		0,015		0,084	EHRLINGER 1991
Stethophyma grossum	0,01	0,025		0,2	MALKUS 1995

Anhang Modellierung räumlich stark strukturierter Insektenpopulationen.
Ein vereinfachter Ansatz im Rahmen der standardisierten Populationsprognose.

Tabelle A G2: Parameterschätzungen für das Migrationsmodell für Tagfalter inclusive Angabe der maximalen Dispersionsdistanz (*maxdist*).

Art	p_m	m	d	maxdist	Quelle
Aphantopus hyperantus	0,30	0,09	0,06	0,4	SUTCLIFFE ET AL. 1997
Eurodryas aurinia		0,06		15	WARREN 1992
Hesperia comma	0,4	0,05		1	HILL ET AL. 1996
Hesperia comma				8,7	SHREEVE 1995
Hesperia comma	0,14				THOMAS ET AL. 1992
Maculinea alcon	0,5			0,3	WYNHOFF ET AL. 1996
Maculinea arion		0,3		1,9	PAULER-FÜRSTE ET AL. 1996
Maculinea nausithous	0,44			3,74	GEISSLER & SETTELE 1990
Maniola jurtina				0,2	HARDY ET AL. 1993
Maniola jurtina				0,6	SHREEVE 1995
Melitaea cinxia	0,3			1	HANSKI ET AL 1994
Melitaea cinxia	0,4	0,4		1,15	KUUSSAARI ET AL 1996
Melitaea didyma	0,173	2,08	1,76	8	JOHANNESEN ET AL. 1996
Mellicta athalia				1	SHREEVE 1992
Mellicta athalia				2,5	SHREEVE 1995
Mellicta athalia	0,014	0,15		0,12	WARREN 1987
Pieris rapae				2	JONES ET AL. 1980 nach SHREEVE 1992
Plebejus argus	0,1		0,075	0,35	THOMAS 1985
Plebejus argus	0,015		0,1	0,87	LEWIS ET AL. 1997
Plebejus argus		0,02			THOMAS & HARRISON 1992
Polyommatus corridon				4,5	MARCHI ET AL. 1996
Polyommatus icarus				0,2	HARDY ET AL. 1993
Proclossiana eunomia		0,12		0,9	BAGUETTE & NEVE 1994
Proclossiana eunomia	0,1			2,5	NEVE ET AL. 1996
Thymelicus sylvestris				0,4	HARDY ET AL. 1993

Anhang H: Praxisanwendungen.

Anhang H1: Hassberge, *Platycleis albopunctata*: Ist-Zustand

Gebiet: Trockene, extensiv genutzte Wiesen oder Magerrasen in den Hassbergen.

Quelle: POETHKE ET AL. 1996, JANSEN 1996

Datenart: Transektschätzungen, Mittel aus 1994 und 1995

Patches: 24 Patches mit Habitatkapazitäten zwischen 3410 und 15 Individuen. Insgesamt 20.300 Individuen auf 50 km². Recht gleichmäßige Verteilung, nur ein kleiner Patch liegt isoliert.

Modellparameter

λ	β	σ^2	p_m	m	d
1,69	2,64	1,04	0,15	0,5	0,3

Gesamtergebnis: Gesamtpopulation nach 25 und nach 100 Jahren gesichert, auch genetisch nicht gefährdet.

Aussagen zu den Einzelpatches: Alle Patches bis auf den isoliert liegenden haben auch nach 100 Jahren Inzidenzen > 95%. Die Turnoverraten sind niedrig (< 0,5%), die Allelpersistenz hoch (in allen Patches bis auf drei > 90%).

Anhang H2: Hassberge, *Melitaea didyma*: Ist-Zustand

Gebiet: s. Anhang H1.

Quelle: JANSEN 1996

Datenart: Transektschätzungen 1995, Schwankungsfaktor 67

Patches: 30 Patches, die aufgrund ihrer Nachbarschaft zu 5 Lokalpopulationen zusammengefasst wurden. Habitatkapazitäten zwischen 2740 und 152 Individuen. Insgesamt 5810 Individuen auf 50 km².

Modellparameter

λ	β	σ^2	p_m	m	d
1,36	3,63	0,4	0,173	2,08	1,76

Gesamtergebnis: Gesamtpopulation schon nach 25 Jahren gefährdet (Überlebenswahrscheinlichkeit = 91%), nach 100 Jahren nur 20% Überlebenswahrscheinlichkeit. Verlust von 45% der Allele.

Aussagen zu den Einzelpatches: Alle Patches haben ähnliche Inzidenzen und Allelpersistenzen, unabhängig von der Größe. Wenn die Population überlebt, sind meistens alle Patches besetzt.

Anhang H3: Münsingen, *Platycleis albopunctata*: Ist-Zustand

Gebiet: Trockenrasen auf der Hochfläche der Schwäbischen Alb bei Münsingen.

Quelle: P. DETZEL, pers. Mitt.

Datenart: Schleifentransekt, Schwankungsfaktor 20

Patches: 4 sicher besetzte Patches in einer Linie auf 4,5 km². Zwei große Populationen an den Enden, dazwischen zwei kleinere. Habitatkapazitäten 17 bis 401 Individuen, insgesamt 738.

Modellparameter

λ	β	σ^2	p_m	m	d
1,69	2,64	1,04	0,15	0,5	0,3

Gesamtergebnis: Gesamtpopulation nach 25 Jahren noch gesichert, nach 100 Jahren nur 84% Überlebenswahrscheinlichkeit. Verlust von 53% der Allele.

Aussagen zu den Einzelpatches: Nur die zwei großen Patches bestimmen die Überlebenswahrscheinlichkeit der Gesamtpopulation, die Inzidenzen der beiden kleineren Patches dazwischen liegen um 20-40% unter denen der großen Populationen. Hoher Turnover der kleinen Populationen (1,6 bzw. 5,5%). Die Allelpersistenzen liegen dort um 20%.

Anhang H4: Münsingen, *Platycleis albopunctata*: Trittstein 9

Gebiet, Quelle, Datenart: s. Anhang H3

Patches: 4 sicher besetzte Patches in einer Linie auf 4,5 km². Zwei große Populationen an den Enden, dazwischen zwei kleinere. In der Mitte ein zusätzlicher Trittstein mit Minimalkapazität von 17 Individuen. Habitatkapazitäten 17 bis 401 Individuen, insgesamt 755.

Modellparameter

λ	β	σ^2	p_m	m	d
1,69	2,64	1,04	0,15	0,5	0,3

Gesamtergebnis: Gesamtpopulation nach 25 Jahren noch gesichert, nach 100 Jahren nur 85% Überlebenswahrscheinlichkeit. Verlust von 52% der Allele.

Aussagen zu den Einzelpatches: Nur die zwei großen Patches bestimmen die Überlebenswahrscheinlichkeit der Gesamtpopulation. Die Inzidenzen der beiden kleineren Patches dazwischen liegen um 20-40% unter denen der großen Populationen. Die Inzidenz des Trittsteins liegt bei 30% nach 25 Jahren und 16% nach 100 Jahren. Hoher Turnover der kleinen Populationen (2,0 bzw. 5,5%, Trittstein 3,8%). Die Allelpersistenzen der kleinen Populationen liegen um 20%.

Anhang H5: Münsingen, *Platycleis albopunctata*: Trittsteine 7, 8 und 9

Gebiet, Quelle, Datenart: s. Anhang H3

Patches: 4 sicher besetzte Patches in einer Linie auf 4,5 km². Zwei große Populationen an den Enden, dazwischen zwei kleinere. In der Mitte drei zusätzliche Trittsteine mit Minimalkapazitäten von 17 Individuen. Habitatkapazitäten 17 bis 401 Individuen, insgesamt 789.

Modellparameter

λ	β	σ²	p_m	m	d
1,69	2,64	1,04	0,15	0,5	0,3

Gesamtergebnis: Gesamtpopulation nach 25 Jahren noch gesichert, nach 100 Jahren nur 84% Überlebenswahrscheinlichkeit. Verlust von 51% der Allele.

Aussagen zu den Einzelpatches: Nur die zwei großen Patches bestimmen die Überlebenswahrscheinlichkeit der Gesamtpopulation. Die Inzidenzen der beiden kleineren Patches dazwischen liegen um 20-40% unter denen der großen Populationen. Die Inzidenzen der Trittsteine liegen bei 20-40% nach 25 Jahren und 10-25% nach 100 Jahren. Hoher Turnover der kleinen Populationen (zwischen 2,1 und 5,4%). Die Allelpersistenzen der kleinen Populationen liegen um 20%.

Anhang H6: Hammelburg, *Melitaea didyma*: Ist-Zustand

Gebiet: Trockenrasen bei Hammelburg am Südrand der Rhön.

Quelle: VOGEL (1996, 1998, 1999).

Datenart: Transektschätzungen, kalibriert an mehrjährigen Schätzungen (1992 - 1995) auf einer der Flächen.

Patches: 15 Hauptuntersuchungsflächen, Habitatkapazitäten zwischen 64 und 1480 Individuen. Gesamtgebiet ca. 100 km², aufgeteilt in mehrere Waldtäler, reich strukturiert.

Modellparameter

λ	β	σ²	p_m	m	d
1,36	3,63	0,4	0,173	2,08	1,76

Gesamtergebnis: Die Gesamtpopulation hat nach 25 Jahren noch eine Überlebenswahrscheinlichkeit von 94%, nach 100 Jahren nur 30%, 60% der Allele bleiben erhalten.

Aussagen zu den Einzelpatches: Alle Patches haben ähnliche Inzidenzen: 70-90% nach 25 Jahren, 16-27% nach 100 Jahren. Die Allelpersistenz beträgt zwischen 37 und 54%. Im Mittel sind 13 der 15 Patches besetzt.

Anhang H7: Hammelburg, *Melitaea didyma*: Alle Flächen

Gebiet, Quelle, Datenart: s. Anhang H6.

Patches: Alle im Gebiet bekannten Populationen von *M. didyma*, aufgeteilt in zwei Größenklassen mit Habitatkapazität 50 und 250 Individuen. Gesamtgebiet ca. 100 km², aufgeteilt in mehrere Waldtäler, reich strukturiert.

Modellparameter

λ	β	σ^2	p_m	m	d
1,36	3,63	0,4	0,173	2,08	1,76

Gesamtergebnis: Die Gesamtpopulation hat nach 25 Jahren eine Überlebenswahrscheinlichkeit von 98%, nach 100 Jahren noch 57%, 72% der Allele bleiben erhalten.

Aussagen zu den Einzelpatches: Die meisten Patches haben ähnliche Inzidenzen um 80% nach 25 Jahren und um 25% nach 100 Jahren. Kleine, abseits gelegene Patches haben deutlich geringere Inzidenzen, einige sind nach 100 Jahren ausgestorben. Die Allelpersistenzen betragen meist um 60%.

Anhang H8: Hammelburg, *Melitaea didyma*: Sukzession

Gebiet, Quelle, Datenart: s. Anhang H6.

Patches: Alle im Gebiet bekannten Populationen von *M. didyma*, aufgeteilt in zwei Größenklassen mit Habitatkapazität 50 und 250 Individuen. Annahmen des Sukzessionsszenarios: Alle Patches verlieren die Hälfte ihrer Kapazität, die Hälfte der Patches verschwindet ganz. Die Ergebnisse sind der Durchschnitt aus 10 Läufen mit unterschiedlicher Zufallsauswahl der verbleibenden Patches.

Modellparameter

λ	β	σ^2	p_m	m	d
1,36	3,63	0,4	0,173	2,08	1,76

Gesamtergebnis: Die Gesamtpopulation hat nach 25 Jahren eine Überlebenswahrscheinlichkeit von nur 72%, nach 100 Jahren gerade noch 4%. 40% der Allele bleiben erhalten.

Aussagen zu den Einzelpatches: Die Patch-Inzidenzen sind sehr unterschiedlich, je nach Vohandensein der Nachbarpatches zwischen 54 und 2 % nach 25 Jahren. Nach 100 Jahren sind die meisten Patches ausgestorben.

Anhang H9: Leutratal, *Stenobothrus lineatus*: Standardmodell

Gebiet: NSG Leutratal bei Jena, reich strukturierter Trockenrasen auf einem Südhang, insgesamt 0,2 km².

Quelle: SCHULZ pers. Mitt, SAMIETZ 1998

Datenart: Transektschätzungen, geeicht.

Anhang Modellierung räumlich stark strukturierter Insektenpopulationen.
Ein vereinfachter Ansatz im Rahmen der standardisierten Populationsprognose.

Patches: 18 Flächen, die durch Hecken, Wege oder Runsen voneinander getrennt sind. Geschätzte Habitatkapazitäten zwischen 15 und 414 Individuen.

Modellparameter

λ	β	σ^2	p_m	m	d
1,69	1,67	1,54	0,05	0,01	0,01

Gesamtergebnis: Die Gesamtpopulation ist über 25 Jahre gesichert, über 100 Jahre hat sie noch eine Überlebenswahrscheinlichkeit von 94%. 48% der Allele bleiben erhalten.

Aussagen zu den Einzelpatches: Nur die größte der Populationen erreicht eine Inzidenz von knapp 70%, alle anderen bleiben unter 50% Inzidenz. Die Gesamtpopulation zerfällt in zwei Blöcke um die beiden größten Populationen, 13 der 18 Patches haben nach 100 Jahren eine Inzidenz unter 10%

Anhang H10: Leutratal, *Stenobothrus lineatus*: Standardmodell mit realem d

Gebiet, Quelle, Datenart, Patches: Wie Anhang H9

Modellparameter

λ	β	σ^2	p_m	m	d
1,69	1,67	1,54	0,05	0,01	flächenabhängig

Gesamtergebnis: Die Gesamtpopulation ist über 25 Jahre gesichert, über 100 Jahre hat sie noch eine Überlebenswahrscheinlichkeit von 95%. 45% der Allele bleiben erhalten.

Aussagen zu den Einzelpatches: Nur die größte der Populationen erreicht eine Inzidenz von knapp 70%, alle anderen bleiben unter 50% Inzidenz. Die Gesamtpopulation zerfällt in zwei Blöcke um die beiden größten Populationen, 13 der 18 Patches haben nach 100 Jahren eine Inzidenz unter 10%

Anhang H11: Leutratal, *Stenobothrus lineatus*: Migrationsmatrix mit Barrieren

Gebiet, Quelle, Datenart, Patches: Wie Anhang H9

Modellparameter

λ	β	σ^2	p_m	m	d
1,69	1,67	1,54	0,05	Migrationsmatrix per Hand aus Flächenabgrenzung erstellt	

Gesamtergebnis: Die Gesamtpopulation ist über 25 und 100 Jahre gesichert, 66% der Allele bleiben erhalten.

Aussagen zu den Einzelpatches: 8 Patches erreichen Inzidenzen über 80%, nur die 5 am weitesten westlich gelegenen Teilpopulationen sind vom Aussterben bedroht (Inzidenzen < 10%).

Anhang H12: Leutratal, *Stenobothrus lineatus*: Matrix „geringe Dichte" aus SAMIETZ (1998)

Gebiet, Quelle, Datenart, Patches: Wie Anhang H9

Modellparameter

λ	β	σ²	p_m	m	d
1,69	1,67	1,54	0,05	Migrationsmatrix aus detailliertem Modell von SAMIETZ & BERGER (1997)	

Gesamtergebnis: Die Gesamtpopulation ist über 25 und 100 Jahre gesichert, 55% der Allele bleiben erhalten.

Aussagen zu den Einzelpatches: 3 Patches erreichen Inzidenzen über 70%, 11 der 18 Populationen haben Inzidenzen unter 10%. Nur zwei Blöcke um die größten Populationen bleiben erhalten.

Anhang H13: Leutratal, *Stenobothrus lineatus*: Matrix „hohe Dichte" aus SAMIETZ (1998)

Gebiet, Quelle, Datenart, Patches: Wie Anhang H9

Modellparameter

λ	β	σ²	p_m	m	d
1,69	1,67	1,54	0,05	Migrationsmatrix aus detailliertem Modell von SAMIETZ & BERGER (1997)	

Gesamtergebnis: Die Gesamtpopulation ist über 25 und 100 Jahre gesichert, 53% der Allele bleiben erhalten.

Aussagen zu den Einzelpatches: 3 Patches erreichen Inzidenzen über 70%, 8 der 18 Populationen haben Inzidenzen unter 10%. Nur zwei Blöcke um die größten Populationen bleiben erhalten.

Anhang H14: Leutratal, *Gomphocerus rufus*: Ist-Zustand

Gebiet, Quelle, Datenart: Wie Anhang H9

Patches: Alle 18 Flächen sind besetzt, Habitatkapazitäten zwischen 7 und 1478 Individuen, insgesamt 6230 Individuen.

Modellparameter

λ	β	σ²	p_m	m	d
2,46	2,47	2,0	0,2	Migrationsmatrix per Hand aus Flächenabgrenzung erstellt	

Gesamtergebnis: Die Gesamtpopulation ist über 25 und 100 Jahre gesichert, alle Allele bleiben erhalten.

Aussagen zu den Einzelpatches: Alle Patches sind permanent besetzt.

Anhang H15: Leutratal, *Euthystira brachyptera*: Ist-Zustand

Gebiet, Quelle, Datenart: Wie Anhang H9

Patches: Alle 18 Flächen sind besetzt, Habitatkapazitäten zwischen 2 und 462 Individuen, insgesamt 1554 Individuen.

Modellparameter

λ	β	σ^2	p_m	m	d
1,40	4,78	0,73	0,2	Migrationsmatrix per Hand aus Flächenabgrenzung erstellt	

Gesamtergebnis: Die Gesamtpopulation ist über 25 Jahre gesichert, nach 100 Jahren hat sie eine Überlebenswahrscheinlichkeit von 69%. Nur 16% aller Allele bleiben erhalten.

Aussagen zu den Einzelpatches: Die größten Patches haben maximal 40% Inzidenz. Sie bilden zu fünft einen Kern, an den sich weitere 5 Populationen mit Inzidenzen Größer 20% anschließen. Die kleineren, östlich gelegenen Populationen erreichen keine 10% Inzidenz.

Anhang H16: Fränkische Schweiz, *Parnassius apollo*

Gebiet: Felskuppen in der Fränkischen Schweiz, Gesamtgebiet ca. 9 km².

Quelle: M. DOLEK, pers. Mitt.

Datenart: Transektzählungen mehrfach im Jahr, geeicht an Fang-Wiederfang, gemittelt über mehrere Jahre.

Patches: 3 Patches mit je ca. 200 Individuen, 3 Patches mit ca. 50 Individuen und 3 bislang unbesetzte, die auf eine Minimalkapazität von 10 Individuen gesetzt wurden.

Modellparameter

λ	β	σ^2	p_m	m	d
1,64	3,25	0,93	0,15	1,23	1,22

Gesamtergebnis: Gesamtpopulation nach 25 und 100 Jahren gesichert. Verlust von 38% der Allele.

Aussagen zu den Einzelpatches: Bis auf die beiden isolierten Populationen Hühnerberg und Köttel haben alle Patches nach 25 und nach 100 Jahren Inzidenzen > 90%. In der überwiegenden Mehrzahl der Simulationen lebten 8 der 9 Populationen im 100sten Jahr.

Anhang H17: Nordbayern, *Polysarcus denticauda*

Gebiet: Magerrasen im Bereich der Grenze zwischen Bayern und Thüringen, ca. 5 km².

Quelle: R. SCHREIBER, pers. Mitt.

Datenart: Verhören über mehrere Jahre, gemittelt

Patches: 47 abgrenzbare Flächen, zwischen 1 und 74 Individuen geschätzte Kapazität

Modellparameter

λ	β	σ^2	p_m	m	d
10,75	2,79	30	0,1	0,2	0,11

Gesamtergebnis: Die Gesamtpopulation hat nach 25 Jahren noch 88% Überlebenswahrscheinlichkeit, nach 100 Jahren nur 38%. Nur 14% der Allele bleiben erhalten.

Aussagen zu den Einzelpatches: Nur der größte Patch hat eine nennenswerte Inzidenz (81% nach 25 Jahren und 37% nach 100 Jahren). Damit bestimmt er die Überlebenswahrscheinlichkeit der Population. Individuenaustausch zwischen den Patches findet nicht statt.

Anhang H18: Rotmaintal, *Stethophyma grossum*

Gebiet: Gräben in einem Gebiet von insgesamt 4 km².

Quelle: H. SCHLUMPRECHT, pers. Mitt.

Datenart: Fang-Wiederfang auf einer der Flächen, Hochgerechnet anhand der Flächengröße bei den anderen Patches.

Patches: 6 besetzte Gräben mit 28-50 Individuen Kapazität.

Modellparameter

λ	β	σ^2	p_m	m	d
2,5	1,6	1,2	0,01	0,025	0,025

Gesamtergebnis: Gesamtpopulation nach 25 und 100 Jahren gesichert, 49% der Allele bleiben erhalten.

Aussagen zu den Einzelpatches: Die Patches haben nach 25 Jahren Inzidenzen zwischen 80 und 100%, nach 100 Jahren zwischen 45 und 95%. Es besteht kein Individuenaustausch zwischen den Patches.

Anhang H19: Märkische Schweiz, *Chorthippus parallelus*

Gebiet: Magerrasenflächen in der märkischen Schweiz, insgesamt 88 km².

Quelle: T. FARTMANN, pers. Mitt, FARTMANN (1997).

Datenart: Individuenmaximum aus 5 Fangserien mit Isolationsquadrat, Schwankungsfaktor 20

Patches: 7 Patches mit Habitatkapazitäten zwischen 41 und 17.700 Individuen.

Modellparameter

λ	β	σ^2	p_m	m	d
5,32	3,88	5,0	0,1	0,078	0,039

Gesamtergebnis: Die Gesamtpopulation ist nach 25 und nach 100 Jahren gesichert, kein Allelverlust.

Aussagen zu den Einzelpatches: Die extrem großen Populationen haben Inzidenzen von 100% und keinen Allelverlust. Lediglich die kleinste der Populationen ist gefährdet, da kein Individuenaustausch stattfindet.

Anhang H20: Diemeltal, *Aphantopus hyperantus*

Gebiet: Magerrasen im Diemeltal, insgesamt über 800 km² verstreut.

Quelle: T. FARTMANN, pers. Mitt.

Datenart: Transektfänge, Jahresmaximum, Schwankungsfaktor 20

Patches: 12 Patches mit 63 bis 1383 Individuen Kapazität, insgesamt 3344 Individuen.

Modellparameter

λ	β	σ^2	p_m	m	d
2,24	1,05	2,8	0,3	0,09	0,06

Gesamtergebnis: Die Gesamtpopulation hat nach 25 Jahren noch eine Überlebenswahrscheinlichkeit von 97%, nach 100 Jahren nur noch 74%. Es bleiben nur 51% der Allele erhalten.

Aussagen zu den Einzelpatches: In der Simulation konnte keine Migration zwischen den Patches beobachtet werden. Die Einzelpopulationen verhalten sich entsprechend ihrer Größe, do daß die eine große Population die Gesamtpopulation hauptsächlich stützt.

Anhang H21: Diemeltal, *Aphantopus hyperantus*, Migrationsparameter *Melitaea didyma*

Gebiet, Quelle, Datenart, Patches: s. Anhang H20

Modellparameter

λ	β	σ^2	p_m	m	d
2,24	1,05	2,8	0,173	2,08	1,76

Gesamtergebnis: Die Gesamtpopulation ist über 25 und 100 Jahre gesichert. Es bleiben 86% der Allele erhalten.

Aussagen zu den Einzelpatches: Alle Patches bis auf einen haben mindestens 20 % Inzidenz nach 100 Jahren, einige kleine Populationen, die im anderen Migrationsszenario ausgestorben wären, kommen hier auf 75 - 95% Inzidenz nach 100 Jahren. Der Individuenaustausch ist intensiv, der Turnover der kleinen Populationen liegt zwischen 05, und 2,2%.

Anhang H22: Kalkberg, *Aphantopus hyperantus*: Schätzung Obergrenze

Gebiet: Kleinflächige Magerrasen an den Hängen eines Flußtals in der nördlichen Frankenalb.

Quelle: S. JANSEN, pers. Mitt.

Datenart: Obergrenze von Größenklassenschätzungen mittels Transekt.

Patches: 7 Patches mit 30 bis 180 Individuen Kapazität, insgesamt 846 Individuen.

Modellparameter

λ	β	σ^2	p_m	m	d
2,24	1,05	2,8	0,3	0,09	0,06

Gesamtergebnis: Die Gesamtpopulation hat nach 25 Jahren noch eine Überlebenswahrscheinlichkeit von 83%, nach 100 Jahren nur noch 16%. Es bleiben nur 17% der Allele erhalten.

Aussagen zu den Einzelpatches: In der Simulation konnte keine Migration zwischen den Patches beobachtet werden. Die Einzelpopulationen verhalten sich entsprechend ihrer Größe, so daß die drei größten Populationen unabhängig voneinander ca. 6% Inzidenz nach 100 Jahren haben.

Anhang H23: Kalkberg, *Aphantopus hyperantus*: Schätzung Untergrenze

Gebiet, Quelle: s. Anhang H22

Datenart: Untergrenze von Größenklassenschätzungen mittels Transekt.

Patches: 7 Patches mit 18 bis 100 Individuen Kapazität, insgesamt 846 Individuen.

Modellparameter

λ	β	σ^2	p_m	m	d
2,24	1,05	2,8	0,3	0,09	0,06

Gesamtergebnis: Die Gesamtpopulation hat nach 25 Jahren noch eine Überlebenswahrscheinlichkeit von 64%, nach 100 Jahren nur noch 2%. Es bleiben nur 11% der Allele erhalten.

Aussagen zu den Einzelpatches: In der Simulation konnte keine Migration zwischen den Patches beobachtet werden. Die Einzelpopulationen verhalten sich entsprechend ihrer Größe, so daß die drei größten Populationen unabhängig voneinander ca. 35% Inzidenz nach 25 Jahren haben.

Anhang H24: Kalkberg, *Stenobothrus lineatus*: Schätzung Obergrenze

Gebiet, Quelle: s. Anhang H 22

Datenart: Obergrenze von Größenklassenschätzungen mittels Transekt.

Patches: 10 Patches mit 10 bis 600 Individuen Kapazität, insgesamt 2400 Individuen.

Modellparameter

λ	β	σ^2	p_m	m	d
1,67	1,69	1,2	0,05	0,015	0,015

Gesamtergebnis: Die Gesamtpopulation hat nach 25 Jahren noch eine Überlebenswahrscheinlichkeit von 100%, nach 100 Jahren noch 97%. Es bleiben 83% der Allele erhalten.

Aussagen zu den Einzelpatches: In der Simulation konnte keine Migration zwischen den Patches beobachtet werden. Die Einzelpopulationen verhalten sich entsprechend ihrer Größe, so daß die vier größten Populationen unabhängig voneinander nach 100 Jahren 80 - 90% Inzidenz haben. Die kleinsten Populationen liegen unterhalb 20% Inzidenz.

Anhang H25: Kalkberg, *Stenobothrus lineatus*: Schätzung Untergrenze

Gebiet, Quelle: s. Anhang H 22

Datenart: Untergrenze von Größenklassenschätzungen mittels Transekt.

Patches: 10 Patches mit 10 bis 300 Individuen Kapazität, insgesamt 1040 Individuen.

Modellparameter

λ	β	σ^2	p_m	m	d
1,67	1,69	1,2	0,05	0,015	0,015

Gesamtergebnis: Die Gesamtpopulation hat nach 25 Jahren noch eine Überlebenswahrscheinlichkeit von 99%, nach 100 Jahren noch 89%. Es bleiben 54% der Allele erhalten.

Aussagen zu den Einzelpatches: In der Simulation konnte keine Migration zwischen den Patches beobachtet werden. Die Einzelpopulationen verhalten sich entsprechend ihrer Größe, so daß die vier größten Populationen unabhängig voneinander nach 100 Jahren 50 - 80% Inzidenz haben. Die kleinsten Populationen liegen unterhalb 2% Inzidenz.

Anhang H26: Burgenlandkreis, *Aphantopus hyperantus*

Gebiet: Magerrasen an den Saalehängen im südlichen Sachsen-Anhalt.

Quelle: S. JANSEN, pers. Mitt.

Datenart: Geeichte Transektfänge.

Patches: 10 Patches mit 12 bis 840 Individuen Kapazität, insgesamt 3330 Individuen.

Modellparameter

λ	β	σ^2	p_m	m	d
2,24	1,05	2,8	0,3	0,09	0,06

Gesamtergebnis: Die Gesamtpopulation hat nach 25 Jahren noch eine Überlebenswahrscheinlichkeit von 98%, nach 100 Jahren nur noch 72%. Es bleiben noch 50% der Allele erhalten.

Aussagen zu den Einzelpatches: In der Simulation konnte keine Migration zwischen den Patches beobachtet werden. Die Einzelpopulationen verhalten sich entsprechend ihrer Größe, so daß die drei größten Populationen unabhängig voneinander 40 - 50% Inzidenz nach 100 Jahren haben. Die kleinsten Populationen verschwinden.

Anhang — Modellierung räumlich stark strukturierter Insektenpopulationen. Ein vereinfachter Ansatz im Rahmen der standardisierten Populationsprognose.

Anhang H27: Burgenlandkreis, *Stenobothrus lineatus*

<u>Gebiet, Quelle, Datenart</u>: s. Anhang H 26

<u>Patches</u>: 1 Patch mit 360 Individuen und 5 Patches mit 12 bis 80 Individuen Kapazität.

<u>Modellparameter</u>

λ	β	σ^2	p_m	m	d
1,67	1,69	1,2	0,05	0,015	0,015

<u>Gesamtergebnis</u>: Die Gesamtpopulation hat nach 25 Jahren noch eine Überlebenswahrscheinlichkeit von 98%, nach 100 Jahren noch 84%. Es bleiben 41% der Allele erhalten.

<u>Aussagen zu den Einzelpatches</u>: In der Simulation konnte keine Migration zwischen den Patches beobachtet werden. Die Einzelpopulationen verhalten sich entsprechend ihrer Größe. Die größte Population erreicht 83% Inzidenz nach 100 Jahren, die kleineren höchstens 20%.

Anhang   Modellierung räumlich stark strukturierter Insektenpopulationen.
Ein vereinfachter Ansatz im Rahmen der standardisierten Populationsprognose.

Lebenslauf des Verfassers

21.02.1969	Geboren in Laupheim, Kreis Biberach/Riß
04.05.1998	Abitur, Pestalozzi-Gymnasium Biberach/Riß
01.06.1998 - 31.01.1990	Zivildienst im Bürgerheim Biberach/Riß, Abteilung Altenpflege
Seit 01.04.1990	Studium der Biologie an der Johannes-Gutenberg-Universität Mainz
05.03.1993	Heirat mit Evelyn Sabatzus
21.12.1995	Abgabe der Diplomarbeit: Zur Bekämpfung der Apfelschnecke (*Pomacea canaliculata*): Bewertung von Managementmaßnahmen auf der Basis eines individuenbasierten Simulationsmodells
01.01.1996 - 30.06.1999	Mitarbeiter in der Arbeitsgruppe Populationsbiologie (Prof. Dr. A. Seitz), Institut für Zoologie der Universität Mainz.
06.10.1996	Geburt von Lars Heidenreich
25.11.1998	Geburt von Ronja Heidenreich
Seit 01.07.1999	Tätigkeit als Anwendungsentwickler bei Banksys Software GmbH, Neu-Isenburg

Derzeitige Adresse

Andreas Heidenreich

Meisenstr. 16

63263 Neu-Isenburg

e-mail: andreas_heidenreich@t-online.de

www.ingramcontent.com/pod-product-compliance
Lightning Source LLC
Chambersburg PA
CBHW082326220526
45470CB00008B/2418